普通高等院校计算机专业(本科)实用教程系列

编译原理实用教程

(第2版)

温敬和 编著

U0290138

清华大学出版社

北京

内容简介

全书共分7章，主要介绍编译程序的基本原理和实现方法。内容包括：词法分析，形式语言和自动机的基本概念，语法分析，符号表和静态内存分配，语法制导翻译和中间代码产生，目标代码生成。本书还介绍了作者本人的一些工作成果，如LR分析法在词法分析器自动构造中的应用，语法制导翻译在汇编程序自动构造中的应用。为了方便读者学习，各章都安排了一定数量的习题，并配有习题答案。

本书附录B中的“课程实习指导”向读者提供了一个较为完整的、切实可用的“编译原理”课程实习方案，并附有参考程序，可供有关教师选用或参考。

本书可作为本科院校计算机专业“编译原理”课程的教材，也可供有关教师、研究生以及从事计算机软件设计和开发人员参考。

图书在版编目（CIP）数据

编译原理实用教程/温敬和编著.--2版.--北京：清华大学出版社，2013.4(2025.1重印)
普通高等院校计算机专业(本科)实用教程系列
ISBN 978-7-302-31243-7

Ⅰ.①编… Ⅱ.①温… Ⅲ.①编译程序－程序设计－高等学校－教材 Ⅳ.①TP314

中国版本图书馆CIP数据核字(2013)第002291号

责任编辑：闫红梅　薛　阳
封面设计：张　昱
责任校对：焦丽丽
责任印制：杨　艳

出版发行：清华大学出版社
网　　址：https://www.tup.com.cn，https://www.wqxuetang.com
地　　址：北京清华大学学研大厦A座　　**邮　　编**：100084
社 总 机：010-83470000　　**邮　　购**：010-62786544
投稿与读者服务：010-62776969，c-service@tup.tsinghua.edu.cn
质量反馈：010-62772015，zhiliang@tup.tsinghua.edu.cn
课件下载：https://www.tup.com.cn，010-83470236
印 装 者：北京建宏印刷有限公司
经　　销：全国新华书店
开　　本：185mm×260mm　　**印　　张**：14　　**字　　数**：341千字
版　　次：2005年4月第1版　2013年4月第2版　　**印　　次**：2025年1月第9次印刷
印　　数：6601～6800
定　　价：39.00元

产品编号：048097-02

前　言

1982年2月本人毕业于上海交通大学，2010年1月退休，在上海第二工业大学工作了近三十年。在此期间，主要从事“编译程序”和“算法”这两门学科的教学和科研。2005年4月清华大学出版社出版了由本人编著的《编译原理实用教程》，该书至今仍用于我校和国内其他普通高等院校“编译原理”课程的教学。该书从脱稿至今已近十年，先后共印刷了1万册左右。虽然印刷的数量不大，但是90%是外校师生所使用的，说明书的质量得到了同行的认可。

在第2版中，书的章节基本没有变化，仅删除了原书中的5.10.3小节(5.10.3 LR分析控制程序的修改)，增加了6.11节(6.11 自上而下分析制导翻译概述)。做出上述调整，主要考虑用于词法分析的LR分析控制程序修改不大，一是增加了token数组，用于记录构成单词的字符。在执行移进操作时，除完成规定动作外，还应将当前字符移入token数组；二是把“出错”理解为找到单词尾。对于熟悉LR分析控制程序工作原理的读者，在理解上不会有困难。在后继章节中，对于用于词法分析的LR分析控制程序有详细介绍，没有必要单独列出。为了完整，在6.11节简略讨论了自上而下分析制导翻译技术。原书中的附录A和附录B合并为新书的附录A。原书的附录C删除，改为下载文件。原书的附录D改为新书的附录B。

在第2版中，各章节的知识点没有变化，增加了算法伪代码描述，对原书各章节中的所有源程序都做了比较大的修改。在原书中，算法除文字简单描述外，基本用源程序表达，这样对算法的描述和理解有可能受到语言细节的束缚。在本书中，增加了算法伪代码描述，这样可避免语言的限制，更容易表达算法的基本思想。考虑有些读者编程经验不足，源程序仍保留了下来，但在编排上做了改进，使其更容易阅读和理解。在本书中出现的源程序，除附录B中两个程序外，都可以从清华大学出版社指定网站下载。另外，由本人编写的“编译原理”课程电子教案和试卷集锦可以从“中国高等学校教学资源网”下载。

在写第1版时，主要考虑程序的正确性。在再版中，力求使程序写得更简洁、更易理解，并且注意前后统一。例如，本书介绍了三个词法分析器，它们是Lex1、Lex2和Lex3。三个词法分析器都是由预处理程序和扫描器(单词识别程序)两个部分构成。预处理程序是同一个，差异在于如何实现扫描器。Lex1是利用状态转换图来实现的，Lex2是利用确定有限自动机来实现的，而Lex3是利用LR分析法来实现的。扫描器的程序结构大同小异，读者只需关注单词识别时所使用的技术和方法。

借此机会，向清华大学出版社表示感谢。是清华大学出版社向本人提供了机会，使我能够在退休之后，继续为高等学校计算机教育尽自己微薄之力。继2011年6月的“算法设计与分析”出版之后，这是本人主编的第2本教科书。

上海第二工业大学计算机与信息学院教师王娜参与了本书各章的编写(包括习题答案)，上海第二工业大学成人与继续教育学院教师杨坤参与了各章源程序的编写。

温敬和

2012年秋

目　录

第1章　编译系统概述

在科学技术高速发展的今天，信息技术的使用已广泛普及，计算机已经作为必不可少的工具融入人们的日常工作和生活。你可能正在使用浏览器观看奥运会最新报道，或者正在使用文字编辑器书写家信。如果你是一个计算机专业的学生，可能正在考虑如何使用某一程序设计语言(例如C语言)来实现类似于计算器这样的应用程序。当然在动手之前，需要认真学习这种程序设计语言的使用方法，然后使用类似于文字编辑器这样的软件来书写程序，就好像书写家信一样。所不同的是，家信是按照自然语言来书写的，用文字描述要告诉对方的事情；而程序是按照程序设计语言的规定来书写的，它也是用单词描述用户的想法，而告知的对方是计算机，该计算机称为"目标计算机"。所写的程序称为"源程序"，书写源程序所使用的语言称为"源语言"。源程序通常存放在文本文件中，文本文件是由字符构成的，所以文本文件又称为ASCII码文件，文件的扩展名通常为txt。我们所书写的程序不能直接交给计算机执行，需使用一种称作"翻译程序"的工具软件，将源程序翻译成计算机可识别的机器指令程序。计算机的机器指令称为"目标语言"，由机器指令构成的程序称为"目标程序"。机器指令就是二进制数，存放二进制数的文件称为二进制文件，文件的扩展名通常为exe。此时，可将存放在exe文件中的机器指令程序交给计算机执行。

现在我们知道了翻译程序的作用，翻译程序是这样一个程序，它能够把某一种语言程序(称为源语言程序，简称源程序)改造成另一种语言程序(称为目标语言程序，简称目标程序)。源语言是诸如FORTRAN、ALGOL、Pascal和C这样的高级语言，而目标语言是诸如汇编语言或机器语言这样的低级语言。翻译程序通常称为"编译程序"，有些翻译程序在翻译过程中并不产生完整的目标程序，而是翻译一句，解释执行一句，这样的翻译程序称作"解释程序"。如何将源程序翻译成目标程序呢？这就是本书讨论的主题，在回答这个问题之前，先简单回顾一下程序设计语言的发展史。

最早的计算机程序是用机器语言编写的，或者说是用二进制数编写的。假设要计算算术表达式 3 * 16+2 的值，实现该计算的机器语言程序如下所示(该计算机的系统结构详见本书第7章)：

```
0    2203                  //十六进制
1    8210
2    2602
3    6101
4    1000
5    f000
```

从上述二进制机器语言程序可知，使用机器语言编写程序是极其困难的，这项工作需由专业人士完成。它的难度不仅仅在于二进制数的直观性差，还因为在指令中存在绝对地址，在机器语言程序中增加或减少一条指令，将会引起指令修改的连锁反应。除此之外，编程者还要协调内存的使用。

随后出现了汇编语言，在汇编语句中，二进制数被符号取代。由于符号的引入，提高了程序的可理解性。性能较好的汇编语言，可用符号名来表示存储地址和汇编语句序号，这样避免了在汇编语句中绝对地址的出现，在一定程度上降低了程序编写和修改的难度。上述机器语言程序可用汇编语言(该计算机的汇编语言详见本书第 7 章)改写如下：

```
0    Load R0,3
1    Mul R0,10                    //10_16=16
2    Load R1,2
3    Add R0,R1
4    Write R0
5    Halt
```

尽管在汇编语言中增加了伪指令和宏功能，但是汇编语句和机器指令基本上是一对一的，所以汇编语言的编程效率没有质的提高，和机器语言一样，汇编语言依附于目标计算机。当然计算机是不能识别用汇编语言编制的程序的，需要用汇编程序将其译成机器指令，可以说汇编程序是编译程序的雏形。

1954 年 FORTRAN Ⅰ语言问世，标志着计算机高级语言的诞生。高级语言接近于英语，相当于工程语言，它完全独立于具体计算机。高级语言的出现极大地提高了编程效率，大幅度地降低了编程难度。上述汇编语言程序若用高级语言(C/C++ 语言)书写，可简单表示为：

```
void main()
{
  cout<<3*16+2;
}
```

编译过程恰恰和程序设计语言发展过程相反，它是将高级语言程序变换成汇编语言程序或者机器语言程序。在高级语言中存在各种语句，并且允许语句嵌套使用，面向过程的高级语言进一步发展为面向对象的高级语言，可想而知，将高级语言程序翻译成目标语言程序的过程是相当复杂的。整个 20 世纪 50 年代，编译程序的编写一直被认为是一个难题，第一个 FORTRAN 语言编译程序整整花了 18 人年才得以实现。

目前，我们已经系统地掌握了高级语言的编译理论和技术，编译理论和技术是计算机科学中发展得最为迅速的一个分支，已经形成一套比较成熟的理论和方法，这些理论和方法指导人们如何设计和构造编译程序。本课程的目的是介绍设计和构造编译程序的基本原理和基本方法，是一门引论性课程。本书仅仅包括了一些较为常用的编译技术和方法，但是力求介绍一些新的编译技术和方法。

典型的编译程序工作过程是：输入源程序，对它进行加工处理，最后输出目标程序。由于整个加工处理过程极其复杂，因此最好把整个翻译过程看成由一系列不同阶段所组成，每一个阶段完成一个特定任务。整个过程如图 1.1 所示，编译程序的结构基本上是按照这个流程来设计的。

现以一个算术表达式 3＋abc＊128 的翻译为例来说明编译过程。

1. 词法分析

执行词法分析的程序称为词法分析器，词法分析依据的是语言的构词规则。词法分析

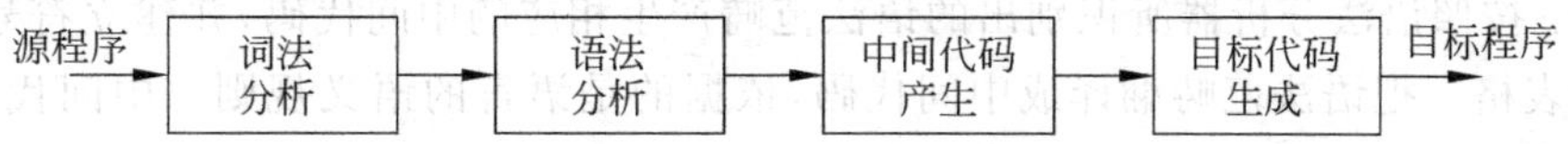

图　1.1

器从文件读入源程序，由字符拼接单词。每当识别出一个单词，词法分析器就输出这个单词的内部码。

表达式 3＋abc＊128 的单词内部码为：

```
('x',"3") ('+',) ('i',"abc") ('*',) ('x',"128")
```

单词的内部码由两部分组成，一是单词的种别，二是单词的值。单词的种别通常用整数码表示，为直观，可用字符表示，字符相当于整数。并不是所有的单词都具有值，只有当一个种别可能有多个单词时，才用单词的值予以区别。在上例中，整数的单词种别用字符'x'表示，因为在源程序中可能存在多个整数，所以还需给出它的值，单词值这里用字符串"3"表示，当然也可以用数值表示。同理，标识符 abc 用('i',"abc")表示，其中'i'是标识符的单词种别，而"abc"是它的值。为了形式上统一，用字符串"NUL"表示单词没有值。在上例中，('＋',)改用('＋', "NUL")表示，('＊',)改用('＊', "NUL")表示。

单词的种别在语法分析时使用，单词的值在语义分析(中间代码产生)时使用。所以在语法分析时，表达式 3＋abc＊128 的语法结构应表示为：

```
x+i*x
```

2. 语法分析

执行语法分析的程序叫做语法分析器。语法分析的任务是：根据语言的语法规则，将词法分析器所提供的单词种别分成各类语法范畴。

例如，当接受符号串 x＋i＊x 时，语法分析器最终应识别出这是一个算术表达式。识别过程相当于建立一棵语法树，如图 1.2 所示。

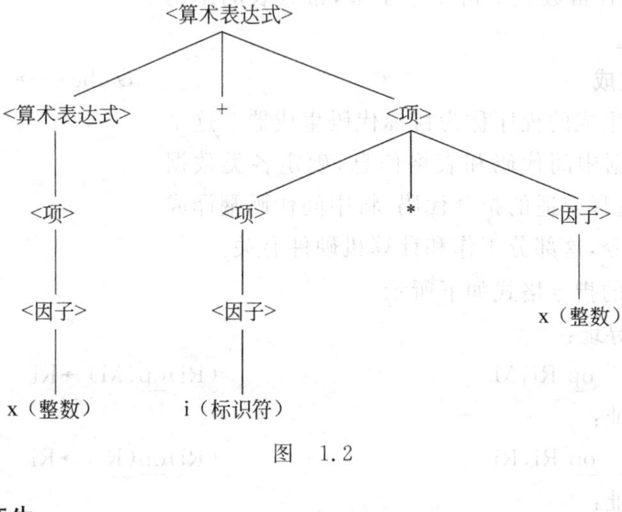

图　1.2

3. 中间代码产生

中间代码产生有时称为语义分析，执行中间代码产生的程序称为中间代码产生器。它的任务是：按照语法分析器所识别出的语法范畴产生相应的中间代码，并建立符号表、常数表等各种表格。把语法范畴翻译成中间代码，依据的是语言的语义规则。中间代码非常接近于机器指令，但和具体机器无关，常用的中间代码有三元式和四元式。

表达式 3＋abc＊128 可译成如下四元式：

(1) (＊,&abc,&128,&T1)

(2) (＋,&3,&T1,&T2)

其中，&abc 表示标识符 abc 在符号表中的入口。

符号表用于记录源程序中出现的标识符，符号表的结构示意如表 1.1 所示。一个标识符往往具有一系列的语义值，它包括标识符的名称、标识符的种属、标识符的类型、标识符值的存放地址等。每个标识符在符号表中都有一项记录，用于记录标识符的这些信息。在四元式中填写的是标识符在符号表中的记录地址，通常称为符号表入口，借助“&”来表示。

表 1.1

	内存地址	符号名	种属	类型	…	…
&abc ⟶	未分配	abc	简单变量	整型	…	…
	未分配	T1	简单变量	整型	…	…
	未分配	T2	简单变量	整型	…	…

T1 和 T2 是在翻译过程中由编译程序引进的临时变量，它们在符号表中的入口用 &T1 和 &T2 表示。

&128 表示整数 128 在常数表中的地址，常数表用于记录在源程序中出现的常数。假定每个整数在常数表中占 2 个字节，每个实数在常数表中占 4 个字节，常数表的结构示意如表 1.2 所示。

表 1.2

	常数的二进制值
	3
&abc ⟶	128

4. 目标代码生成

执行目标代码生成的程序称为目标代码生成器。这个阶段的任务是：根据中间代码和表格信息，确定各类数据在内存中的位置，选择合适的指令代码，将中间代码翻译成汇编语言或机器指令，这部分工作和计算机硬件有关。

假设目标机器的指令格式如下所示。

(1) 直接地址寻址：

op Ri,M　　　　(Ri)op(M)→Ri

(2) 寄存器寻址：

op Ri,Rj　　　　(Ri)op(Rj)→Ri

(3) 直接数寻址：

op Ri,C　　　　(Ri)opC→Ri

其中，R 表示寄存器(i 和 j 表示寄存器号)，M 表示内存地址(可用符号表示)，C 表示常数。

上述算术表达式最终形成的汇编语言程序示意如下：

```
0    Load R0,abc
1    Mul R0,80              //80₁₆=128
2    Store R0,T1
3    Load R0,3
4    Add R0,T1
5    Store R0,T2
```

在编译的每个阶段都可能发现源程序中的错误，最简单的处理是：终止编译程序工作，指出错误的地点和错误的类型。目前有些高级语言的翻译程序同时具有解释和编译两种功能，在调试时采用解释方式，在调试过程中若发现错误，翻译程序立即暂停工作，并用特殊记号指示当前错误的位置，供程序员修改源程序参考；当调试完成后，可利用翻译程序的编译功能，将源程序译成机器码程序。机器码程序通常存放在扩展名为 exe 的文件中，它可在操作系统环境下脱离翻译程序直接运行。

由于在编译程序的内部引入了中间代码，这样可将编译程序分为两个相互独立的部分。词法分析器、语法分析器和中间代码产生器称为编译程序的前端，它们依赖于被编译的源语言，和目标机器无关；目标代码生成器称为编译程序的后端，和源语言无关，仅仅和目标机器有关。为一个源语言构造好前端后，若要在某一个特定计算机上构造该源语言的编译程序，只要构造这个目标机器的后端即可。相反，已构造了一个高质量的后端，若要在同一台目标机器上为另一源语言构造编译程序，只要构造该源语言的前端即可。

习　题

名词解释

(1) 源语言　(2) 源程序　(3) 目标语言　(4) 目标程序
(5) 翻译程序　(6) 编译程序　(7) 解释程序　(8) 汇编程序
(9) 词法分析　(10) 语法分析　(11) 中间代码产生　(12) 目标代码生成
(13) 符号表　(14) 常数表　(15) 编译程序前端　(16) 编译程序后端
(17) 文本文件　(18) 二进制文件

(习题答案略，可参考本章内容)

第2章 词法分析

人们理解一篇文章是在单词级别上来思考的。同样，编译程序也是在单词级别上来分析和翻译源程序的。因此，词法分析是编译的第一步。

2.1 词法分析器的设计考虑及手工构造

从操作系统的角度来看，源程序是由字符构成的，以文本文件的形式存储于外存；而从编译程序的角度来看，源程序是由程序设计语言的单词构成的，单词是程序设计语言不可分割的最小单位。词法分析的任务是：从文件读入源程序，由字符拼接单词。每当识别出一个单词，就产生这个单词的内部码。这一章节将讨论词法分析器的手工构造。

2.1.1 单词类型及二元式编码

标准 ASCII 码共有 128 个字符，其中 94 个为图形字符，ASCII 码范围为 33("!")～126("～")，程序设计语言所使用的字符是它的子集，标准 FORTRAN 语言仅使用了 47 个图形字符。除图形字符和文件结束控制符($1A_H$)外，源程序文件中还有 4 个控制字符，它们是空格(20_H)、回车($0D_H$)、换行($0A_H$)和制表符(09_H)，这 4 个控制字符用于对文本显示格式的控制，并不是程序的组成部分。这里要注意的是，回车和换行在源程序文件中是用两个字符来表示的，它们是 $0D_H$ 和 $0A_H$，而用高级语言(例如 C 语言)将其读入内存后，回车和换行在内存中用一个字符(换行 $0A_H$)表示。这是在用高级语言编写词法分析器时，常被人忽略而导致错误的原因。

任何程序设计语言的单词都可将其分为 5 种类型，它们是基本字、标识符、常数、运算符和界符。

(1) 基本字：例如 real、integer 等。

(2) 标识符：通常是以字母开始的数字字母串，用于定义简单变量、标号等。

(3) 常数：例如整数(123)、实数(123.456)等。

(4) 运算符：例如＋、*、/等。

(5) 界符：例如 ；、(、)等。

其中，基本字、运算符和界符对于某一程序设计语言来说是确定的，而源程序中的标识符和常数的个数是不确定的，随源程序而异。经词法分析后，单词用二元式(code,val)来表示，code 表示单词的种别，val 表示单词的值。单词种别通常用整数码表示，为了直观，在本书中单词种别采用单个字符表示，且尽可能采用与原单词最接近的形式(注意字符内部码是一个整数)。单词的种别表示了单词的语法特性，在语法分析时使用；单词的值表示了单词的语义特性，在语义分析时使用。

一种语言的单词如何划分种别？怎样编码？主要取决于后续处理的方便。通常将标识符归为一种，常数按类型分种，基本字、运算符和界符采用一符一种。若一个种别含有多个单词，对于此类单词除给出种别外，还需给出它的值。在本书中，单词的值用字符串来表示。如果一个种别仅包含一个单词，那么种别就可代表该单词，无须给出单词值。但是，为了后续处理的方便，在本书中无用的单词值用字符串“NUL”表示。设有某一程序设计语言，它的部分单词二元式编码如表 2.1 所示。

表 2.1

单词	二元式编码	举例说明
integer	('a',"NUL")	
real	('c',"NUL")	
begin	('{',"NUL")	
end	('}',"NUL")	
标识符	('i',标识符名)	变量 r 的单词二元式为('i',"r")
无符号整数	('x',字符串形式数字)	整数 2 的单词二元式为('x',"2")
无符号实数	('y',字符串形式数字)	实数 3.14 的单词二元式为('y',"3.14")
=	('=',"NUL")	
*	('*',"NUL")	
+	('+',"NUL")	
(	('(',"NUL")	
)	(')',"NUL")	
,	(',',"NUL")	
;	(';',"NUL")	

用该程序设计语言编制的计算圆柱体表面积的源程序(输入输出略)如下所示：

```
begin
    real r,h,s;
    s=2*3.14*r*(r+h)
end
```

经词法分析，源程序的单词二元式序列为：

('{',"NUL") ('c',"NUL") ('i',"r") (',',"NUL") ('i',"h") (',',"NUL") ('i',"s") (';',"NUL") ('i',"s") ('=',"NUL") ('x',"2") ('*',"NUL") ('y',"3.14") ('*',"NUL") ('i',"r") ('*',"NUL") ('(',"NUL") ('i',"r") ('+',"NUL") ('i',"h") (')',"NUL") ('}',"NUL")

注：在实际处理中，左右括号和逗号是没有的，数据用空格、Tab 或换行分隔。

2.1.2　源程序的输入及预处理

源程序通常以文件形式存于外存,首先要将其读入内存才可进行词法分析。早期编译程序是用汇编语言,甚至是用机器语言编写的,计算机的硬件配置远不能和今天相比,只能在内存设置长度有限的缓冲区,分段读入源程序进行处理。在编制程序时,必须考虑由于分段读入产生的问题。例如源程序中由多个字符构成的单词,有可能被缓冲区边界所打断(留作习题)。目前计算机所使用的内存已超过若干年前硬盘容量,计算机内存足以容纳全部源程序,故源程序可一次全部读入内存进行处理。

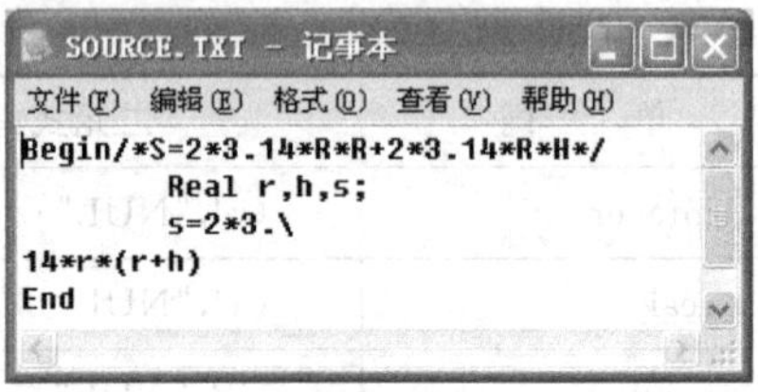

图　2.1

设源程序如图2.1所示,其中“\”为续行符。

源程序读入后,输入缓冲区的内容如下所示。

B	e	g	i	n	/	*	S	=	2	*	3	.	1	4	*	R	*	R	+	2	*	3

.	1	4	*	R	*	H	*	/	\n	\t	R	e	a	l		r	,	h	,	s	;	\n

\t	s	=	2	*	3	.	\	\n	1	4	*	r	*	(	r	+	h	)	\n	E	n	d

\n	\0	\0	…	\0

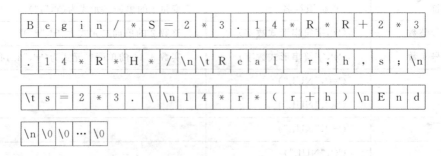

目前使用的程序设计语言大都采用自由格式书写,允许在单词之间存在多余的空格、换行和制表符(Tab)。源程序通常还带有注释,注释的存在旨在使程序容易阅读,不是程序的必要组成部分。有些语言还提供续行功能(例如C语言中的续行符“\”),当一个单词过长(例如字符串常数),可分多行列出。对于FORTRAN和COBOL之类的语言,源程序还受到书写格式的限制。词法分析可在输入缓冲区上直接进行,但从程序设计的角度来讲,若把输入串预处理一下,则单词识别就比较容易,故词法分析器通常由预处理程序和扫描器(单词识别程序)两部分组成。预处理主要工作包括以下内容。

(1) 删除注释。

(2) 删除续行符,包括后续换行符($0A_H$)。

(3) Tab作用相当于多个空格,换行符、Tab和空格具有界符作用,预处理时通常予以保留。在后面的分析中可以看到,它们的存在反而给单词识别带来方便。为了简化判断,可在预处理时,将换行符和Tab统一替换为空格。

(4) 大多数语言(除C语言)不区分大小写,可在预处理时,将大写字母变换成小写字母,或相反,以方便后续处理。

(5) 对于受书写格式限制的语言(例如FORTRAN和COBOL语言),还应识别标号区,给出语句标号。识别续行标志,把相继行连接在一起,给出语句结束符。

上述源程序经预处理后,扫描缓冲区中的内容如下所示:

b	e	g	i	n			r	e	a	l		r	,	h	,	s	;			s	=	2

*	3	.	1	4	*	r	*	(	r	+	h	)		e	n	d		\0	…	\0	\0

如果用高级语言编写预处理程序，输入和预处理可同时进行，无须输入缓冲区，将读入后经预处理的源程序直接送入扫描缓冲区。

算法 2.1 给出了一个用伪代码书写的预处理程序。它的作用为：从文件 Source.txt 读入源程序，去除源程序中注释和续行符，将 Tab 和换行符替换为空格，并将大写字母变换成小写字母。将经预处理的源程序存入扫描缓冲区 Buf，供扫描器识别单词。由于算法需要，在源程序尾部添加字符“#”，这是一个特殊的字符，以示源程序的结束。源程序中的注释用/*…*/标记，不允许嵌套使用，这和大多数高级语言规定相一致。

算法 2.1　Pretreatment

```
输入：源程序文件 Source.txt。
输出：扫描缓冲区 Buf[1..n]。
c0←'$';c1←Source.txt 的第一个字符          //c0 为前一个字符，c1 为当前字符
in_comment←false                           //状态标志，false 表示当前字符未处于注释中
i←1
while not eof("Source.txt") do
    switch in_comment do
    case false:                            //当前字符未处于注释中
        if c0c1="/*" then                  //进入注释，去除已存入扫描缓冲区的字符'/'
            in_comment←true;i←i-1
        else
            if c0c1="\换行符" then
                i←i-1                      //去除已存入扫描缓冲区的续行符'\'
            else
                if c1 是大写字母 then c1←c1+32
                if (c1=制表符) or (c1=换行符) then c1←空格
                Buf[i]←c1;i←i+1            //将字符存入扫描缓冲区
            end if
        end if
    case true:                             //当前字符处于注释中，丢弃该字符
        if c0c1="*/" then in_comment←false  //离开注释
    end switch
    c0←c1;c1←Source.txt 的下一个字符        //当前字符成为前一个字符
end while
Buf[i]←'#'
```

根据算法 2.1，用 C/C++ 语言编程如下：

```
#include <fstream.h>
void pretreatment(char filename[],char Buf[])
{
    ifstream cinf(filename,ios::in);
```

```
    char c0='$',c1;                         //c0 为前一个字符,c1 为当前字符
    bool in_comment=false;                  //状态标志,false 表示当前字符未处于注释中
    cout<<"<源程序>"<<endl;
    int i=0;
    void * p=cinf.read(&c1,sizeof(char));   //从文件读第一个字符(包括控制字符)
     while(p){
        cout<<c1;                           //输出读入字符
        switch(in_comment){
        case false:                         //当前字符未处于注释中
            if(c0=='/' && c1=='*')          //进入注释,去除已存入扫描缓冲区的字符'/'
                in_comment=true,i--;
            else
                if(c0=='\\' && c1=='\n')    //去除已存入扫描缓冲区的续行符'\'
                    i--;
                else{
                    if(c1>='A' && c1<='Z')  //大写转换成小写
                        c1+=32;
                    if(c1=='\t' || c1=='\n')
                        c1=' ';
                    Buf[i++]=c1;            //将字符存入扫描缓冲区
                }
            break;
        case true:                          //当前字符处于注释中,丢弃该字符
            if(c0=='*' && c1=='/')          //离开注释
                in_comment=false;
        }//end of switch
        c0=c1;                              //当前字符成为前一个字符
        p=cinf.read(&c1,sizeof(char));      //从文件读下一个字符(包括控制字符)
     }//end of while
     Buf[i]='#';
}
void main()
{
     char Buf[4048]={'\0'};                 //扫描缓冲区
     pretreatment("source.txt",Buf);
     cout<<"<预处理结果>"<<endl;
     cout<<Buf<<endl;
}
```

程序运行结果如图 2.2 所示。

2.1.3 基本字的识别和超前搜索

有些语言(例如 FORTRAN 语言)对基本字不加保护,用户可以把它们用作普通标识符,这就使得基本字的识别相当困难。观察下面三个 FORTRAN 语言语句:

图 2.2

(1) IF(5.EQ.M)GOTO55。

逻辑 IF。当 M 等于 5,转移至标号为 55 的语句,否则顺序执行。

(2) IF(5)=55。

IF 为数组名,IF(5)为下标变量。

(3) IF(X+Y)110,120,130。

算术 IF。当 X+Y<0,转移至标号为 110 的语句;当 X+Y 等于 0,转移至标号为 120 的语句;当 X+Y>0,转移至标号为 130 的语句。

显然仅根据 IF 无法判断其为何种单词,可能是基本字,也可能是标识符。解决办法是超前搜索,一直扫描到右括号后面的字符。若该字符为字母 G 或 g,则为逻辑 IF;若为数字,则为算术 IF;若为=,则为标识符。

超前搜索导致词法分析器实现困难。为了降低词法分析器的复杂性,避免超前搜索,在实际实现中,大多数语言的编译程序对用户采取了以下两条限制措施:

(1) 所有基本字均为保留字,用户不能使用它们作为标识符。例如语句 IF(5)=55,由于 IF 为基本字,不能用作标识符,编译程序会指示该语句错误。

(2) 将空格、Tab 和换行符视为界符。在基本字、用户定义的标识符和常数之间,若没有运算符或界符,则至少用一个空格(或 Tab、换行符)加以分隔。这样空格、Tab 和换行符不再是没有意义的了,这就是为什么在词法分析预处理中将空格、Tab 和换行符保留下来的原因。例如 Pascal 语言语句:

```
FOR I:=1 TO 10 DO X:=X+1
```

不能写成:

```
FORI:=1TO10DOX:=X+1
```

对于后者,FORI、TO10DOX 和 X 被认为是标识符。

采用上述两条限制措施,对用户来讲是完全可以接受的,并且已成为程序员进行程序设计的惯例。词法分析器对于所有单词的识别,最多只要向前看一个字符就足够了。

2.1.4 状态转换图和词法分析器的手工构造

在本书中,词法分析器是以过程(函数)形式书写的,返回值是单词二元式。词法分析器可作为语法分析器的一个子程序,语法分析器每调用一次,词法分析器就回送一个单词二元式。也可编制一个程序,在程序中组织一个循环,反复调用词法分析器,将源程序改造成单词二元式形式,并将单词二元式序列保存在文件中,供语法分析器使用。本书采用后一种方式,后一种方式对于读者来说比较容易理解,也就是说将词法分析作为独立一遍。

所谓“遍”,就是由外存获得前一遍的工作结果(对于第一遍而言,从外存获得源程序),完成它所含的有关阶段工作之后,再把结果存于外存。早期的计算机内存较小,编译程序相对而言体积较大。使用遍技术的优点在于,当一遍工作完之后,内存空间大部分被释放,下一遍进入后,几乎可以使用全部存储空间。遍数多一点还有一个好处,可使得编译程序的逻辑结构较为清晰,但是遍数多势必增加输入输出所耗费的时间。随着计算机内存的不断增大,引入遍的初衷也逐步被淡化。

若不考虑科学计数法形式,程序设计语言的无符号实数有三种书写形式,它们是:无小数部分形式(例如 134.)、无整数部分形式(例如.123)和完全形式(例如 3.14)。直接编写识别无符号实数的程序有一定的难度,可使用状态转换图来构造单词识别程序(扫描器)。状态转换图是一个有向图,在状态转换图中,结点代表状态,用圆圈表示;状态之间用箭弧连接,箭弧上的标记代表射出结点可能面临的合法输入字符,如图 2.3 所示。

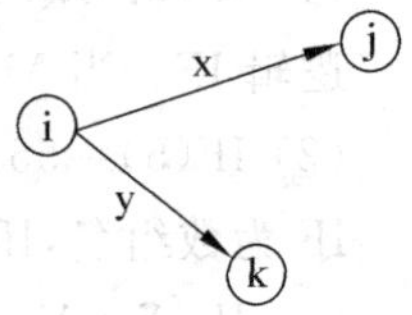

图 2.3

设当前状态为 i,若输入字符为 x,则读进 x,将当前状态改为 j;若输入字符为 y,则读进 y,当前状态改为 k(可用 if 语句实现)。

一个状态转换图包含若干个状态(结点),其中有一个是初态,用符号“⇒”指示,是识别字符串的起点。状态转换图至少有一个终态,表示已识别出一个字符串(单词),终态用双圈表示。一个状态转换图可用于识别单词,从初态出发,经一条通路到达某一终态,路径上的标记依次连接而成的字符串称为状态转换图可识别出的单词。识别标识符的状态转换图如图 2.4 所示。

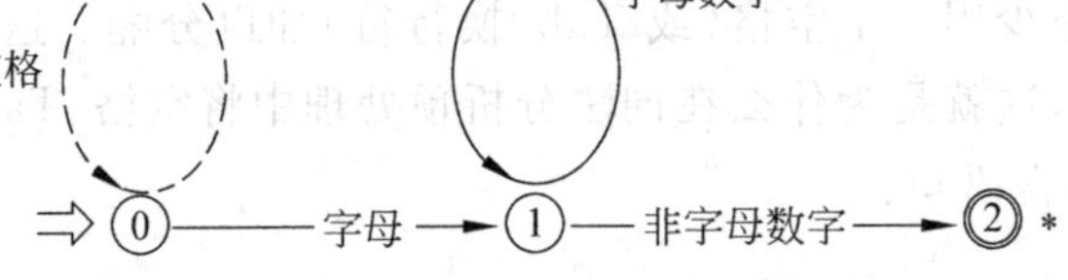

图 2.4

在图 2.4 中,结点 0 为初态,结点 2 为终态。这个状态转换图识别标识符的过程是:从初态 0 出发,若输入字符为字母,则读进它,进入状态 1。若下一个输入字符为字母或数字,则读进它,重新进入状态 1(可用 while 语句实现)。直到发现当前读入的字符不再是数字或字母,就进入状态 2。状态 2 是终态,它意味着到此已识别出一个标识符,识别过程终止。终态上的星号“*”表示多读进一个不属于标识符的字符,应将其退回。如果在状态 0 输入的字符不是字母,则表示以该字符起始的单词不是标识符。

在词法分析预处理中,空格作为界符被保留下来。由于空格不是任何单词的组成部分,故在识别单词前,应将单词的前导空格滤去。在识别标识符的过程中,当读入的字符不是字母或数字,而是空格时,说明当前正在识别的单词已完全读入。为处理方便,不管是什么字符,均将其退回。若退回的是空格,该空格将成为下一个单词的前导空格。简而言之,单词的尾部空格作为单词的结束标志,单词的前导空格在识别单词前被滤去,这就是为什么空格

(Tab、换行)在预处理中被保留下来的原因。识别无符号实数和无符号整数的状态转换如图 2.5 所示。

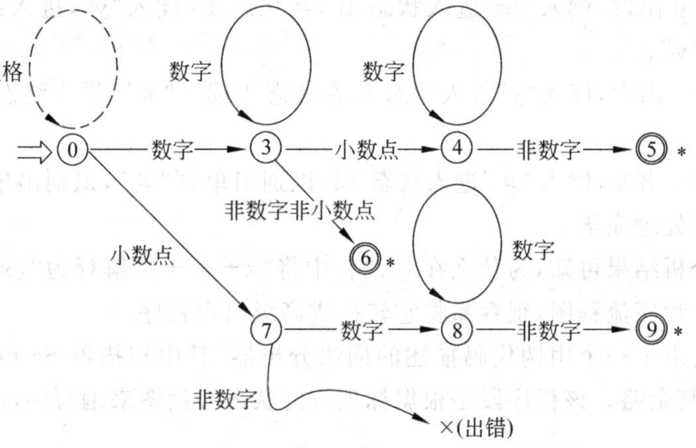

图　2.5

例 2.1　识别无符号实数。设输入串为“134. +…”,从初态 0 出发,经如图 2.6 所示的路径,到达终态 5。路径上标记依次连接而成的字符串为“134. +”,退回多读的字符“+”,识别出的字符串(单词)为“134.”。

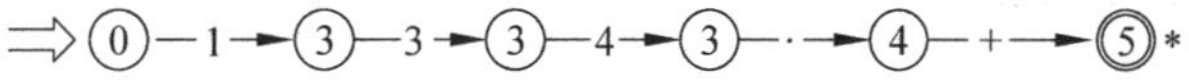

图　2.6

图 2.7 是识别单词“#”、“+”和“++”的状态转换图。

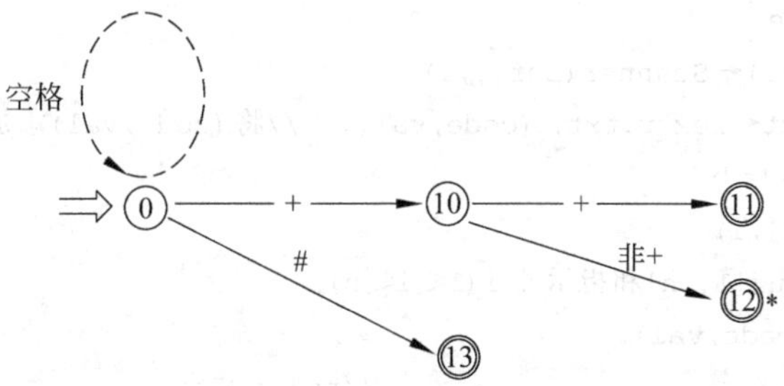

图　2.7

图 2.4、图 2.5 和图 2.7 可合并成一个图,初始状态为 0。从初态 0 出发,若输入字符是字母,则进入状态 1;若输入字符为数字,则进入状态 3;若输入字符为小数点,则进入状态 7;若输入字符为加号“+”,则进入状态 10。否则,或进入其他单词的识别(若有的话),或出错(非法字符)。

状态转换图每次只能识别一个单词,若源程序中有 N 个单词,则需使用状态转换图 N 次。设源程序为“x+++y#”(“#”是预处理程序添加的),单词识别程序(扫描器)共使用状态转换图 5 次。

(1) 从初态 0 出发,读入“x”进入状态 1,在状态 1 读入“+”,进入终态 2,识别出标识符“x”,退回“+”。

(2) 从初态0出发,读入"＋"进入状态10,在状态10读入"＋",进入终态11,识别出运算符"＋＋"。

(3) 从初态0出发,读入"＋"进入状态10,在状态10读入"y",进入终态12,识别出运算符"＋",退回"y"。

(4) 从初态0出发,读入"y"进入状态1,在状态1读入"＃",进入终态2,识别出标识符"y",退回"＃"。

(5) 从初态0出发,读入"＃"进入状态13,识别出单词"＃",识别出单词"＃"意味着整个源程序中字符处理完毕。

根据上述分析结果可知,为什么在C语言中将"x＋＋＋y"解释为"(x＋＋)＋y"。状态转换图实质上是程序流程图,很容易将它转换成高级语言程序。

算法2.2给出了一个用伪代码描述的词法分析器,其中扫描器Scanner仅包含识别标识符的程序段,其余略。该程序段是根据标识符的状态转换图来编写的,用于示意词法分析器的结构。

算法 2.2　Lex1

```
输入:源程序文件 Source.txt。
输出:文件 Lex_r.txt(单词二元式序列)。
    Pretreatment(Source.txt,Buf[])     //对源程序进行预处理,结果存放在 Buf[1..n]中
    建立空文件 Lex_r.txt
    i←1
    repeat
        while Buf[i]=空格 do             //去除前导空格
            i←i+1
        end while
        (code,val)←Scanner(Buf[],i)
        Lex_r.txt←Lex_r.txt, (code,val)    //将(code,val)添加到文件 Lex_r.txt 尾部
     until code='#'
过程 Scanner(Buf[],i)
输入:扫描缓冲区 Buf[1..n]和指示器 i(1≤i≤n)。
输出:单词二元式(code,val)。
    token[]←""                          //token 清空
    if Buf[i]是字母 then                 //识别标识符和基本字
        while (Buf[i]是字母) or (Buf[i]是数字) do
            token←token,Buf[i]          //将 Buf[i]添加在串 token 尾部
            i←i+1
        end while
        if token 是基本字 then
            return (基本字种别,"NUL")
        else
             return (标识符种别,token)
         end if
     end if
     if Buf[i]是数字 then               //识别无符号整数或无符号实数
```

…　…

基本字通常是由字母构成的，符合标识符构词规则。考虑简化程序设计，将基本字作为特殊标识符来处理。设置一个基本字表，当识别出一个标识符就去查对这张表，确定它是基本字还是标识符。

2.1.5 词法分析器手工构造实例

构造一个简单程序设计语言的词法分析器。

1. 字符集

{a..z、0..9、+、=、*、,、;、(、)、#}

若发现字符集之外字符，即为非法字符。

2. 单词集

基本字：begin、end、integer、real

标识符：以字母开始的数字字母串

无符号整数

无符号实数(不考虑科学记数法形式)

运算符：+、*、++、=

界符：,、;、(、)、#

错误词形：.(前后无数字字符的小数点)

3. 单词编码

基本字：begin('{',"NUL")、end('}',"NUL")、integer('a',"NUL")、real('c',"NUL")

标识符：('i',字符串)

无符号整数：('x',字符串)

无符号实数：('y',字符串)

运算符：=('=',"NUL")、+('+',"NUL")、*('*',"NUL")、++('$',"NUL")

界符：，(',',"NUL")、;(';',"NUL")、(('(',"NUL")、) (')',"NUL")、#('#',"NUL")

4. 状态转换图

单词可分为单字符单词和多字符单词。对于单字符单词的识别较简单，见字符即知，如一、=、*、# 等，无须多读无须退回，故可以不画它们的状态转换图。对于多字符单词识别较为麻烦，通常需画出状态转换图。一个程序设计语言单词的识别，可以用若干张状态转换图予以描述，虽然用一张图也可以，但使用多张状态转换图，有时会有助于概念的清晰化。标识符、整数、实数以及+和++的状态转换图如前所述，这里不再重复。

5. 程序实现

词法分析器由 5 个函数构成，它们是预处理函数 pretreatment、扫描函数 scanner、拼接字符函数 concat、查基本字表函数 reserve 和主函数 main。主函数 main 是测试驱动程序，它先调用函数 pretreatment 进行预处理，然后不断调用扫描函数 scanner，获得单词的二元式编码，并将其写入文件 Lex_r.txt，直到源程序全部处理完。根据算法 2.2，用 C/C++ 语言编程如下。

```
#include <fstream.h>
#include <string.h>
#include <stdlib.h>
#include "pretreatment.h"                       //预处理程序,详见 2.1.2 小节
const int WordLen=20;
struct code_val{
    char code;                                  //单词种别
    char val[WordLen+1];                        //单词值
};
 void concat(char token[],char c)               //拼接字符函数
 { //token[]="BEG",执行 concat(token,'I')后,token[]="BEGI"
     for(int i=0;token[i];i++);                 //空语句,找到单词尾
     token[i]=c,token[++i]='\0';
 }
 char reserve(char token[])                     //查基本字表函数
 {
     const char * table[]={"begin","end","integer","real"};
     const char code[]="{}ac";
     for(unsigned i=0;i<strlen(code);i++)
         if(strcmp(token,table[i])==0)
             return code[i];
     return 'i';                                //标识符的单词种别为'i'
 }
 struct code_val scanner(char Buf[],int &i)     //扫描函数
 {
     struct code_val t={'\0',"NUL"};
     char token[WordLen+1]="";                  //token 用于拼接单词
     if(Buf[i]>='a' && Buf[i]<='z'){            //标识符或基本字
         while(Buf[i]>='a' && Buf[i]<='z'||Buf[i]>='0' && Buf[i]<='9')
             concat(token,Buf[i++]);
         t.code=reserve(token);                 //查基本字表
         if(t.code=='i')
             strcpy(t.val,token);
         return t;                              //返回标识符或基本字的二元式
     }
     if(Buf[i]>='0' && Buf[i]<='9'){            //整数或实数
         while(Buf[i]>='0' && Buf[i]<='9')
             concat(token,Buf[i++]);
         if(Buf[i]=='.'){                       //实数 123.
             concat(token,Buf[i++]);
             while(Buf[i]>='0' && Buf[i]<='9')  //实数 123.4
                 concat(token,Buf[i++]);
             t.code='y';
         }
         else                                   //整数
```

```
                t.code='x';
            strcpy(t.val,token);
            return t;
        }
        if(Buf[i]=='.'){                                    //实数
            concat(token,Buf[i++]);
            if(Buf[i]>='0' && Buf[i]<='9'){
                while(Buf[i]>='0' && Buf[i]<='9')
                    concat(token,Buf[i++]);
                t.code='y',strcpy(t.val,token);
                return t;                                   //返回实数(.123)的二元式
            }
            else{                                           //错误词形(单个'.')
                cout<<"Error word->"<<token<<endl;
                exit(0);
            }
        }
        switch(Buf[i]){                                     //其余单词
        case ',':
            t.code=',';break;
        case ';':
            t.code=';';break;
        case '(':
            t.code='(';break;
        case ')':
            t.code=')';break;
        case '=':
            t.code='=';break;
        case '+':
            if(Buf[++i]=='+')
                t.code='$ ';
            else
                t.code='+',i--;
            break;
        case '*':
            t.code='*';break;
        case '#':
            t.code='#';break;
        default:                                            //非法字符
            cout<<"Error char->"<<Buf[i]<<endl;
            exit(0);
        }//end of switch
        i++;
        return t;                                           //返回单词二元式
}
```

```
void main()
{
    char Buf[4048]={'\0'};                        //预处理
    pretreatment("source.txt",Buf);
    ofstream coutf("Lex_r.txt",ios::out);         //单词识别
    code_val t;
    cout<<"<单词二元式>"<<endl;
    int i=0;
    do{
        while(Buf[i]==' ')                        //去除前导空格
            i++;
        t=scanner(Buf,i);                     //调用一次扫描器获得一个单词二元式
        coutf<<t.code<<'\t'<<t.val<<endl; //将单词二元式写入 Lex_r.txt 文件
        cout<<'('<<t.code<<','<<t.val<<')';  //屏幕显示单词二元式
     }while(t.code!='#');
     cout<<endl;
 }
```

图 2.8 为文件 source.txt 中的源程序,图 2.9 为文件 Lex_r.txt 中的单词二元式序列,即程序运行结果。

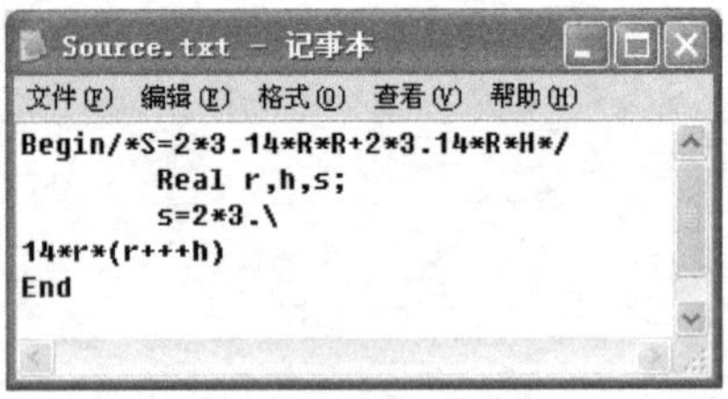

图　2.8

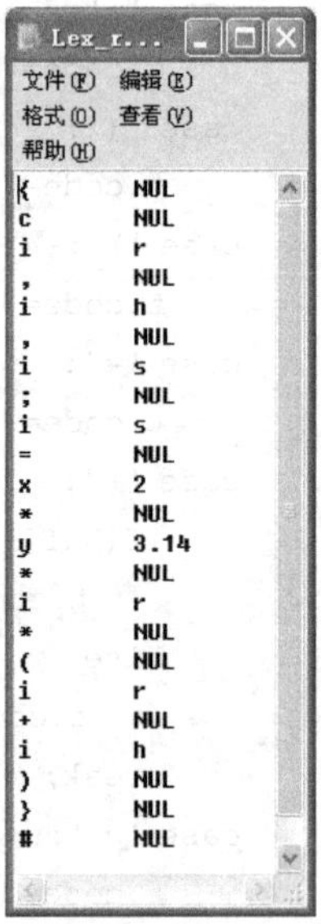

图　2.9

2.2　正规式、自动机及词法分析器的自动生成

2.1节讨论了词法分析器的手工构造,本节将讨论词法分析器的自动构造。为了讨论词法分析器的自动构造,需要把状态转换图的概念形式化,引进正规集和自动机的概念。

2.2.1 基本概念

设Σ是一个有穷字母表，它的每一元素称为字符。Σ上的一个字是指Σ中的字符所构成的一个有限序列。不包含任何字符的字称为空字，记为ε。用Σ^*表示Σ上所有字的全体，ε属于Σ^*。例如$\Sigma=\{a,b\}$，则$\Sigma^*=\{\varepsilon,a,b,aa,ab,ba,bb,aaa,aab,aba,abb,baa,bab,\cdots\}$。$\{\}$表示空集，注意$\varepsilon$、$\{\}$、$\{\varepsilon\}$三者的区别。

设U、$V\subset\Sigma^*$，U和V的积(连接)定义为：

$$U\cdot V=UV=\{\alpha\beta\mid(\alpha\in U)\wedge(\beta\in V)\}$$

圆点“·”称为积运算符或连接运算符，书写时可省略，在编译方法中主要使用连接运算。集合UV中的字是由U和V中的字连接而成的，显然U和V的积不满足交换律，即$UV\neq VU$。积满足结合律和分配律，即$(UV)W=U(VW)$、$X(Y\cup Z)=XY\cup XZ$。

设$V\subset\Sigma^*$，V自身的n次积记为：

$$V^n=VV\cdots V=VV^{n-1}=V^{n-1}V$$

规定$V^0=\{\varepsilon\}$。

设$V\subset\Sigma^*$，V的闭包记为V^*，且V^*定义为V自身的任意有限次积，即：

$$V^*=V^0\cup V^1\cup V^2\cup\cdots\cup V^n$$

例2.2 设$V=\{0,1\}$，求V^*。

$$\begin{aligned}V^*&=\{0,1\}^*\\&=\{0,1\}^0\cup\{0,1\}^1\cup\{0,1\}^2\cup\{0,1\}^3\cup\cdots\\&=\{\varepsilon\}\cup\{0,1\}\cup\{0,1\}\{0,1\}\cup\{0,1\}\{0,1\}\{0,1\}\cup\cdots\\&=\{\varepsilon\}\cup\{0,1\}\cup\{00,01,10,11\}\cup\{000,001,\cdots\}\cup\cdots\\&=\{\varepsilon,0,1,00,01,10,11,000,001,\cdots\}\end{aligned}$$

闭包V^*中的每个字都是由V中的字经有限次连接而成的。

设$V\subset\Sigma^*$，V的正则闭包记为V^+，且定义$V^+=VV^*$。求证：$V^+=V^1\cup V^2\cup\cdots\cup V^n$。

证明：

若能证明集合V^+和$V^1\cup V^2\cup\cdots\cup V^n$互为子集，则命题成立。

(1) 证明$V^+\subset V^1\cup V^2\cup\cdots\cup V^n$。

设任一$\gamma\in V^+=VV^*$，根据定义可得以下结果。

$$\gamma=\alpha\beta，其中\ \alpha\in V、\beta\in V^*$$

因为$V^*=V^0\cup V^1\cup V^2\cup\cdots\cup V^n$，所以$\beta\in V^k(k\geqslant0)$。

因为$\alpha\in V$且$\beta\in V^k$，所以$\gamma=\alpha\beta\in VV^k=V^{k+1}$。

因为$V^{k+1}\subset V^1\cup V^2\cup\cdots\cup V^n$，所以$\gamma=\alpha\beta\in V^1\cup V^2\cup\cdots\cup V^n$。

由此可得$V^+\subset V^1\cup V^2\cup\cdots\cup V^n$。

(2) 证明$V^1\cup V^2\cup\cdots\cup V^n\subset V^+$。

设任一$\gamma\in V^1\cup V^2\cup\cdots\cup V^n$，故有$\gamma\in V^k=VV^{k-1}(k\geqslant1)$。

根据定义可得以下结果。

$$\gamma=\alpha\beta，其中\ \alpha\in V、\beta\in V^{k-1}$$

因为 $V^{k-1} \subset V^0 \cup V^1 \cup V^2 \cup \cdots \cup V^n = V^*$，所以 $\beta \in V^*$。

因为 $\alpha \in V$ 且 $\beta \in V^*$，所以 $\gamma = \alpha\beta \in VV^* = V^+$。

由此可得 $V^1 \cup V^2 \cup \cdots \cup V^n \subset V^+$。

根据(1)、(2)所证，命题成立。

设 $V = \{0,1\}$，$V^+ = V^1 \cup V^2 \cup \cdots \cup V^n = \{0,1,00,01,10,11,000,001,\cdots\}$，$V^+$ 可理解为二进制数的全体。

注：或设 $V \subset \Sigma^*$，V 的正则闭包记为 V^+，且定义 $V^+ = V^1 \cup V^2 \cup \cdots \cup V^n$。可作为习题求证：$V^+ = VV^*$。

2.2.2 正规式与正规集

对于 Σ^*，我们感兴趣的是它的一个特殊子集，即正规集。为了描述正规集，首先引进正规式。下面是正规式和正规集的定义。

(1) ε 和 Φ 是 Σ 上的正规式，相应的正规集分别为 $\{\varepsilon\}$ 和 $\{\}$。

(2) 若 $x \in \Sigma$，则 x 是正规式，相应正规集为 $\{x\}$。

(3) 若 α、β 为正规式，相应正规集分别记为 $L(\alpha)$ 和 $L(\beta)$，则 $\alpha|\beta$ 是正规式，相应正规集记为 $L(\alpha|\beta)$，且令 $L(\alpha|\beta) = L(\alpha) \cup L(\beta)$。

(4) 若 α、β 为正规式，相应正规集分别记为 $L(\alpha)$ 和 $L(\beta)$，则 $\alpha\beta$(或 $\alpha \cdot \beta$)是正规式，相应正规集记为 $L(\alpha\beta)$，且令 $L(\alpha\beta) = L(\alpha)L(\beta)$。若 $\alpha = \beta$，则有 $L(\alpha\beta) = L(\alpha\alpha) = L(\alpha^2) = L(\alpha)L(\alpha) = L(\alpha)^2$。推广到一般，正规式 α 自身的 n 次积 $\alpha\alpha\cdots\alpha$ 是正规式，记为 α^n，相应正规集记为 $L(\alpha^n)$，显然 $L(\alpha^n) = L(\alpha)^n$。

(5) 若 α 为正规式，相应正规集记为 $L(\alpha)$，则 $\alpha^* = \alpha^0|\alpha^1|\alpha^2|\cdots|\alpha^n$ 是正规式(规定 $\alpha^0 = \varepsilon$)，相应正规集记为 $L(\alpha^*)$，且令 $L(\alpha^*) = L(\alpha)^*$。

正规式有三个运算符，它们是“|”、“·”和“*”。“|”读作“或”，“·”读作“连接”，“*”读作“闭包”。正规式运算符的优先性依次为：先“*”，次“·”，最后“|”。连接运算符“·”一般省略不写，可用圆括号改变运算顺序。

例 2.3　设 $\Sigma = \{a..z、0..9、=、+、*、,、;、(、)、\#\}$，求证：

(1) dim 是一个正规式，相应正规集为{dim}。

(2) $(0|1|2|\cdots|9)(0|1|2|\cdots|9)^*$ 是一个正规式，相应正规集为无符号整数全体。

证明(1)：

因为 d、i、m $\in \Sigma$，所以 d、i、m 是正规式。

因为 d、i 是正规式，所以 di 是正规式。

因为 di、m 是正规式，所以 dim 是正规式。

dim 相应的正规集为 $L(dim) = L(d)L(im) = L(d)L(i)L(m) = \{d\}\{i\}\{m\} = \{dim\}$。

证明(2)：

因为 $0、1、2、\cdots、9 \in \Sigma$，所以 $0、1、2、\cdots、9$ 是正规式。

因为 $0、1、2、\cdots、9$ 是正规式，所以 $0|1|2|\cdots|9$ 是正规式。

因为 $0|1|2|\cdots|9$ 是正规式，所以 $(0|1|2|\cdots|9)^*$ 是正规式。

因为 $0|1|2|\cdots|9$ 和 $(0|1|2|\cdots|9)^*$ 是正规式，所以 $(0|1|2|\cdots|9)(0|1|2|\cdots|9)^*$ 是正

规式，相应正规集为 $L((0|1|2|\cdots|9)(0|1|2|\cdots|9)^*)$。

令 $\alpha=0|1|2|\cdots|9$，上述正规集可改写为 $L(\alpha\alpha^*)$。

$L(\alpha\alpha^*)$

$=L(\alpha)L(\alpha^*)$

$=L(\alpha)L(\alpha)^*$

$=L(\alpha)^+$

$=L(0|1|2|\cdots|9)^+$

$=(L(0)\cup L(1)\cup L(2)\cup\cdots\cup L(9))^+$

$=(\{0\}\cup\{1\}\cup\{2\}\cup\cdots\cup\{9\})^+$

$=\{0,1,2,\cdots,9\}^+$

$=\{0,1,2,\cdots,9\}^1\cup\{0,1,2,\cdots,9\}^2\cup\{0,1,2,\cdots,9\}^3\cup\cdots$

$=\{0,1,2,\cdots,9\}\cup\{0,1,2,\cdots,9\}\{0,1,2,\cdots,9\}\cup$

$\{0,1,2,\cdots,9\}\{0,1,2,\cdots,9\}\{0,1,2,\cdots,9\}\cup\cdots$

$=\{0,1,2,3,4,5,6,7,8,9,00,01,02,03,04,05,06,07,08,09,10,11,12,\cdots,000,001,002,\cdots\}$

$=\{\alpha\mid\alpha$ 为无符号整数$\}$

字符集用来构造语言的单词，构词规则定义了语言的单词集。有穷字母表 Σ 是程序设计语言所使用的字符集的抽象，正规集是程序设计语言单词集的抽象，而正规式是程序设计语言构词规则的抽象。

若两个正规式所表示的正规集相等，则认为两个正规式等价。两个等价的正规式 α 和 β 可记为 $\alpha=\beta$。

例 2.4 设 α 是正规式，求证 $\alpha|\alpha=\alpha$。

证明：

$$L(\alpha|\alpha)=L(\alpha)\cup L(\alpha)=L(\alpha)$$

因为 $L(\alpha|\alpha)=L(\alpha)$，所以 $\alpha|\alpha=\alpha$。

令 α、β 和 γ 为正规式，不难证明下列关系成立。

(1) 交换律：$\alpha|\beta=\beta|\alpha$；

(2) 结合律：$\alpha|(\beta|\gamma)=(\alpha|\beta)|\gamma$，$\alpha(\beta\gamma)=(\alpha\beta)\gamma$；

(3) 分配律：$\alpha(\beta|\gamma)=\alpha\beta|\alpha\gamma$，$(\beta|\gamma)\alpha=\beta\alpha|\gamma\alpha$；

(4) $\varepsilon\alpha=\alpha\varepsilon=\alpha$。

设有穷字母表 Σ 为 {a..z,0..9}，为了描述方便，引入正规式 α 和 β，其中 $\alpha=a|b|\cdots|z$，$\beta=0|1|\cdots|9$。

例 2.5 描述标识符的正规式。

$$\alpha(\alpha|\beta)^*$$

例 2.6 描述无符号整数的正规式。

$$\beta\beta^*$$

例 2.7 描述无符号实数的正规式。

$$\beta\beta^*.\beta^*$$

$$.\beta\beta^*$$

$$\beta\beta^*.\beta^*(E|e)(+|-|\varepsilon)\beta\beta^*$$

$$.\beta\beta^*(E|e)(+|-|\varepsilon)\beta\beta^*$$

$$\beta\beta^*(E|e)(+|-|\varepsilon)\beta\beta^*$$

综合上述五式,描述程序设计语言无符号实数的正规式为:

$$\beta\beta^*.\beta^*|.\beta\beta^*|(\beta\beta^*.\beta^*|.\beta\beta^*|\beta\beta^*)(E|e)(+|-|\varepsilon)\beta\beta^*$$

例 2.8 描述二进制数的正规式。

$$(0|1)(0|1)^*$$

2.2.3 确定有限自动机

将状态转换图形式化,便可得到确定有限自动机(DFA)的概念。一个确定有限自动机 M 是一个五元式:

$$M=(S,\Sigma,f,s_0,Z)$$

(1) S 是一个有限集,它的每一个元素称为状态。

(2) Σ 是一个有穷字母表,它的每个元素称为一个输入字符。

(3) f 是一个从 S×Σ 至 S 的映照,即:

$$f: S\times\Sigma\rightarrow S(\text{单值函数})$$

例如 $f(s_i,a)=s_j$,表示当现行状态为 s_i,若输入字符为 a,则转移到下一状态 s_j,s_j 称为 s_i 的后继状态。

(4) $s_0\in S$,是唯一一个初态。

(5) $Z\subset S$,是一个终态集。

例如,一个识别二进制数的 DFA M 定义如下:

$$M=(S,\Sigma,f,s_0,Z)=(\{0,1\},\{'0','1'\},f,0,\{1\})$$

其中 f 定义为:

$$f(0,'0')=1、\ f(0,'1')=1、\ f(1,'0')=1、\ f(1,'1')=1$$

函数 f 可用矩阵表示,如表 2.2 所示,该矩阵称为状态转换矩阵(矩阵的值为全 1,属特例)。只要对初态和终态做适当标记,则可用一个状态转换矩阵来表示 DFA。

表 2.2

状态/字符	'0'	'1'
0	1	1
1	1	1

一个 DFA M 也可唯一表示成一个(确定的)状态转换图。假定 DFA M 含有 m 个状态和 n 个输入字符,那么这个图含有 m 个结点,每个结点最多有 n 条箭弧射出和其他结点相连接,包括该结点本身,每条箭弧用 Σ 中的一个不同输入字符作标记。整个图含有唯一一个初态和若干个终态,初态同时也可以是终态。

上述识别二进制数的 DFA 可用(确定的)状态转换图表示,如图 2.10 所示。

对于一个字 α,若存在一条从初态到某一终态的路径,且路径上的标记依序连接成的字为 α,则称 α 可为 DFA M 识别或接受。若 DFA M 的初态同时又是终态,则称空字 ε 可为

DFA M 识别或接受。DFA M 识别字的全体记为 L(M)。

设 $\alpha=101_2=5$,从初态到终态的路径如图 2.11 所示。

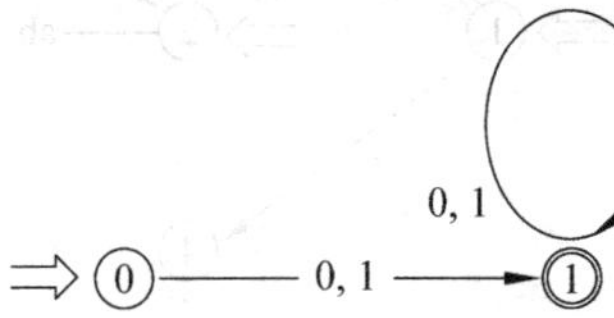

图 2.10

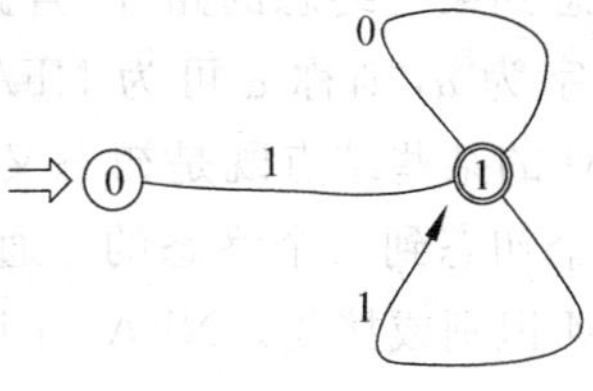

图 2.11

从初态 0 出发,存在一条到达终态 1 的路径,且路径上的标记依次连接为 101,则称 $\alpha=101$ 可为 DFA M 识别或接受。上述 DFA M 识别字的全体可表示为:

$$L(M)=\{\alpha \mid \alpha \text{为二进制数}\}$$

DFA 的确定性表现为映照 $f: S\times\Sigma\rightarrow S$ 是一个单值函数。也就是说,对任何状态 $s\in S$ 和输入符号 $a\in\Sigma$,$f(s,a)$唯一确定了下一个状态。从状态转换图的角度来看,假定字母表 Σ 含有 n 个输入字符,那么一个状态至多只有 n 条弧射出,并且每条箭弧以不同的输入字符标记。如果允许 f 是一个多值函数,便可得到非确定有限自动机(NFA)的概念。

2.2.4 非确定有限自动机

一个非确定有限自动机 M 是一个五元式:

$$M=(S,\Sigma,f,S_0,Z)$$

(1) S 是一个有限集,它的每一个元素称为状态。

(2) Σ 是一个有穷字母表,它的每个元素称为一个输入字符。

(3) f 是一个从 $S\times\Sigma^*$ 到 S 的子集映照,即:

$$f: S\times\Sigma^*\rightarrow 2^S(\text{多值函数})$$

(4) $S_0\subset S$,是一个非空初态集,即 NFA 的初态不一定唯一。

(5) $Z\subset S$,是一个终态集。

DFA 和 NFA 的主要区别在于映照 f(函数)。DFA 的映照 f 是从"状态×字符"映射到"状态",f 为单值函数;而 NFA 的映照 f 是从"状态×字"映射到"状态子集",f 为多值函数。

例如,某一 NFA M 定义如下:

$$M=(S,\Sigma,f,S_0,Z)=(\{1,2,3,4,5,6\},\{a,b\},f,\{1,2\},\{3\})$$

其中 f 定义为:

$$f(1,\text{"a"})=\{4,5\}、f(5,\varepsilon)=\{6\}、f(6,\varepsilon)=\{2\}、f(2,\text{"ab"})=\{3\}$$

其余 $f(s_i,\alpha)=\{\}(\alpha\in\Sigma^*,s_i\in S)$。

一个含有 m 个状态和 n 个输入字符的 NFA 可唯一地表示成一张(非确定的)状态转换图。这张图含有 m 个结点,每个结点可射出若干条弧与别的结点相连接,每条箭弧用 Σ^* 中的一个字作标记(称为输入字),不一定要不同的字,可以是相同的字,还可以是空字 ε。一个 NFA 可以含有多个初态,初态同时也可以是终态。上述 NFA M 可表示成(非确定的)状态转换图,如图2.12所示。

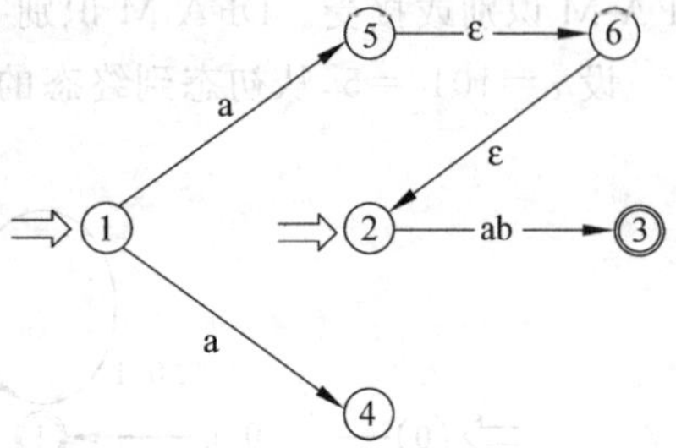

图 2.12

对于Σ^*中的一个字α,若在NFA M中存在一条从某一初态到某一终态的路径,且路径上的标记依序连接成的字为α,则称α可为NFA M识别或接受。若NFA M的某些结点既是初态又是终态,或者存在一条从某个初态到某个终态的ε通路,则称空字ε可为NFA M识别或接受。NFA M识别字的全体记为L(M)。

2.2.5 NFA的确定化

对于任何两个有限自动机M和M',若L(M)=L(M'),则称M和M'等价。DFA是NFA的特例,对于每个NFA M存在一个DFA M',使得L(M)=L(M')。下面讨论NFA确定化算法,为了便于描述,引进两个概念。

设I是NFA M状态集的一个子集,定义ε_CLOSURE(I)为:

(1) 若状态s∈I,则s∈ε_CLOSURE(I)。

(2) 若状态s∈I,从s出发,经一条或多条ε弧所能到达的状态s'也属于ε_CLOSURE(I)。ε_CLOSURE(I)称为I的ε闭包,可简记为CLOSURE(I)。

例2.9 设状态转换图如图2.13所示。

设I={1},则CLOSURE(I)=CLOSURE({1})={1,2}。

设I={5,4,3},则CLOSURE(I)=CLOSURE({5,4,3})={5,4,3,6,2,8,7}。

设I是NFA M的状态集的一个子集,a是Σ中的一个字符,定义:

$$I_a=\varepsilon\_CLOSURE(J_a)$$

其中,J_a是从I中的任一状态出发,经一条a弧所能到达状态的全体。

例如I={1,2},从状态1出发经一条a弧所能到达的状态集为{4,5},从状态2出发经一条a弧所能到达的状态集为{3},则J_a={4,5}∪{3}={3,4,5},从而I_a=CLOSURE(J_a)=CLOSURE({3,4,5})={5,4,3,6,2,8,7}。

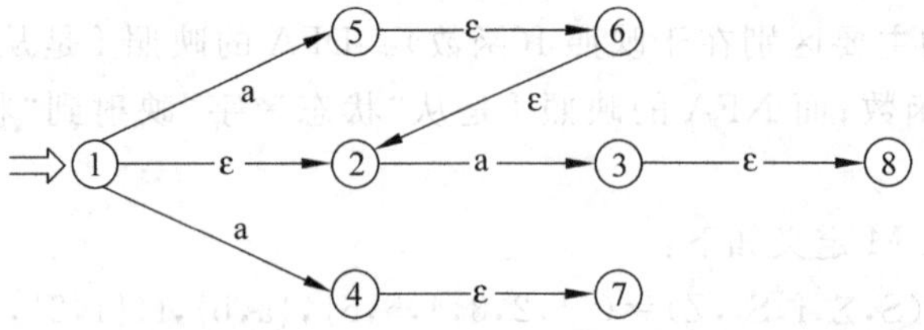

图 2.13

例2.10 图2.14是一个非确定有限自动机M,利用上述定义将M确定化。

先构造一张表,因Σ只有两个字符,故该表由三列构成。第1列记为I,第2列和第3列分别记为I_a和I_b。若Σ有n个字符,则表由n+1列构成。

首先,置这个表第1行第1列为CLOSURE({X}),这是一个包含非确定有限自动机M初态X的ε闭包。若NFA的初态不唯一,可添加新初态,用ε弧将它和原来的多个初态相

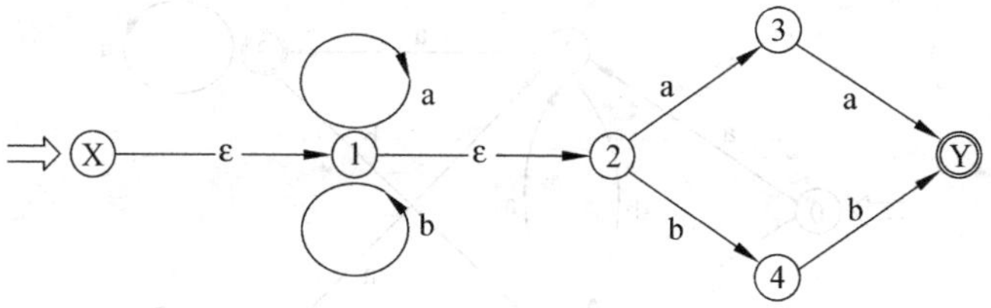

图 2.14

连，使得 NFA 的初态唯一。初始状况如表 2.3 所示。

表 2.3

I	$I_a(a\in\Sigma)$	$I_b(b\in\Sigma)$
CLOSURE({X})={X,1,2}		

一般而言，某一行的第 1 列的状态子集已经确定下来，例如记为 I，那么可根据上述定义求出这一行的 I_a 和 I_b。然后检查 I_a 和 I_b 是否已在第 1 列中出现，把未曾出现者(空集除外)填入到后继空行的第 1 列中。$\{X,1,2\}_a=\{1,3,2\}$、$\{X,1,2\}_b=\{1,4,2\}$，因它们未曾在第 1 列中出现，故将它们填入到后继空行的第 1 列中，如表 2.4 所示。

表 2.4

I	I_a	I_b
{X,1,2}	{1,3,2}	{1,4,2}
{1,3,2}		
{1,4,2}		

对未填入 I_a 和 I_b 的下一行重复上述过程。因 M 具有 6 个状态，状态子集个数包括空集在内最多为 $2^6=64$，故表的长度不会超过 63。重复过程必然在有限步内结束，最终形成的表格如表 2.5 所示。

现在把这张表看作是状态转换矩阵，把其中的每个子集视为一个状态，重新标记后如表 2.6 所示。将子集 CLOSURE({X})={X,1,2} 视为初态 0，将含有原终态 Y 的子集 {1,3,Y,2} 和 {1,Y,4,2} 分别视为终态 3 和终态 4。这张表唯一地刻画了一个确定有限自动机 M'，M'可用(确定的)状态转换图来表示，如图 2.15 所示。

表 2.5

I	I_a	I_b
{X,1,2}	{1,3,2}	{1,4,2}
{1,3,2}	{1,3,Y,2}	{1,4,2}
{1,4,2}	{1,3,2}	{1,Y,4,2}
{1,3,Y,2}	{1,3,Y,2}	{1,4,2}
{1,Y,4,2}	{1,3,2}	{1,Y,4,2}

表 2.6

状态/字符	a	b
0	1	2
1	3	2
2	1	4
3	3	2
4	1	4

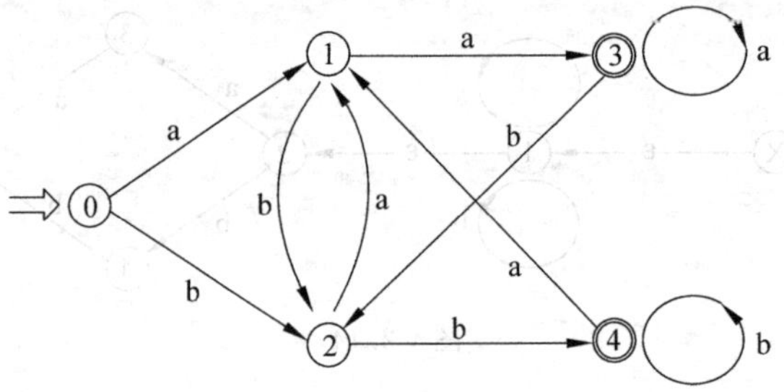

图 2.15

确定化算法用伪代码描述如下：

算法 2.3　Determine

输入：(非确定的)状态转换图(NFA)。

输出：状态转换矩阵 M[1..m,1..n+1] ($m<2^{|S|}$，|S|表示状态集 S 中状态的个数)。

```
M[1,1]←CLOSURE({X})
p_cur←1                                //当前指针,指示当前正在处理的行
p_end←1                                //表尾指针
while p_cur≤p_end do
    for i←1 to n                       //设Σ={x1,x2,…,xn}
        M[p_cur,i+1]←{M[p_cur,1]}xi    //M[p_cur,1]表示 I,{M[p_cur,1]}xi 表示 Ixi
        if (M[p_cur,i+1]≠{}) and (M[p_cur,i+1]∉M[1..p_end,1]) then
            p_end←p_end+1
            M[p_end,1]←M[p_cur,i+1]
        end if
    end for
    p_cur←p_cur+1
end while
将每个子集视为一个状态,重新标记。
```

根据构造过程中所采用的子集法，从字的识别角度来看，DFA M'和 NFA M 是等价的，因此达到了确定化的目标。

2.2.6　正规式的 NFA 表示

把状态转换图的概念拓广，每条箭弧可用一个正规式来标记。首先把正规式 α 表示成如图 2.16 所示的拓广状态转换图，其中 X 是初态，Y 是终态。

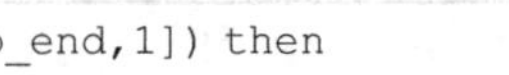

图 2.16

然后通过增加新结点对 α 进行分裂，直至每条箭弧的标记或为 Σ 中的一个字符，或为 ε。三条变换规则如图 2.17 所示，从字的识别角度来看，变换是等价的。在整个分裂过程中，新结点采用不同的名字，保留 X 和 Y 为全图唯一的初态和终态。

例 2.11　构造正规式 $1(0|1)^*0$ 的 NFA M。

构造过程如图 2.18 所示。

根据图 2.18，NFA M 识别字的全体为 $L(M)=\{1\}\{0,1\}^*\{0\}$，而正规式 $1(0|1)^*0$ 相

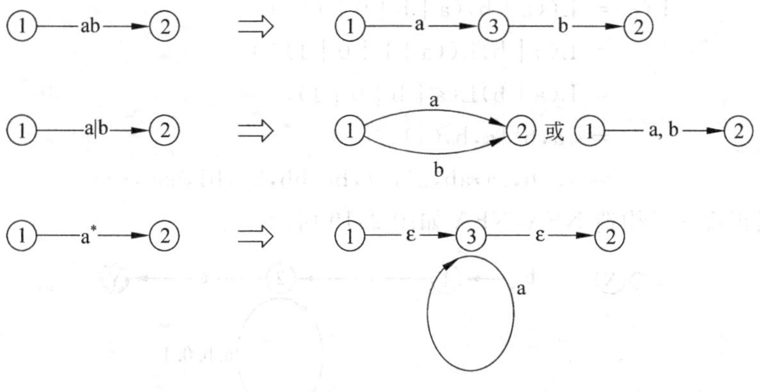

图　2.17

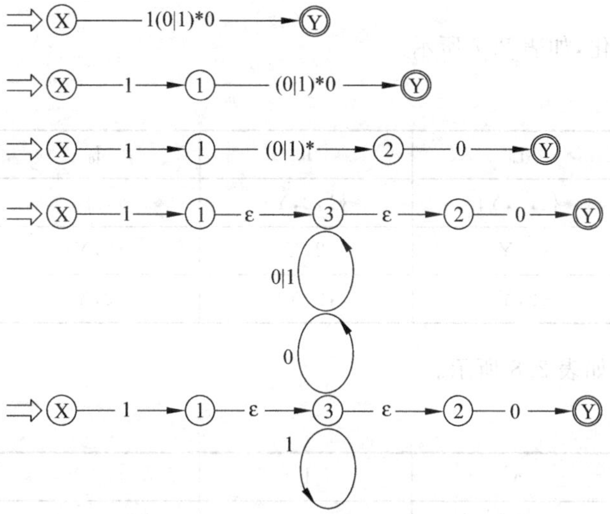

图　2.18

应的正规集也为{1}{0,1}*{0}。由此可得，对于Σ上的任意一个正规式α，可用一个非确定有限自动机M来表示。每条箭弧的标记或为Σ中的一个字符，或为ε，并且有L(α)=L(M)。

2.2.7　正规式与确定有限自动机的等价性

对于Σ上的每个正规集V，存在一个Σ上的确定有限自动机M，使得L(V)=L(M)。下面通过一个例子来说明正规式与确定有限自动机的等价性。

例2.12　构造一个DFA，它接受Σ={0,1,a,b}上所有满足给定条件的字。每个字是以字母开始的数字字母串，字母仅为a或b，数字仅为0或1。

(1) 构造正规式α。

$$\alpha=(a|b)(a|b|0|1)^*$$

相应正规集为：

$$\begin{aligned} L(\alpha) &= L((a|b)(a|b|0|1)^*) \\ &= L(a|b)L((a|b|0|1)^*) \\ &= L(a|b)L(a|b|0|1)^* \\ &= \{a,b\}\{a,b,0,1\}^* \\ &= \{a,b,aa,ab,a0,a1,ba,bb,b0,b1,aaa,\cdots\} \end{aligned}$$

(2) 根据正规式 α 构造 NFA，NFA 如图 2.19 所示。

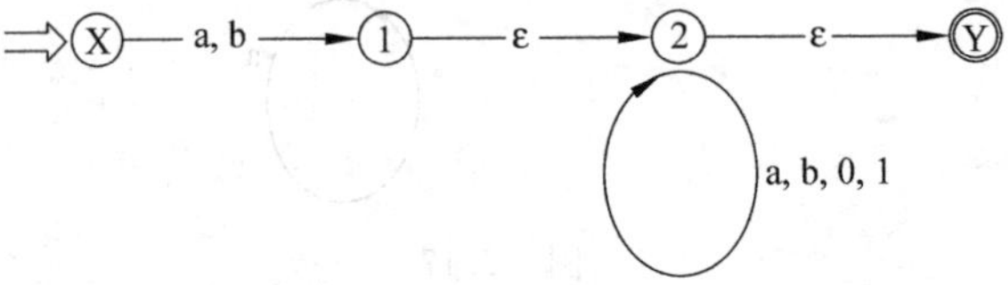

图　2.19

(3) NFA 确定化，如表 2.7 所示。

表　2.7

I	I_a	I_b	I_0	I_1
{X}	{1,2,Y}	{1,2,Y}	{}	{}
{1,2,Y}	{2,Y}	{2,Y}	{2,Y}	{2,Y}
{2,Y}	{2,Y}	{2,Y}	{2,Y}	{2,Y}

(4) 重新标记，如表 2.8 所示。

表　2.8

状态/字符	a	b	0	1
0	1	1		
1	2	2	2	2
2	2	2	2	2

将{X}视为初态 0，将{1,2,Y}和{2,Y}分别视为终态 1 和终态 2，这张表唯一地刻画了一个确定有限自动机。

(5) 表 2.8 可用一个(确定的)状态转换图来表示，如图 2.20 所示。

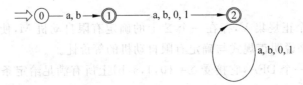

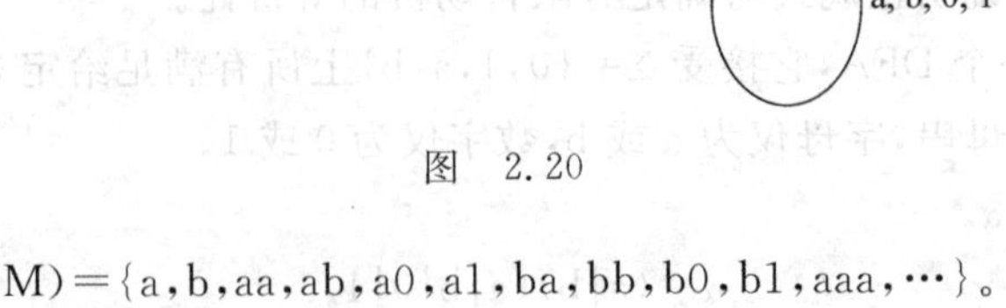

图　2.20

根据图 2.20，L(M)={a,b,aa,ab,a0,a1,ba,bb,b0,b1,aaa,…}。因为 L(M)=L(α)，所以正规式 α 与 DFA M 等价。

DFA 是状态转换图的形式化，有了 DFA 不难构造出词法分析器的扫描器。正规式用于描述语言的构词规则，NFA 是作为将正规式转换成 DFA 的中间工具而引入的。

2.3　词法分析器的自动生成

词法分析器是由预处理程序和扫描器两部分构成的，这里讨论的词法分析器的自动生成是指扫描器的自动生成。使用 DFA 的扫描器也分为两个部分，它们是 DFA 和控制程序。所有使用 DFA 扫描器的控制程序基本相同，而 DFA 是根据源语言的单词集构造的。由此可得出结论，所谓词法分析器的自动生成，就是指识别单词的 DFA 自动构造。也就是说，输入正规式（构词规则），经自动生成器加工，其结果为 DFA，如图 2.21 所示。

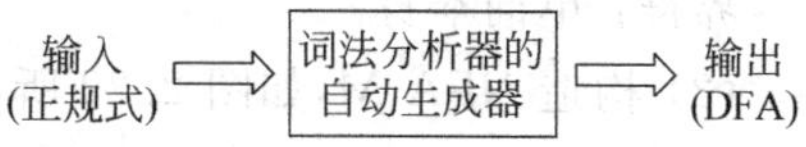

图　2.21

2.3.1　自动生成过程概述

自动生成过程可分为 4 步，描述如下：

(1) 构造描述每个单词的正规式 $P_i(1\leqslant i\leqslant N)$。

(2) 根据正规式 P_i 构造 NFA $M_i(1\leqslant i\leqslant N)$，假定初态均为 0。在构造 NFA M_i 的同时，逐步并且最终形成识别全部单词的 NFA M。

(3) NFA M 确定化。

(4) 重新标记。

例 2.13　构造一个识别模型程序设计语言单词的 DFA。源语言的字符集、单词集和编码如下所示：

1. 字符集

{a..z、0..9、+、=、*、,、;、(、)、#}

若发现字符集之外字符，即为非法字符。

2. 单词集

标识符：以字母开始的数字字母串

基本字：begin、end、integer、real

无符号整数：数字串

运算符：+、*、++、=

界符：,、;、(、)、#

为了便于说明，在本例中略去了无符号实数，否则状态转换矩阵偏大。

3. 单词编码

标识符：('i',字符串)

基本字：begin('{',"NUL"}、end('}',"NUL")、integer('a',"NUL")、real('c',"NUL")

无符号整数：('x',字符串)

运算符：=('=',"NUL")、+('+',"NUL")、*('*',"NUL")、++('$',"NUL")

界符：,(',',"NUL")、;(';',"NUL")、(('(',"NUL")、)(')',"NUL")、#('#',"NUL")

解：

(1) 构造正规式。

令 $\alpha = a|b|c|d|\cdots|z$、$\beta = 0|1|2|3|4|5|6|7|8|9$，可得如下结果。

标识符：$\alpha(\alpha|\beta)^*$

基本字：基本字通常是由字母构成的，符合标识符构词规则。考虑简化程序设计，将基本字作为一种特殊标识符来处理，同手工构造。

无符号整数：$\beta\beta^*$

运算符：单词本身

界符：单词本身

(2) 构造 NFA M，如图 2.22 所示。

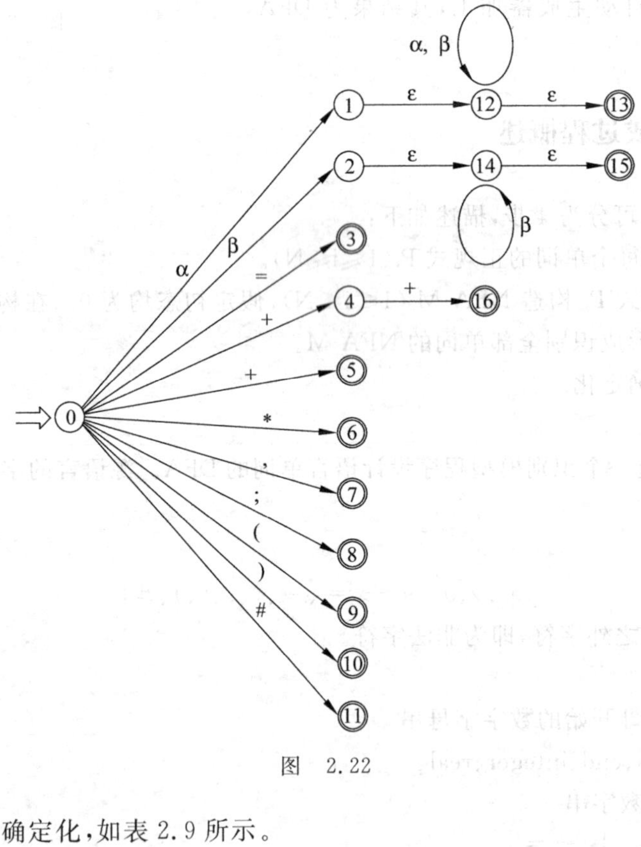

图 2.22

(3) NFA M 确定化，如表 2.9 所示。

表 2.9

I	I_α	I_β	$I_=$	I_+	I_*	$I_,$	$I_;$	$I_($	$I_)$	$I_\#$
{0}	{1,12,13}	{2,14,15}	{3}	{4,5}	{6}	{7}	{8}	{9}	{10}	{11}
{1,12,13}	{12,13}	{12,13}								
{2,14,15}		{14,15}								

续表

I	$I_α$	$I_β$	$I_=$	I_+	I_*	$I_,$	$I_;$	$I_($	$I_)$	$I_\#$
{3}										
{4,5}				{16}						
{6}										
{7}										
{8}										
{9}										
{10}										
{11}										
{12,13}	{12,13}	{12,13}								
{14,15}		{14,15}								
{16}										

注：$I_α$ 表示 26 列，分别标记为 I_a、I_b、…、I_z；$I_β$ 表示 10 列，分别标记为 I_0、I_1、…、I_9。

(4) 重新标记，如表 2.10 所示。

表 2.10

状态/字符	α	β	=	+	*	,	;	(	)	#
0	1	2	3	4	5	6	7	8	9	10
1	11	11								
2		12								
3										
4				13						
5										
6										
7										
8										
9										
10										
11	11	11								
12		12								
13										

注：0 为初态，其余均为终态。α 表示 26 列，分别标记为 a、b、…、z；β 表示 10 列，分别标记为 0、1、…、9。

2.3.2 扫描器控制程序工作原理

控制程序的工作原理和手工构造类似,差异在于如何实现状态迁移。手工构造的扫描器是利用程序控制流程的改变来实现状态迁移,而使用 DFA 的控制程序是利用状态转换矩阵来实现状态迁移。每次识别单词,控制程序总是从初态出发,不断读入字符,进入下一状态,寻求最长匹配,直到无法前进为止,这样始终多读一个字符。在状态迁移过程中,需用 token 数组保存读入字符。在无法前进时,若发现当前状态为终态,则认为识别出一个单词,反之出错,即 token 数组所保存的字符串不构成一个单词,而是源程序中的一个错误词形。

事先设置一个单词二元式编码表,它包括除标识符和无符号整数以外的所有单词。当 DFA 识别出一个单词,就根据 token 数组所保存的字符串去查表。若在表中存在,即可获得单词二元式编码;若不存在,则为标识符和无符号整数两者之一,只要稍加判断即可区分。首字符为字母的是标识符,首字符为数字的是无符号整数。

DFA 每次只能识别一个单词,需多次使用 DFA 来识别源程序中的单词,直到源程序中的字符全部处理完。设源程序为"x＋＋＋y＃"("＃"是预处理程序添加的),扫描器共使用确定有限自动机 5 次。

(1) 从初态 0 出发,读入"x"进入状态 1,在状态 1 读入"＋",无法前进。因当前所处状态 1 为终态,故识别出一个单词。查表未果,由于首字符为字母,故单词"x"为标识符,返回单词二元式编码('i',"x")并退回"＋"。

(2) 从初态 0 出发,读入"＋"进入状态 4,在状态 4 读入"＋",进入终态 13,在状态 13 读入"＋",无法前进。因当前所处状态 13 为终态,故识别出一个单词。查表,确认识别出单词为"＋＋",返回单词二元式编码('$',"NUL")并退回"＋"。

(3) 从初态 0 出发,读入"＋"进入状态 4,在状态 4 读入"y",无法前进。因当前所处状态 4 为终态,故识别出一个单词。查表,确认识别出单词为"＋",返回单词二元式编码('＋',"NUL")并退回"y"。

(4) 从初态 0 出发,读入"y"进入状态 1,在状态 1 读入"＃",无法前进。因当前所处状态 1 为终态,故识别出一个单词。查表未果,由于首字符为字母,故单词"y"为标识符,返回单词二元式编码('i',"y")并退回"＃"。

(5) 从初态 0 出发,读入"＃",进入状态 10。由于无法再读入字符,查表后确认识别出单词为"＃",返回单词二元式编码('＃',"NUL")。识别出单词"＃"意味着整个源程序中字符全部处理完毕。

由于构造的方法不同,在 DFA 某一个终态中,有可能包含原 NFA 中的两个终态或更多,即在该状态可识别出两个词形相似的单词,这就存在一个优先匹配问题。此时,需调整单词二元式编码表中的单词排列顺序,将需优先匹配的单词排在表的较前面,在单词查找过程中让其先得到匹配。

2.3.3　扫描器控制程序的实现

1. 状态转换矩阵数字化

控制程序是根据 DFA 来工作的，首先要将状态转换矩阵数字化。考虑不可能回到初态，空白用 0 表示。在预处理中，空格作为界符被保留下来。单词的前导空格在识别一个单词前被滤去，单词的尾部空格用作单词的结束标志，故在状态转换矩阵中应增加空格列，该列每个元素的值均标记为 0，表 2.10 经上述处理后如表 2.11 所示。

表　2.11

	a..z	0..9	=	+	*	,	;	(	)	#	空格
0	1	2	3	4	5	6	7	8	9	10	0
1	11	11	0	0	0	0	0	0	0	0	0
2	0	12	0	0	0	0	0	0	0	0	0
3	0	0	0	0	0	0	0	0	0	0	0
4	0	0	0	13	0	0	0	0	0	0	0
5	0	0	0	0	0	0	0	0	0	0	0
6	0	0	0	0	0	0	0	0	0	0	0
7	0	0	0	0	0	0	0	0	0	0	0
8	0	0	0	0	0	0	0	0	0	0	0
9	0	0	0	0	0	0	0	0	0	0	0
10	0	0	0	0	0	0	0	0	0	0	0
11	11	11	0	0	0	0	0	0	0	0	0
12	0	12	0	0	0	0	0	0	0	0	0
13	0	0	0	0	0	0	0	0	0	0	0

在词法分析的过程中，26 个字母作用相同，可将它们变换成同一个字母，例如“a”，然后查表。同理，10 个数字可变换成同一个数字，例如“0”。表 2.11 可用二维数组 M[14][11] 存储，由于在 C/C++ 语言中数组元素的下标是整型量，故需编制一列定位函数，将字符转换为整型量，转换规则如表 2.12 所示。

表　2.12

a	0	=	+	*	,	;	(	)	#	空格
0	1	2	3	4	5	6	7	8	9	10

2. 终态集

$$Z=\{1,2,3,4,5,6,7,8,9,10,11,12,13\}$$

在例 2.13 中，除初态 0 外，其余状态均为终态，故终态集可不设置。但此情况属于特例，通常需设置终态集,供程序判断。

3. 单词编码表

除标识符和无符号整数外,单词编码表如表 2.13 所示,由于 val 列均为"NUL",故 val 列可省略。

表 2.13

单词	code	val	单词	code	val
begin	{	NUL	*	*	NUL
end	}	NUL	,	,	NUL
integer	a	NUL	;	;	NUL
real	c	NUL	(	(	NUL
=	=	NUL	)	)	NUL
+	+	NUL	#	#	NUL
++	$	NUL			

4. 词法分析控制程序的算法描述

算法 2.4 Lex2

```
输入:源程序文件 Source.txt。
输出:文件 Lex_r.txt(单词二元式序列)。
    Pretreatment(Source.txt,Buf[])         //对源程序进行预处理,结果存放在 Buf[1..n]中
    建立空文件 Lex_r.txt
    i←1
    repeat
        while Buf[i]=空格 do               //去除前导空格
            i←i+1
        end while
        (code,val)←Scanner(Buf[],i)
        Lex_r.txt←Lex_r.txt,(code,val)//将(code,val)添加到文件 Lex_r.txt 尾部
     until code='#'
过程 Scanner(Buf[],i)
输入:扫描缓冲区 Buf[1..n]和指示器 i(1≤i≤n)。
输出:单词二元式(code,val)。
    p←0                                     //p 为 token 数组指示器
    s←0;flag←true                           //当前状态 s,s=0 表示从初态出发
    while (M[s,Buf[i]]≠0) and flag do      //状态转换矩阵 M
        p←p+1;token[p]←Buf[i]
        s←M[s,Buf[i]]
        if Buf[i]='#' then flag←false      //Buf[i]为最后一个字符
        else i←i+1                          //Buf[i]为下一字符
        end if
      end while
    if s∉终态集 then
```

```
        output "Error" and exit
    end if
    if token[1..p]∈单词表 then            //单词编码表(除标识符和无符号整数)
        code←从编码表获取单词种别
        return(code,"NUL")
    else
        if token[1]是字母 then return(标识符种别,token[1..p])
        else return(无符号整数种别,token[1..p])
        end if
    end if
```

5. 程序实现

```
#include <fstream.h>
#include <string.h>
#include <stdlib.h>
#include "pretreatment.h"                //预处理程序,详见 2.1.2 节
const int WordLen=20;
struct code_val{
    char code;
    char val[WordLen+1];
};
int col(char c,const char str[])         //列定位函数(字符转换成列号)
{
    if(c>='a' && c<='z')                 //字母均转换为 a
        c='a';
    if(c>='0' && c<='9')                 //数字均转换为 0
        c='0';
    for(int i=0;str[i];i++)
        if(c==str[i])
            return i;
    cout<<"Error char->"<<c<<endl;
    exit(0);                             //程序终止运行
}
struct code_val scanner(char *Buf,int &i)     //每调用一次,返回一个单词的二元式
{
    const char col_char[]="a0=+*,;()#\x20";   //DFA 列字符('\x20'表示空格)
    int M[][sizeof(col_char)/sizeof(char)-1]={   //-1 考虑尾部'\0'
        {1,2,3,4,5,6,7,8,9,10,0},             //状态转换矩阵 M
        {11,11},
        {0,12},
        {0},
        {0,0,0,13},
        {0},
        {0},
        {0},
```

```
            {0},
            {0},
            {0},
            {11,11},
            {0,12},
            {0}
        };
        struct code_val t={'\0',"NUL"};
        char token[WordLen+1]="\0";                    //用于拼接单词
        int p=-1;                                      //p为token数组指示器
        int s=0, j=col(Buf[i],col_char);               //字符转换成列号j
        while(M[s][j]){                                //存在后继状态
            token[++p]=buf[i];                         //拼接
            if(Buf[i]=='#')                            //缓冲区内字符处理完
                break;
            s=M[s][j];                                 //进入下一状态
            j=col(Buf[++i],col_char);                  //下一字符转换成列号j
        }
/*在本例中,除初态0外,其余状态均为终态,故终态集可不设置。但此情况属于特例,通常需设置终态集,供程序判断*/
        char search_table(char[]);                     //查单词二元式编码表函数原型
        t.code=search_table(token);
        if(t.code==NULL){
            if(token[0]>='a' && token[0]<='z')         //是标识符
                t.code='i';
            else                                       //否则是无符号整数
                t.code='x';
            strcpy(t.val,token);
        }
        return t;                                      //返回当前单词的二元式
    }
    void main()
    {
        char Buf[4048]={'\0'};
        pretreatment("source.txt",Buf);
        ofstream coutf("Lex_r.txt",ios::out);
        code_val t;
        int i=0;                                       //单词识别
        cout<<"<单词二元式>"<<endl;
        do{
            while(Buf[i]==' ')                         //去除前导空格
                i++;
            t=scanner(Buf,i);
             cout<<'('<<t.code<<','<<t.val<<')';       //屏幕显示单词二元式
             coutf<<t.code<<'\t'<<t.val<<endl;
```

```
77     }while(t.code!='#');
78     cout<<endl;
79     }
80  char search_table(char token[])
81  {//单词编码表(除标识符和无符号整数)
82     const char * table[]={
83         "begin","end","integer","real","=","+","++","*",",",";","(",")","#"
84     };
85     const char code[]="{}ac=+$*,;()#";
86     for(int i=0;i<sizeof(table)/sizeof(char*);i++)
87         if(strcmp(token,table[i])==0)
88             return code[i];
89     return NULL;
90  }
```

在上述程序中,下列数据与源语言的单词集相关,它们是:

(1) 第24~40行(状态转换矩阵定义)。

```
24     const char col_char[]="a0=+*,;()#\x20";          //列字符('\x20'表示空格)
25     int M[][sizeof(col_char)/sizeof(char)-1]={       //-1考虑尾部'\0'
26         {1,2,3,4,5,6,7,8,9,10,0},                    //状态转换矩阵M
27         {11,11},
28         {0,12},
29         {0},
30         {0,0,0,13},
31         {0},
32         {0},
33         {0},
34         {0},
35         {0},
36         {0},
37         {11,11},
38         {0,12},
39         {0}
40     };
```

(2) 第82~85行(单词编码表定义)。

```
82     const char *table[]={
83         "begin","end","integer","real","=","+","++","*",",",";","(",")","#"
84     };
85     const char code[]="{}ac=+$ *,;()#";
```

当控制程序用于其他场合时,只要修改上述数据即可,控制程序其余部分无须做任何改动。

从上述程序可知,使用DFA的控制程序远较手工构造的扫描器简单,并且控制程序与源语言的单词集无关。所谓构造词法分析器,实际上就是构造DFA。对于实际程序设计语言来说,用人工构造 DFA 是不可能的,必须由程序来完成。借助于上述原理(正规式→NFA→DFA),1972 年贝尔实验室的 M. E. Lesk 和 E. Schmid 在 UNIX 操作系统上首先实现了这样的程序,称之为词法分析器生成工具,简称 LEX。用户可使用 LEX 提供的语言编写源程序,源程序由描述单词的正规式和二元式编码构成。LEX 源程序经 LEX 编译程序(词法分析器生成工具)加工,编译的结果就是与正规式等价的确定有限自动机(状态转换矩阵形式)。作者曾试图重复上述工作,但未获成功,有兴趣的读者不妨一试。但有一点是可以肯定的,正规式相当于算术表达式,必须用语法分析方法来解决这个问题。作者从 LR 分析法教学中得到启示,将 LR 分析法成功应用于词法分析器的自动构造,将在第 5 章介绍词法分析器自动构造的另外一种方法。

习　　题

2-1　用高级语言编写一个词法分析预处理程序。从文件读入源程序,去除源程序中注释(注释用{…}标记),用空格取代 Tab 和换行符,在源程序尾部添加字符“#”,并在屏幕上显示处理结果。源程序中无续行符,字母无须处理。

2-2　设 U、V、W 为 Σ^* 上的任意子集,求证:$(UV)W=U(VW)$。

2-3　设 α、β、γ 为正规式,证明:$(\alpha\beta)\gamma=\alpha(\beta\gamma)$。

2-4　设 α 为正规式,证明:$\varepsilon\alpha=\alpha\varepsilon=\alpha$。

2-5　设 α、β、γ、δ 为正规式,证明:$(\alpha|\beta|\gamma)\delta=\alpha\delta|\beta\delta|\gamma\delta$。

2-6　构造下列正规式相应的 DFA(状态转换矩阵形式)

$$1(0|1)^*101$$

2-7　构造一个 DFA(状态转换矩阵形式),它能识别 $\Sigma=\{0,1\}$ 上所有满足如下条件的字符串:每个 1 都有 0 直接跟在右边。

2-8　已知某语言有下列四种单词:

$$<、<<、<=、(1|0)(1|0)^*$$

构造识别这四种单词的 DFA(状态转换矩阵形式)。

2-9　早期的计算机内存较小,不可能一次将整个源程序读入计算机内存进行处理,只能设置一定长度的缓冲区。缓冲区长度通常为外存记录长度(例如 128)的整数倍,分段读入源程序进行词法分析,这样源程序中由多个字符构成的单词有可能被扫描缓冲区边界所打断。用高级语言编写一个词法分析预处理程序,去除源程序中的注释(注释用{…}标记),将 Tab 和换行符替换为空格。源程序中无续行符,字母无须处理。为了解决单词被缓冲区边界打断的问题,将扫描缓冲区分为两个半区,互补轮流工作。每调用一次,将无注释、无行结构的 128 字符(可能少于 128 字符)送扫描缓冲区某一约定半区,并在屏幕上显示处理结果。半区号可用 0 和 1 标记,扫描缓冲区结构如图 2.23 所示。

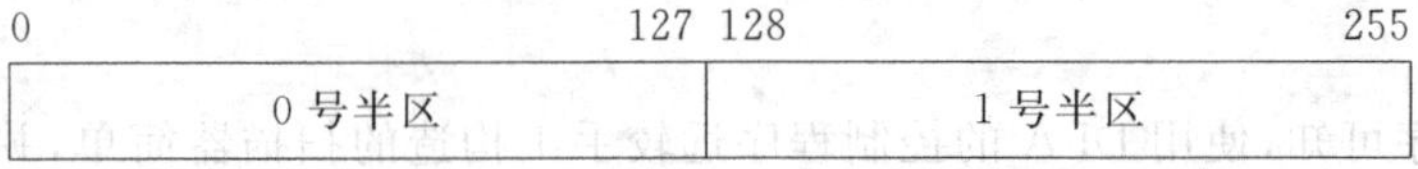

图　2.23

习题答案

2-1 解：

用C/C++语言编写预处理程序，源程序存放在文件source.txt中。

```
#include <fstream.h>
void pretreatment(char filename[],char Buf[])
{
    ifstream cinf(filename,ios::in);
    int i=0;                                    //计数器
    char c;
    bool in_comment=false;                 //状态标志，false表示当前字符未处于注释中
    cout<<"<源程序>"<<endl;
    void * p=cinf.read(&c,sizeof(char));   //从文件读一个字符(包括控制字符)
     while(p){
        cout<<c;                                //输出读入字符
        switch(in_comment){
        case false:
            if(c=='{')                          //进入注释
                in_comment=true;
            else{
                if(c==0x9||c==0xa)              //Tab或换行
                    c=0x20;
                Buf[i++]=c;
            }
            break;
        case true:
            if(c=='}')                          //离开注释
                in_comment=false;
        }//end of switch
        p=cinf.read(&c,sizeof(char));
     }//end of while
     Buf[i]='#';
 }
 void main()
 {
     char Buf[4048]={'\0'};                     //扫描缓冲区
     pretreatment("source.txt",Buf);
     cout<<"<预处理结果>"<<endl;
     cout<<Buf<<endl;
 }
```

2-2 证明：若能证得$(UV)W \subset U(VW)$、$U(VW) \subset (UV)W$，则命题成立。

(1) 证明$(UV)W \subset U(VW)$。

设任一$\gamma \in (UV)W$，根据定义有$\gamma = \alpha\beta$，其中$\alpha \in UV$、$\beta \in W$。因$\alpha \in UV$，根据定义有$\alpha = \alpha_1\alpha_2$，其中$\alpha_1 \in U$、$\alpha_2 \in V$。

因为$\alpha_2 \in V$且$\beta \in W$，所以$\alpha_2\beta \in VW$。

因为$\alpha_1 \in U$且$\alpha_2\beta \in VW$，所以$\gamma = \alpha\beta = (\alpha_1\alpha_2)\beta = \alpha_1(\alpha_2\beta) \in U(VW)$。

由此可得$(UV)W \subset U(VW)$

(2) 证明$U(VW) \subset (UV)W$。

设任一$\gamma \in U(VW)$，根据定义有$\gamma = \alpha\beta$，其中$\alpha \in U$、$\beta \in VW$。因$\beta \in VW$，根据定义有$\beta = \beta_1\beta_2$，其中$\beta_1 \in V$、$\beta_2 \in W$。

因为$\alpha \in U$且$\beta_1 \in V$，所以$\alpha\beta_1 \in UV$。

因为$\alpha\beta_1 \in UV$且$\beta_2 \in W$，所以$\gamma = \alpha\beta = \alpha(\beta_1\beta_2) = (\alpha\beta_1)\beta_2 \in (UV)W$。

由此可得$U(VW) \subset (UV)W$

根据(1)、(2)所证，命题成立。

2-3 证明：根据定义有：

$$L((\alpha\beta)\gamma) = L(\alpha\beta)L(\gamma) = (L(\alpha)L(\beta))L(\gamma)$$

$$L(\alpha(\beta\gamma)) = L(\alpha)L(\beta\gamma) = L(\alpha)(L(\beta)L(\gamma))$$

根据题2-2所证，集合连接运算服从结合律，则有$(L(\alpha)L(\beta))L(\gamma) = L(\alpha)(L(\beta)L(\gamma))$。

因为$(L(\alpha)L(\beta))L(\gamma) = L(\alpha)(L(\beta)L(\gamma))$，所以$L((\alpha\beta)\gamma) = L(\alpha(\beta\gamma))$。

因为$L((\alpha\beta)\gamma) = L(\alpha(\beta\gamma))$，所以$(\alpha\beta)\gamma = \alpha(\beta\gamma)$。

2-4 证明：根据定义有：

$$L(\varepsilon\alpha) = L(\varepsilon)L(\alpha) = \{\varepsilon\}L(\alpha)$$

因为空字和集合$L(\alpha)$中任一元素连接的结果仍为该元素本身，所以$\{\varepsilon\}L(\alpha) = L(\alpha)$。

因为$L(\varepsilon\alpha) = L(\alpha)$，所以$\varepsilon\alpha = \alpha$。

根据定义有：

$$L(\alpha\varepsilon) = L(\alpha)L(\varepsilon) = L(\alpha)\{\varepsilon\}$$

因为集合$L(\alpha)$中任一元素和空字连接的结果仍为该元素本身，所以$L(\alpha)\{\varepsilon\} = L(\alpha)$。

因为$L(\alpha\varepsilon) = L(\alpha)$，所以$\alpha\varepsilon = \alpha$。

由此可得$\varepsilon\alpha = \alpha\varepsilon = \alpha$。

2-5 证明：根据正规式和正规集定义、集合连接运算服从分配律，有：

$$L((\alpha|\beta|\gamma)\delta) = L(\alpha|\beta|\gamma)L(\delta) = (L(\alpha) \cup L(\beta) \cup L(\gamma))L(\delta)$$
$$= L(\alpha)L(\delta) \cup L(\beta)L(\delta) \cup L(\gamma)L(\delta)$$

$$L(\alpha\delta|\beta\delta|\gamma\delta) = L(\alpha\delta) \cup L(\beta\delta) \cup L(\gamma\delta) = L(\alpha)L(\delta) \cup L(\beta)L(\delta) \cup L(\gamma)L(\delta)$$

因为$L((\alpha|\beta|\gamma)\delta) = L(\alpha\delta|\beta\delta|\gamma\delta)$，所以$(\alpha|\beta|\gamma)\delta = \alpha\delta|\beta\delta|\gamma\delta$

2-6 解：(1) 根据正规式构造NFA，NFA如图2.24所示。

(2) NFA确定化，如表2.14所示。

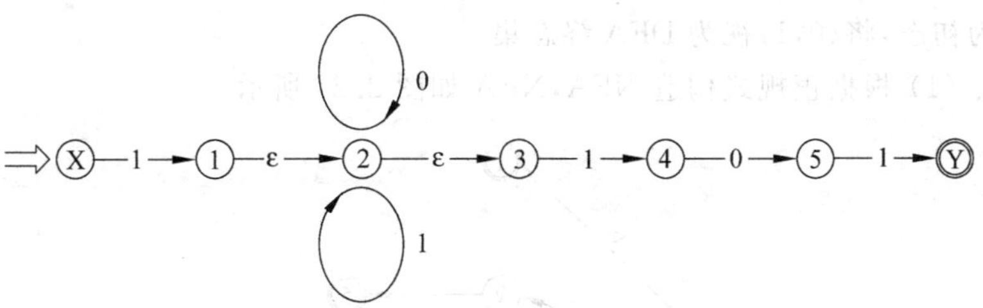

图 2.24

表 2.14

I	I_0	I_1	I	I_0	I_1
{X}		{1,2,3}	{2,3,4}	{2,3,5}	{2,3,4}
{1,2,3}	{2,3}	{2,3,4}	{2,3,5}	{2,3}	{2,3,4,Y}
{2,3}	{2,3}	{2,3,4}	{2,3,4,Y}	{2,3,5}	{2,3,4}

(3) 重新标记,如表 2.15 所示。

表 2.15

状态/字符	0	1	状态/字符	0	1
0		1	3	4	3
1	2	3	4	2	5
2	2	3	5	4	3

将 0 视为 DFA 初态,将{5}视为 DFA 终态集。

2-7 解:(1) 正规式。

$$(10|0)^*$$

(2) 根据正规式构造 NFA,NFA 如图 2.25 所示。

(3) NFA 确定化,如表 2.16 所示。

表 2.16

I	I_0	I_1
{X,1,Y}	{1,Y}	{2}
{1,Y}	{1,Y}	{2}
{2}	{1,Y}	

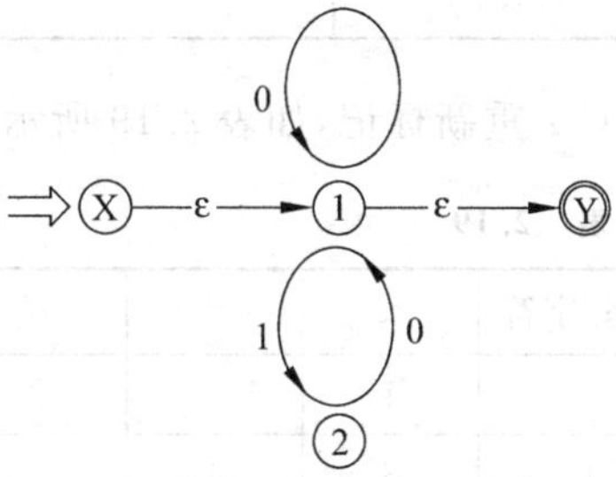

图 2.25

(4) 重新标记,如表 2.17 所示。

表 2.17

状态/字符	0	1	状态/字符	0	1
0	1	2	2	1	
1	1	2			

将0视为初态，将{0,1}视为DFA终态集。

2-8　解：(1) 根据正规式构造NFA，NFA如图2.26所示。

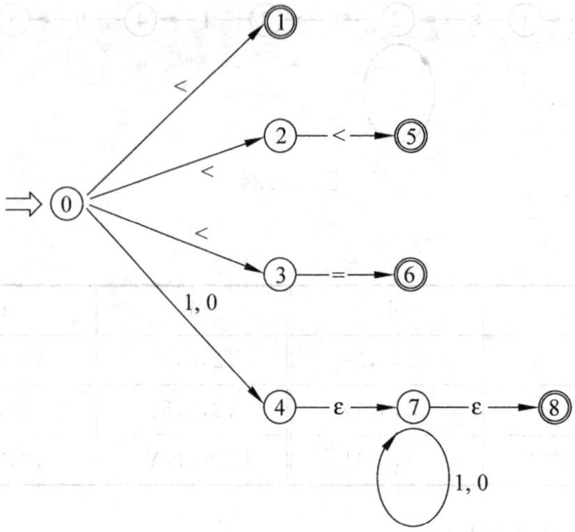

图　2.26

(2) NFA确定化，如表2.18所示。

表　2.18

I	$I_<$	$I_=$	I_0	I_1
{0}	{1,2,3}		{4,7,8}	{4,7,8}
{1,2,3}	{5}	{6}		
{4,7,8}			{7,8}	{7,8}
{5}				
{6}				
{7,8}			{7,8}	{7,8}

(3) 重新标记，如表2.19所示。

表　2.19

状态/字符	<	=	0	1	状态/字符	<	=	0	1
0	1		2	2	3				
1	3	4			4				
2			5	5	5			5	5

将0视为DFA初态，将{1,2,3,4,5}视为DFA终态集。

2-9　解：用C/C++语言编写预处理程序，源程序存放在文件source.txt中，用于测试的源程序如图2.27所示。

(1) 数据说明

rec_no：文件逻辑记录号(0,1,2,…)。

```
Begin{一个略去输入输出的程序样本例子}
        Integer height;
        Integer radius1,radius2,radius3,radius4;
        Real area1,area2,area3,area4;
        area1=2*3.14*radius1*(radius1+height);
        area2=2*3.14*radius2*(radius2+height);
        {注释注释注释注释注释注释注释注释注释注释
注释注释注释注释注释注释注释注释注释注释注释注释注释
注释注释注释注释注释注释注释注释注释注释注释注释
注释注释注释注释注释注释注释注释注释注释注释注释}
        area3=2*3.14*radius3*(radius3+height);
        area4=2*3.14*radius4*(radius4+height)
End
```

图 2.27

half_no：半区号(0 或 1)。

Buf[128 * 2]：扫描缓冲区。

str_len：半区内实际字符数(≤128)。除最后一次有效读文件外，str_len＝128－回车个数－注释字符个数(包括“{”和“}”)。在特殊情况下 str_len 有可能为 0，例如从文件读入的 128 个字符均为注释。

(2) 程序实现

```
#include <fstream.h>
int pretreatment(char [],int &,int,char * ,int);
const int REC_LEN=128;                              //逻辑记录长度
void main()
{
    int rec_no=0;                                   //逻辑记录号
    int half_no=0;                                  //半区号
    char Buf[REC_LEN * 2];                          //扫描缓冲区
    int str_len;
    while(pretreatment("source.txt",str_len,half_no,Buf,rec_no)){
        cout<<"<半区号"<<half_no<<">"<<endl; //显示缓冲区内容
        for(int t=0;t<str_len;t++)
            cout<<Buf[REC_LEN * half_no+t];
        cout<<endl;
        half_no=(half_no+1)% 2;                     //半区互补轮流工作
        rec_no++;                                   //读下一记录
    }
}    //返回从文件读入的字符数,除最后一次外,通常为 128,0 表示处理完
int pretreatment(char file[],int &str_len,int half_no,char * Buf,int rec_no)
{     //源程序文件名,半区内实际字符数,半区号,扫描缓冲区首址,文件逻辑记录号
     static bool in_comment=false;
     ifstream cinf(file);
     cinf.seekg(rec_no * REC_LEN,ios::beg);       //逻辑记录起始位置
     str_len=0;
     char c;int i=0;
```

```
    while(cinf.read(&c,sizeof(c)) && i<REC_LEN){
        i++;
        if(c=='\n')
            i++;
        switch(in_comment){
        case false:
            if(c=='{')                              //进入注释
                in_comment=true;
            else{
                Buf[half_no * REC_LEN+str_len]=(c=='\n'||c=='\t')?' ':c;
                str_len++;
            }
            break;
        case true:
            if(c=='}')                              //离开注释
                in_comment=false;
        }//end of switch
    }//end of while
    return i;                                       //返回从文件读入的字符数
}
```

程序处理结果如图 2.28 所示。从图 2.28 可知,测试驱动程序累计使用缓冲半区 4 次。由于注释和回车符(0x0D)的舍去,两个半区中的字符数均少于 128,甚至为 0。源程序中的字符串"Begin…area"在 0 号半区中,字符串"4;…height);"在 1 号半区中,单词"area4"被缓冲边界打断。

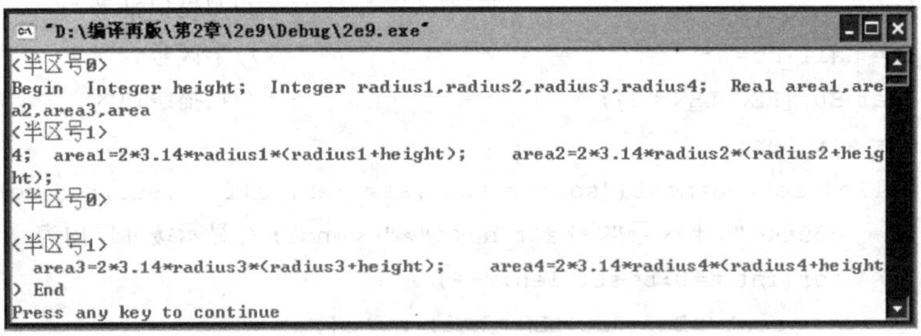

图 2.28

第 3 章　程序设计语言的语法描述

在第 2 章中，用正规式描述单词符号，并且讨论了如何利用正规式、NFA 和 DFA 自动构造词法分析器。本章在单词符号(单词种别)的基础上，讨论程序设计语言语法结构的形式描述，用上下文无关文法来描述程序设计语言的语法结构。在第 4 章和第 5 章中，将讨论由这种文法所形成的语法分析问题，以及语法分析器自动构造。

3.1　文法的引入

什么是文法(语法)？简单地说，文法是语言结构的定义和描述。先讨论自然语言的文法，为方便，以一个英文句子为例：

the big elephant ate a banana

这是否是一个英语句子？回答是肯定的。根据英语语法，它属于一种主谓宾结构。

3.1.1　语法树

根据英语的语法，上述句子的语法结构可用图 3.1 表示。

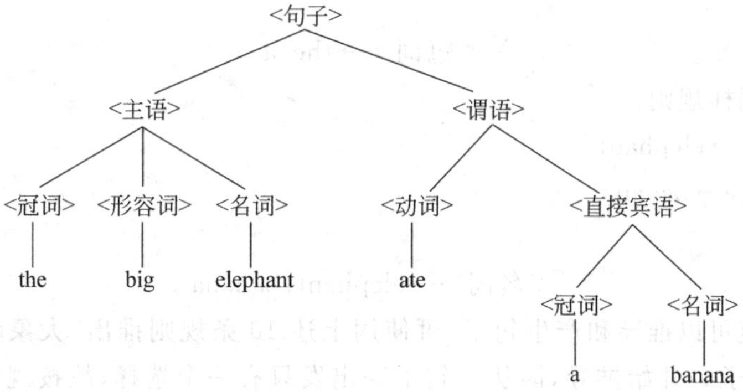

图　3.1

这种句子结构的图形表示法称为“语法树”，任何一个语法上正确的英文句子都可以根据英语语法画出相应的语法树来。借助语法树，将一个英文句子分解为多个组成部分，并以此来描述句子的语法结构。从语法树可以看到，＜句子＞由＜主语＞和＜谓语＞组成，＜主语＞由＜冠词＞、＜形容词＞和＜名词＞组成，＜谓语＞由＜动词＞和＜直接宾语＞组成，＜直接宾语＞由＜冠词＞和＜名词＞组成。

语法树是识别句子的重要工具。在语法树中，带尖括号的非叶结点称为语法单位，在形式语言中称为非终结符，其中处于根结点位置的非终结符又称为开始符号。不带尖括号的叶结点称为单词符号,在形式语言中称为终结符。

3.1.2 语法规则和句子推导

也可以通过建立一组规则,来描述上述句子的语法结构。上面的英文句子可用下述规则来刻画。

1 ＜句子＞→＜主语＞＜谓语＞
2 ＜主语＞→＜冠词＞＜形容词＞＜名词＞
3 ＜冠词＞→the
4 ＜形容词＞→big
5 ＜名词＞→elephant
6 ＜谓语＞→＜动词＞＜直接宾语＞
7 ＜直接宾语＞→＜冠词＞＜名词＞
8 ＜动词＞→ate
9 ＜冠词＞→a
10 ＜名词＞→banana

其中"→"读作"定义为",在有些书中用"::="表示。规则在形式语言中称为产生式,在"→"左部的符号串称为产生式左部,在"→"右部的符号串称为产生式右部。

规则:
3 ＜冠词＞→the
9 ＜冠词＞→a

可改写为:

＜冠词＞→the|a

"|"读作"或"。同样规则:
5 ＜名词＞→elephant
10 ＜名词＞→banana

可改写为:

＜名词＞→elephant|banana

有了规则,就可以推导和产生句子,可使用上述 10 条规则推出"大象吃香蕉"的句子。从开始符号＜句子＞开始推导,因从＜句子＞出发只有一个选择,故按规则 1 进行第 1 步推导:

＜句子＞⇒＜主语＞＜谓语＞

表示从＜句子＞可推出＜主语＞＜谓语＞,其中"⇒"读作"直接推出"。下一步推导从＜主语＞＜谓语＞开始,这里存在两个语法单位。当存在两个或两个以上的语法单位时,可任选其中一个先进行推导。例如从＜主语＞开始推导,据此找到产生式左部是"＜主语＞"的规则 2,用规则 2 的右部"＜冠词＞＜形容词＞＜名词＞"取代"＜主语＞",就产生了下面的第 2 步推导:

＜句子＞⇒＜主语＞＜谓语＞⇒＜冠词＞＜形容词＞＜名词＞＜谓语＞

再选择规则 3、4 和 5,分别对＜冠词＞、＜形容词＞和＜名词＞进行推导。如此重复,直到推出句子的全部。全部推导过程如下所示：

＜句子＞⇒＜主语＞＜谓语＞
⇒＜冠词＞＜形容词＞＜名词＞＜谓语＞
⇒the＜形容词＞＜名词＞＜谓语＞
⇒the big＜名词＞＜谓语＞
⇒the big elephant＜谓语＞
⇒the big elephant＜动词＞＜直接宾语＞
⇒the big elephant ate ＜直接宾语＞
⇒the big elephant ate ＜冠词＞＜名词＞
⇒the big elephant ate a ＜名词＞
⇒the big elephant ate a banana

为了书写和表示方便，可以使用记号“$\stackrel{+}{\Rightarrow}$”来表示上述推导序列。上述推导过程可缩写为：

＜句子＞$\stackrel{+}{\Rightarrow}$the big elephant ate a banana

若在第 3 步推导中，＜冠词＞用 a 取代，而不是用 the 取代；在第 5 步推导中，＜名词＞用 banana 取代，而不是用 elephant 取代；在第 9 步推导中，＜冠词＞用 the 取代，而不是用 a 取代；在第 10 步推导中，＜名词＞用 elephant 取代，而不是用 banana 取代，则可获得如下推导：

＜句子＞$\stackrel{+}{\Rightarrow}$a big banana ate the elephant

句子“大香蕉吃象”是通过上述规则推导出来的，显然它也是一个符合英语语法的句子，但是它表达的意义是荒谬的，也就是说句子的语义是错误的。一个语法正确的句子不能保证该句子的语义是正确的，判断一个句子是否正确，需要进行语法和语义两方面的检查。语法分析仅仅是检查句子语法是否正确，并不关心它的语义，在语义分析阶段才进行语义正确性检查和语义翻译。

为了说明一组规则可以推出不同的句子这一事实，再举一个例子。设有如下规则：

1 ＜句子＞→＜主语＞＜谓语＞
2 ＜主语＞→we|you|they
3 ＜谓语＞→run|sit|eat|sleep

根据上述规则可产生下面 12 个句子，这 12 个句子称为相应于规则的语言。

{we run, we sit, we eat, we sleep, you run, you sit, you eat, you sleep, they run, they sit, they eat, they sleep}

3.1.3 递归规则和递归文法

递归是编译技术中的一个重要概念。所谓递归定义，就是定义某事物，又用到该事物本身。在规则中，递归定义就表现为在规则的左部和右部有相同的非终结符。例如：

$$\cup \rightarrow x\cup y$$

设上式中 $\cup$ 为非终结符，x 和 y 为终结符。因在产生式的左部和右部都含有非终结符 $\cup$，故 $\cup \rightarrow x\cup y$ 是递归规则。定义非终结符 $\cup$，又用到 $\cup$ 本身。若 $x=\varepsilon$，$\cup \rightarrow \cup y$ 称为左递归规则;若 $y=\varepsilon$,则 $U\to xU$ 称为右递归规则。文法的递归性,除由递归规则引起外,还可能在推导过程中由规则间接产生。例如:

1 $V\to Uy|z$

2 $U\to xV$

上述规则虽然都不是递归规则,但是由于存在推导 $V\Rightarrow Uy\Rightarrow xVy$,即 $V\overset{+}{\Rightarrow}xVy$,称文法含有间接递归。含有递归规则或间接递归的文法,称为递归文法。

利用递归文法,可以用有穷的规则来描述无穷的语言。这不但解决了语言的定义问题,而且可使对语言的语法检查成为可能。例如定义无符号整数,若不采用递归规则,描述无符号整数全体就要使用无穷多条的规则。

1 <无符号整数>→<数字>|<数字><数字>|<数字><数字><数字>|…

2 <数字>→0|1|2|3|4|5|6|7|8|9

若采用递归规则,使用12条规则就能描述无符号整数全体。

1 <无符号整数>→<无符号整数><数字>|<数字>

2 <数字>→0|1|2|3|4|5|6|7|8|9

例 3.1 无符号整数 1

<无符号整数>⇒<数字>⇒1

例 3.2 无符号整数 23

<无符号整数>⇒<无符号整数><数字>⇒<数字><数字>⇒2<数字>⇒23

例 3.3 无符号整数 456

<无符号整数>⇒<无符号整数><数字>⇒<无符号整数><数字><数字>⇒<数字><数字><数字>⇒4<数字><数字>⇒45<数字>⇒456

3.2 上下文无关文法

文法是描述语言结构的形式规则(语法规则),这些规则必须是准确的,易于理解的,且有较强的描述能力,足以描述各种不同的结构。由这种规则所形成的程序设计语言应易于分析和翻译,并且能通过这些规则自动产生有效的语法分析程序。

形式语言的奠基人乔姆斯基(Chomsky)将文法分为4种类型,它们是:短语文法(0型文法)、上下文有关文法(1型文法)、上下文无关文法(2型文法)和正规文法(3型文法),这4种文法在形式语言中都有严格的定义。对于程序设计语言来说,上下文无关文法已经够用,上下文无关文法有足够的能力描述大多数现今使用的程序设计语言的语法结构。通俗地讲,上下文无关文法是这样一种文法,它所定义的语法单位和该语法单位可能出现的环境无关。例如当碰到算术表达式时,可以对它就事论事地进行处理,而不必考虑它所处的上下文。但是在自然语言中,一个句子乃至一个字,它们的意义和它们所处的上下文往往有密切的关系,因此上下文无关文法不适宜描述自然语言。

本节将讨论什么是上下文无关文法。以后,"文法"一词若无特别说明,则均指"上下文无关文法"。

3.2.1　文法和语言

一个文法 G 是一个四元式(V_T,V_N,S,P),其中:

- V_T是一个终结符的非空有限集,终结符通常用小写字母表示;
- V_N是一个非终结符的非空有限集,非终结符通常用大写字母表示;
- S 是一个特殊的非终结符($S\in V_N$),称为开始符号;
- P 是一个产生式(规则)的有限集合,每个产生式的形式是"$A\rightarrow\alpha$",其中 $A\in V_N$,$\alpha\in(V_T\cup V_N)^*$。

终结符是语言的基本符号,是指在源程序中可以看到的程序设计语言的单词,是语言不可分割的最小单位。在编译程序内部,经词法分析后单词用二元式编码(code,val)表示。在语法分析中,仅仅使用单词的种别 code。语法分析所关心的是,当前处理的单词是标识符还是常数,而不考虑标识符指的是哪个变量,常数的值是多少。所以在讨论语法分析时,终结符用单词的种别表示。根据前面约定,"i"表示标识符(标识符可用于定义变量,有时也称"i"表示变量),"x"表示无符号整数,而"y"表示无符号实数。单字符单词的种别和单词本身相同,例如单词"+"的种别用"+"表示。基本字由多个字符构成,为了直观,有时仍借用原单词形式,例如单词"if"的种别用"if"或"f"表示。

非终结符用来表示抽象的语法单位,如"算术表达式"、"布尔表达式"、"赋值语句"、"说明语句"和"程序"等。非终结符通常用大写字母表示,也可以用带尖括号的汉字表示。

开始符号是一个特殊的非终结符,它代表最感兴趣的语法单位,是定义文法的出发点。例如讨论算术表达式,那么描述算术表达式文法的开始符号就是＜算术表达式＞。在程序设计语言中,最感兴趣的语法单位是＜程序＞。

产生式是定义语法单位的一种书写规则。上下文无关文法产生式的左部必定是一个非终结符,该非终结符称为产生式的左部符号,简称左部符号。产生式的右部是终结符和非终结符经有限次连接构成的文法符号串,可以是空字 ε。4 种文法的区别从产生式来看,主要是对产生式的左部和右部的限制不同。

为了书写方便,若干个左部符号相同的产生式,如:

1　$A\rightarrow\alpha_1$

2　$A\rightarrow\alpha_2$

…　…

n　$A\rightarrow\alpha_n$

可合并为一个,缩写成:

$$A\rightarrow\alpha_1\mid\alpha_2\mid\cdots\mid\alpha_n$$

其中 $\alpha_i(1\leqslant i\leqslant n)$称为 A 的候选式。

例 3.4　描述算术表达式文法 G=(V_T,V_N,S,P),其中:

V_T={+、-、*、/、i、x、y、(、)}

V_N={＜算术表达式＞、＜项＞、＜因子＞}

S=＜算术表达式＞

P={

＜算术表达式＞→＜算术表达式＞+＜项＞、
＜算术表达式＞→＜算术表达式＞−＜项＞、
＜算术表达式＞→＜项＞、
＜项＞→＜项＞ * ＜因子＞、
＜项＞→＜项＞/＜因子＞、
＜项＞→＜因子＞、
＜因子＞→(＜算术表达式＞)、
＜因子＞→i、　　　　　　　　　　　　　//标识符
＜因子＞→x、　　　　　　　　　　　　　//无符号整数
＜因子＞→y　　　　　　　　　　　　　　//无符号实数

}

因已约定非终结符和终结符的书写方式,非终结符和终结符在产生式中一目了然,故终结符集 V_T 和非终结符集 V_N 无须再显式列出。若规定左部符号为开始符号的产生式,写在所定义文法的第1行,上述文法G可简单表示为如下形式:

1 ＜算术表达式＞→＜算术表达式＞+＜项＞
2 ＜算术表达式＞→＜算术表达式＞−＜项＞
3 ＜算术表达式＞→＜项＞
4 ＜项＞→＜项＞ * ＜因子＞
5 ＜项＞→＜项＞/＜因子＞
6 ＜项＞→＜因子＞
7 ＜因子＞→(＜算术表达式＞)
8 ＜因子＞→i
9 ＜因子＞→x
10 ＜因子＞→y

若用E表示＜算术表达式＞、T表示＜项＞、F表示＜因子＞,借助符号"|",算术表达式文法G可表示成如下最简形式:

1 E→E+T|E−T|T
2 T→T * F|T/F|F
3 F→(E)|i|x|y

一个上下文无关文法如何定义一个语言呢?其中心思想是:从文法的开始符号出发,反复使用产生式,对非终结符施行替换和展开。例如,考虑下面的文法G:

$$E\to E+E\,|\,E*E\,|\,(E)\,|\,i$$

其中,唯一的非终结符E代表仅含加乘运算的简单算术表达式。可以从E出发,进行一系列推导,推出各种不同的算术表达式来。例如根据规则E→(E),可以说从E可直接(一步地)推出(E)。如果用"⇒"表示"直接推出",那么这句话可表示为:

$$E\Rightarrow(E)$$

有时也称,(E)可直接归约为E。若对(E)中的E使用规则E→E+E,就有:

$$(E)\Rightarrow(E+E)$$

即从(E)可直接推出(E+E),或称(E+E)可直接归约为(E)。把上述两步合并起来,就有:

$$E \Rightarrow (E) \Rightarrow (E+E)$$

再对(E+E)中的 E 相继两次使用规则 $E \rightarrow i$ 之后，就有：

$$E \Rightarrow (E) \Rightarrow (E+E) \Rightarrow (i+E) \Rightarrow (i+i)$$

称这样的一串替换序列是从 E 推出(i+i)的一个推导。这个推导提供了一个证明，证明(i+i)是文法 G 定义的一个算术表达式。注意，推导每前进一步总是引用一条规则，而符号"⇒"仅指推导一步的意思。严格地说，称 $\alpha A\beta$ 直接推出 $\alpha\gamma\beta$，即：

$$\alpha A\beta \Rightarrow \alpha\gamma\beta$$

仅当 $A \rightarrow \gamma$ 是一个产生式。

如果 $\alpha_1 \Rightarrow \alpha_2 \Rightarrow \cdots \Rightarrow \alpha_n$，称这个序列是从 α_1 至 α_n 的一个推导，也可称直接归约序列 α_n、α_{n-1}、…、α_1 为 α_n 到 α_1 的一个归约。若存在一个从 α_1 至 α_n 的推导，则称 α_1 可推导出 α_n。用 $\alpha_1 \overset{+}{\Rightarrow} \alpha_n$ 表示：从 α_1 出发，经一步或若干步可推导出 α_n；用 $\alpha_1 \overset{*}{\Rightarrow} \alpha_n$ 表示：从 α_1 出发，经 0 步或若干步可推导出 α_n。换言之，$\alpha \overset{*}{\Rightarrow} \beta$ 意味着或者 $\alpha = \beta$、或者 $\alpha \overset{+}{\Rightarrow} \beta$。

假定 G 是一个文法，S 是它的开始符号。如果 $S \overset{*}{\Rightarrow} \alpha$，则称 α 是 G 的一个句型，仅含终结符的句型是一个句子。文法 G 所产生的句子的全体称为文法的语言，记作 L(G)。

$$L(G) = \{\alpha \mid S \overset{+}{\Rightarrow} \alpha,\ \alpha \in V_T^{+}\}$$

从 E 至(i*i+i)的一个推导为：

$$E \Rightarrow (E) \Rightarrow (E+E) \Rightarrow (E*E+E) \Rightarrow (i*E+E) \Rightarrow (i*i+E) \Rightarrow (i*i+i)$$

推导过程中的文法符号串 E、(E)、(E+E)、(E*E+E)、(i*E+E)、(i*i+E)、(i*i+i)都是这个文法的句型，而(i*i+i)是这个文法的句子。

设 G_1 和 G_2 是两个不同的文法，若 $L(G_1)=L(G_2)$，则称 G_1 和 G_2 是等价文法。等价文法的存在，使我们能够在不改变文法所规定语言的前提下，为了某种目的修改文法。

由于在一个句型中可能存在多个非终结符，故从一个句型到下一个句型的推导过程往往不是唯一的。为了对句子进行确定性分析，只考虑最左推导和最右推导。所谓最左推导是指：任何一步 $\alpha \Rightarrow \beta$，都是对 α 中最左非终结符进行替换，并且用 $\alpha \underset{L}{\Rightarrow} \beta$ 表示。同样，可定义最右推导，最右推导用 $\alpha \underset{R}{\Rightarrow} \beta$ 表示。例如，句子(i*i+i)的最左和最右推导如下所示：

$$E \underset{L}{\Rightarrow} (E) \underset{L}{\Rightarrow} (E+E) \underset{L}{\Rightarrow} (E*E+E) \underset{L}{\Rightarrow} (i*E+E) \underset{L}{\Rightarrow} (i*i+E) \underset{L}{\Rightarrow} (i*i+i)$$

$$E \underset{R}{\Rightarrow} (E) \underset{R}{\Rightarrow} (E+E) \underset{R}{\Rightarrow} (E+i) \underset{R}{\Rightarrow} (E*E+i) \underset{R}{\Rightarrow} (E*i+i) \underset{R}{\Rightarrow} (i*i+i)$$

最后，作为描述程序设计语言的上下文无关文法，对它做两点限制：

(1) 文法中不存在形如 $P \rightarrow P$ 这样的产生式。

(2) 每个非终结符 P 必须都有用处。这一方面意味着，必须存在包含 P 的句型。也就是说，从开始符号 S 出发，存在推导 $S \overset{*}{\Rightarrow} \alpha P\beta$；另一方面意味着，必须存在终结符串 $\gamma \in V_T^{*}$，使得 $P \overset{+}{\Rightarrow} \gamma$。也就是说，对于 P 不存在永不终结的回路。

以后本书中讨论的文法，均假定满足上述两个条件，这种文法称为简化了的文法。

3.2.2 文法的二义性

可以用一张图表示一个句型的推导，这种表示称为语法树，语法树有助于理解一个句子语法结构的层次。语法树通常表示成一棵倒立的树,语法树的根结点由开始符号标记。随着推导的展开,当某个非终结符被它的某个候选式所替换时,这个非终结符的相应结点就产生下一代新结点,候选式中自左至右的每个符号对应一个新结点,并用这些符号标记相应的新结点,每个新结点和其父结点都有一条连线。在一棵树的生长过程中的任何时刻,所有没有后代的端末结点自左至右排列就是句型。

语法树是句型不同推导过程的共性抽象。如果坚持用最左(最右)推导,那么一棵语法树就完全等价于一个最左(最右)推导,这样树的步步生成和句型推导的步步展开是完全一致的。但是,一个句型是否只对应唯一的一棵语法树呢?也就是说,它只有唯一的一个最右(最左)推导呢?答案是否。例如,文法 G:

$$E \to E+E \mid E*E \mid (E) \mid i$$

关于句型 $i*i+i$ 就存在两棵语法树。

先形成+后形成*的语法树,如图3.2所示。

先形成*后形成+的语法树,如图3.3所示。

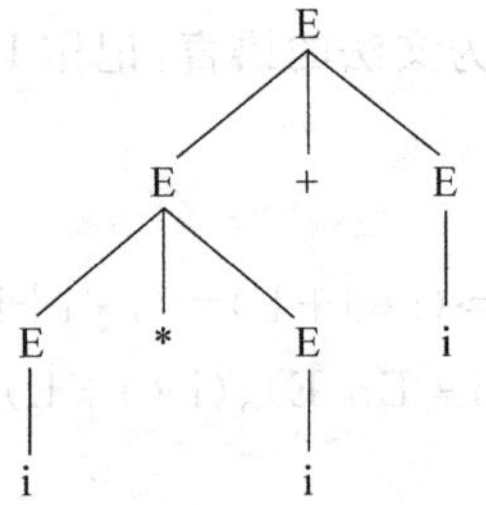

图 3.2

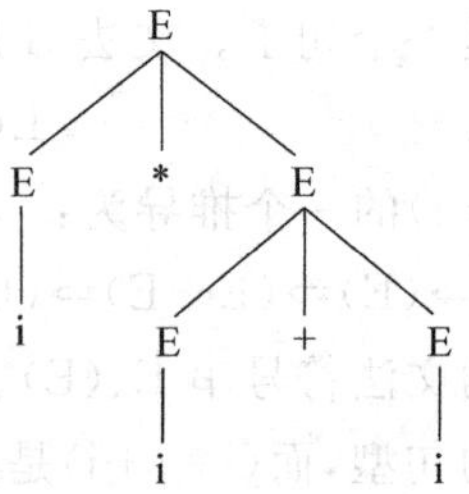

图 3.3

若采用推导的方法,对于句子 $i+i*i$,可获得两个最左推导序列,如下所示:

$$E \underset{L}{\Rightarrow} E+E \underset{L}{\Rightarrow} i+E \underset{L}{\Rightarrow} i+E*E \underset{L}{\Rightarrow} i+i*E \underset{L}{\Rightarrow} i+i*i$$

$$E \underset{L}{\Rightarrow} E*E \underset{L}{\Rightarrow} E+E*E \underset{L}{\Rightarrow} i+E*E \underset{L}{\Rightarrow} i+i*E \underset{L}{\Rightarrow} i+i*i$$

如果对句子 $i+i*i$ 进行最右推导,也同样可获得两个最右推导序列,如下所示:

$$E \underset{R}{\Rightarrow} E+E \underset{R}{\Rightarrow} E+E*E \underset{R}{\Rightarrow} E+E*i \underset{R}{\Rightarrow} E+i*i \underset{R}{\Rightarrow} i+i*i$$

$$E \underset{R}{\Rightarrow} E*E \underset{R}{\Rightarrow} E*i \underset{R}{\Rightarrow} E+E*i \underset{R}{\Rightarrow} E+i*i \underset{R}{\Rightarrow} i+i*i$$

如果一个文法所产生的语言中,存在一个句子,该句子对应两棵不同的语法树,则称这个文法是二义的。也就是说,若一个文法中存在某个句子,它有两个不同的最左(最右)推导,则称这个文法是二义文法。上例中的文法 G 就是一个二义文法。

文法的二义性和文法的语言是两个不同的概念。可能有两个不同的文法 G 和 G',其中一个是二义的,而另一个是非二义的,但却有 L(G)=L(G')。也就是说,这两个文法产生的语言是相同的。对于一个程序设计语言来说,通常希望描述它的文法是无二义的,这样对语言中每个句子的分析是确定的。但是,只要能够控制和驾驭文法的二义性,文法二义性的存在并不一定是件坏事。

人们已经证明,二义性是不可判定的,即不存在一个算法,它能在有限步内判定一个文法是否是二义文法。所能做的是,为无二义性寻找一组充分条件。例如,可以规定运算符的结合性和优先性来消除文法的二义性。运算符的优先性和结合性，是对于相邻两个运算符而言的。如果两个运算符之间有一个运算量，也认为两个运算符相邻。比方说，让 * 优先于＋，同级运算服从左结合，那么可构造出一个无二义等价文法 G'：

1　E→E＋T | T

2　T→T * F | F

3　F→(E) | i

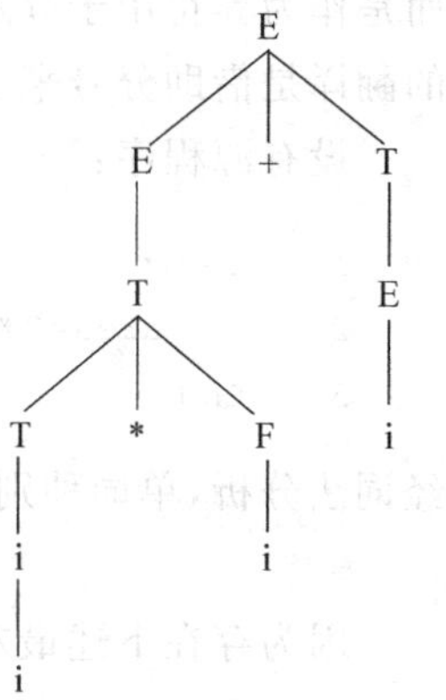

图　3.4

其中，E 代表＜算术表达式＞、T 代表＜项＞、F 代表＜因子＞。在这个文法中，i＋i * i 的语法树是唯一的，语法树如图 3.4 所示。

根据文法 G'，必须先推出＋，才可推出 *。若先推出 *，再推＋的话，那么必须增添括号，这样和所要求的目标句子不相符合。

3.3　文法举例

下面是一个无说明语句的简单程序设计语言文法，该文法只定义了赋值语句。赋值号的左边是标识符（变量），赋值号的右边是算术表达式。算术表达式含有一元负和一元正以及加减乘除 6 种运算。只有一个运算对象的运算称为单目运算，有两个运算对象的运算称为双目运算。单目运算优先于双目运算；在双目运算中，乘优先于加；同级双目运算服从左结合，同级单目运算服从右结合；可以用括号改变运算顺序。运算对象可以是变量，也可以是无符号整数或无符号实数，可使用一元负和一元正运算来实现常数的正负。程序可由一个或多个赋值语句构成，需用 begin 和 end 括起，整个程序相当于一个复合语句。

1	＜程序＞→begin＜语句串＞end	P→{L}
2	＜语句串＞→＜语句串＞;＜语句＞	L→L;S
3	＜语句串＞→＜语句＞	L→S
4	＜语句＞→标识符＝＜算术表达式＞	S→i＝E
5	＜算术表达式＞→＜算术表达式＞＋＜项＞	E→E＋T
6	＜算术表达式＞→＜算术表达式＞－＜项＞	E→E－T
7	＜算术表达式＞→＜项＞	E→T
8	＜项＞→＜项＞ * ＜因子＞	T→T * F
9	＜项＞→＜项＞/＜因子＞	T→T/F
10	＜项＞→＜因子＞	T→F
11	＜因子＞→(＜算术表达式＞)	F→(E)
12	＜因子＞→－＜因子＞	F→－F
13	＜因子＞→＋＜因子＞	F→＋F
14	＜因子＞→标识符	F→i
15	＜因子＞→无符号整数	F→x
16	＜因子＞→无符号实数	F→y

请留意文法中的分号“;”,它的作用和C语言有所不同,分号并不是语句的组成部分,而是作为界符用于分隔语句。在语义分析(中间代码产生)时将使用分号,在本书中语句串的翻译是借助分号来实现的。

设有源程序:

```
Begin
    area=2*3.14*10*(radius+height)
End
```

经词法分析,单词种别序列如下所示:

$$\{i=x*y*x*(i+i)\}$$

因为存在下述最左推导:

$$P\underset{L}{\Rightarrow}\{L\}\underset{L}{\Rightarrow}\{S\}\underset{L}{\Rightarrow}\{i=E\}\underset{L}{\Rightarrow}\{i=T\}\underset{L}{\Rightarrow}\{i=T*F\}\underset{L}{\Rightarrow}\{i=T*F*F\}\underset{L}{\Rightarrow}\{i=T*F*F*F\}\underset{L}{\Rightarrow}$$
$$\{i=F*F*F*F\}\underset{L}{\Rightarrow}\{i=x*F*F*F\}\underset{L}{\Rightarrow}\{i=x*y*F*F\}\underset{L}{\Rightarrow}\{i=x*y*x*F\}\underset{L}{\Rightarrow}\{i=x*$$
$$y*x*(E)\}\underset{L}{\Rightarrow}\{i=x*y*x*(E+T)\}\underset{L}{\Rightarrow}\{i=x*y*x*(T+T)\}\underset{L}{\Rightarrow}\{i=x*y*x*(F+T)\}\underset{L}{\Rightarrow}$$
$$\{i=x*y*x*(i+T)\}\underset{L}{\Rightarrow}\{i=x*y*x*(i+F)\}\underset{L}{\Rightarrow}\{i=x*y*x*(i+i)\}$$

所以:

$$\{i=x*y*x*(i+i)\}$$

是文法的一个句子,也就是说源程序语法正确。

上述文法仅仅定义了赋值语句,随着讨论的深入,语句种类会不断地增加,非终结符S为今后语言的扩展提供了一个口子。

习 题

3-1 令+、*和^分别代表加、乘和乘幂,按如下非标准优先级和结合性质的约定,计算1+1*2^2*1^2的值。

(1) 优先顺序(从高到低)为+、*、^,同级运算服从左结合。

(2) 优先顺序(从高到低)为^、+、*,同级运算服从右结合。

提示:运算符的结合性和优先性是对于相邻两个运算符而言,若两个运算符之间有一个运算量,也认为两个运算符相邻。

3-2 已知文法G为:

1 E→T|E+T|E−T

2 T→F|T*F|T/F

3 F→(E)|i

(1) 证明i−i/i是文法G的一个句型。

(2) 画出i−i/i的语法树。

3-3 已知文法G为:

1 N→D|ND

2 D→0|1|2|3|4|5|6|7|8|9

(1) 文法 G 给出的语言 L(G)是什么?

(2) 给出句子 34、568 和 0127 的最左推导和最右推导。

3-4　已知程序段(用 C 语言表示)

```
a=2;
if(x) if(y)  a=4;  else  a=6;
```

(1) 假设 else 和最近的 if 结合,即 if(x){if(y)a=4;else a=6;}。当 x 和 y 为下列值时,求出相应 a 的值,如表 3.1 所示。

(2) 假设 else 和最远的 if 结合,即 if(x){if(y)a=4;}else a=6;。当 x 和 y 为下列值时,求出相应 a 的值,如表 3.1 所示。

表　3.1

x	y	a	x	y	a
flase	flase		true	flase	
flase	true		true	true	

3-5　已知文法 G:

1　＜语句＞→if 标识符 then＜语句＞else＜语句＞　　S→fitSeS

2　＜语句＞→if 标识符 then＜语句＞　　S→fitS

3　＜语句＞→标识符=＜算术表达式＞　　S→i=E

4　＜算术表达式＞→无符号整数　　E→x

(1) 用最左推导方法证明文法 G 是二义的。

(2) 消除文法的二义性。

3-6　用画语法树方法证明下列文法 G 是二义的。

$$S \to fSeS \mid fS \mid i$$

3-7　文法如 3.3 节所示,用最左推导证明下列源程序语法正确。

```
Begin
    x=-1;y=+1.0
End
```

3-8　已知文法 G:

1　＜程序＞→begin＜语句串＞end　　P→{L}

2　＜语句串＞→＜语句串＞;＜语句＞　　L→L;S

3　＜语句串＞→＜语句＞　　L→S

4　＜语句＞→integer＜标识符串＞　　S→aV

5　＜语句＞→real＜标识符串＞　　S→cV

6　＜标识符串＞→＜标识符串＞,标识符　　V→V,i

7　＜标识符串＞→标识符　　V→i

8　＜语句＞→标识符=＜算术表达式＞　　S→i=E

9　＜算术表达式＞→＜算术表达式＞+＜项＞　　E→E+T

10　＜算术表达式＞→＜算术表达式＞－＜项＞　　E→E－T
11　＜算术表达式＞→＜项＞　　E→T
12　＜项＞→＜项＞ * ＜因子＞　　T→T * F
13　＜项＞→＜项＞/＜因子＞　　T→T/F
14　＜项＞→＜因子＞　　T→F
15　＜因子＞→(＜算术表达式＞)　　F→(E)
16　＜因子＞→－＜因子＞　　F→－F
17　＜因子＞→＋＜因子＞　　F→＋F
18　＜因子＞→标识符　　F→i
19　＜因子＞→无符号整数　　F→x
20　＜因子＞→无符号实数　　F→y

上述文法是在3.3节中的文法基础上,增加了说明语句。说明语句可出现在程序的任何地方,这一点和C++相类似。用最左推导证明下列源程序是文法的一个合法句子。

```
Begin
    real area,radius,height;
    area=2 * 3.14 * 10 * (radius+height)
End
```

3-9　修改习题3-8中的文法G,使得在说明语句中可对变量赋初值。初值可以是常数,也可以是变量,还可以是由常数和变量构成的算术表达式。

3-10　设计一个文法,由文法产生的语言是一个奇数集合,集合中的每个奇数都不以0开头。

习题答案

3-1　解(1):1＋1 * 2^2 * 1^2＝2 * 2^2 * 1^2＝4^2 * 1^2＝4^2^2＝16^2＝256

解(2):1＋1 * 2^2 * 1^2＝2 * 2^2 * 1^2＝2 * 4 * 1^2＝2 * 4 * 1＝2 * 4＝8

3-2　解(1):因为E⇒E－T⇒E－T/F⇒T－T/F⇒F－T/F⇒i－T/F⇒i－F/F⇒i－F/i⇒i－i/i,所以i－i/i是文法G的一个句型。

解(2):i－i/i的语法树如图3.5所示。

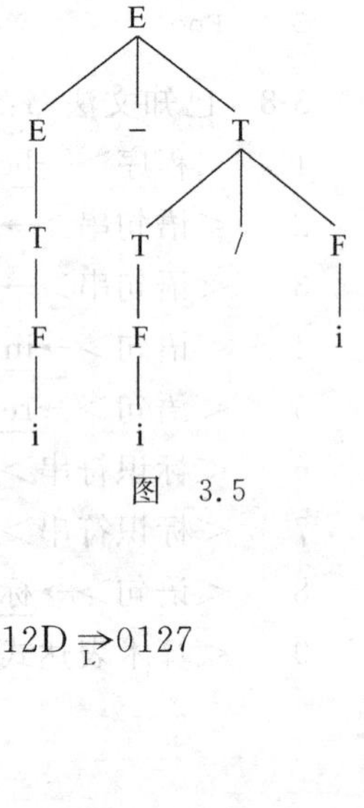

图　3.5

3-3　解(1):L(G)为无符号整数全体。

解(2):

$N \underset{L}{\Rightarrow} ND \underset{L}{\Rightarrow} DD \underset{L}{\Rightarrow} 3D \underset{L}{\Rightarrow} 34$

$N \underset{R}{\Rightarrow} ND \underset{R}{\Rightarrow} N4 \underset{R}{\Rightarrow} D4 \underset{R}{\Rightarrow} 34$

$N \underset{L}{\Rightarrow} ND \underset{L}{\Rightarrow} NDD \underset{L}{\Rightarrow} DDD \underset{L}{\Rightarrow} 5DD \underset{L}{\Rightarrow} 56D \underset{L}{\Rightarrow} 568$

$N \underset{R}{\Rightarrow} ND \underset{R}{\Rightarrow} N8 \underset{R}{\Rightarrow} ND8 \underset{R}{\Rightarrow} N68 \underset{R}{\Rightarrow} D68 \underset{R}{\Rightarrow} 568$

$N \underset{L}{\Rightarrow} ND \underset{L}{\Rightarrow} NDD \underset{L}{\Rightarrow} NDDD \underset{L}{\Rightarrow} DDDD \underset{L}{\Rightarrow} 0DDD \underset{L}{\Rightarrow} 01DD \underset{L}{\Rightarrow} 012D \underset{L}{\Rightarrow} 0127$

$$N \underset{R}{\Rightarrow} ND \underset{R}{\Rightarrow} N7 \underset{R}{\Rightarrow} ND7 \underset{R}{\Rightarrow} N27 \underset{R}{\Rightarrow} ND27 \underset{R}{\Rightarrow} N127 \underset{R}{\Rightarrow} D127 \underset{R}{\Rightarrow} 0127$$

3-4 解(1)：假设 else 和最近的 if 结合，相应 a 的值如表 3.2 所示。

表 3.2

x	y	a	x	y	a
flase	flase	2	true	flase	6
flase	true	2	true	true	4

解(2)：假设 else 和最远的 if 结合，相应 a 的值如表 3.3 所示。

表 3.3

x	y	a	x	y	a
flase	flase	6	true	flase	2
flase	true	6	true	true	4

3-5 证明(1)：

if x then if y then a=4 else a=6

的单词种别序列为：

fitfiti=xei=x

两个最左推导如下所示：

$$S \underset{L}{\Rightarrow} fitSeS \underset{L}{\Rightarrow} fitfitSeS \underset{L}{\Rightarrow} fitfiti=EeS \underset{L}{\Rightarrow} fitfiti=xeS \underset{L}{\Rightarrow} fitfiti=xei=E \underset{L}{\Rightarrow} fitfiti=xei=x$$

$$S \underset{L}{\Rightarrow} fitS \underset{L}{\Rightarrow} fitfitSeS \underset{L}{\Rightarrow} fitfiti=EeS \underset{L}{\Rightarrow} fitfiti=xeS \underset{L}{\Rightarrow} fitfiti=xei=E \underset{L}{\Rightarrow} fitfiti=xei=x$$

因为句子 fitfiti=xei=x 存在两个最左推导，所以文法 G 为二义文法。

解(2)：

1 ＜语句＞→if 标识符 then＜语句＞else＜语句＞ S→fitSeS

2 ＜语句＞→if 标识符 then＜语句＞endif S→fitSj

3 ＜语句＞→标识符=＜算术表达式＞ S→i=E

4 ＜算术表达式＞→无符号整数 E→x

3-6 解：句子 ffiei 存在两棵语法树，如图 3.6 和图 3.7 所示，所以文法 G 是二义文法。

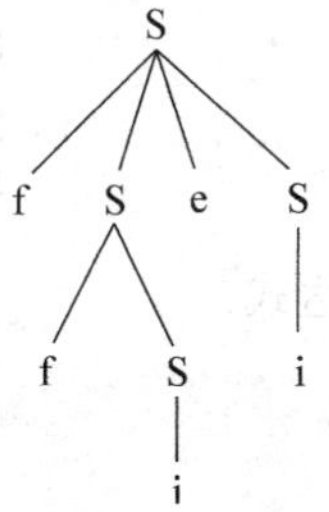

图 3.6

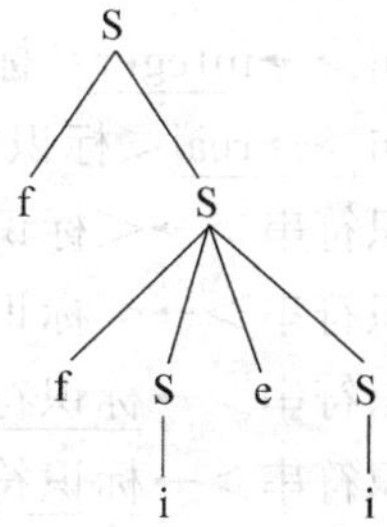

图 3.7

3-7 解：

```
Begin
```

```
    x=-1;y=+1.0
End
```

的单词种别序列为：

$$\{i=-x;i=+y\}$$

最左推导如下所示：

$P\underset{L}{\Rightarrow}\{L\}\underset{L}{\Rightarrow}\{L;S\}\underset{L}{\Rightarrow}\{S;S\}\underset{L}{\Rightarrow}\{i=E;S\}\underset{L}{\Rightarrow}\{i=T;S\}\underset{L}{\Rightarrow}\{i=F;S\}\underset{L}{\Rightarrow}\{i=-F;S\}\underset{L}{\Rightarrow}\{i=-x;S\}\underset{L}{\Rightarrow}\{i=-x;i=E\}\underset{L}{\Rightarrow}\{i=-x;i=T\}\underset{L}{\Rightarrow}\{i=-x;i=F\}\underset{L}{\Rightarrow}\{i=-x;i=+F\}\underset{L}{\Rightarrow}\{i=-x;i=+y\}$

因为 $P\overset{+}{\Rightarrow}\{i=-x;i=+y\}$，所以源程序语法正确。

3-8 解：

```
Begin
    real area,radius,height;
    area=2*3.14*10*(radius+height)
End
```

的单词种别序列为：

$$\{ci,i,i;i=x*y*x*(i+i)\}$$

最左推导如下所示：

$P\underset{L}{\Rightarrow}\{L\}\underset{L}{\Rightarrow}\{L;S\}\underset{L}{\Rightarrow}\{S;S\}\underset{L}{\Rightarrow}\{cV;S\}\underset{L}{\Rightarrow}\{cV,i;S\}\underset{L}{\Rightarrow}\{cV,i,i;S\}\underset{L}{\Rightarrow}\{ci,i,i;S\}\underset{L}{\Rightarrow}\{ci,i,i;i=E\}\underset{L}{\Rightarrow}\{ci,i,i;i=T\}\underset{L}{\Rightarrow}\{ci,i,i;i=T*F\}\underset{L}{\Rightarrow}\{ci,i,i;i=T*F*F\}\underset{L}{\Rightarrow}\{ci,i,i;i=T*F*F*F\}\underset{L}{\Rightarrow}\{ci,i,i;i=F*F*F*F\}\underset{L}{\Rightarrow}\{ci,i,i;i=x*F*F*F\}\underset{L}{\Rightarrow}\{ci,i,i;i=x*y*F*F\}\underset{L}{\Rightarrow}\{ci,i,i;i=x*y*x*F\}\underset{L}{\Rightarrow}\{ci,i,i;i=x*y*x*(E)\}\underset{L}{\Rightarrow}\{ci,i,i;i=x*y*x*(E+T)\}\underset{L}{\Rightarrow}\{ci,i,i;i=x*y*x*(T+T)\}\underset{L}{\Rightarrow}\{ci,i,i;i=x*y*x*(F+T)\}\underset{L}{\Rightarrow}\{ci,i,i;i=x*y*x*(i+T)\}\underset{L}{\Rightarrow}\{ci,i,i;i=x*y*x*(i+F)\}\underset{L}{\Rightarrow}\{ci,i,i;i=x*y*x*(i+i)\}$

因为 $P\overset{+}{\Rightarrow}\{ci,i,i;i=x*y*x*(i+i)\}$，所以源程序是文法的一个合法句子。

3-9 解：

1	＜程序＞→begin＜语句串＞end	P→{L}
2	＜语句串＞→＜语句串＞;＜语句＞	L→L;S
3	＜语句串＞→＜语句＞	L→S
4	＜语句＞→integer＜标识符串＞	S→aV
5	＜语句＞→real＜标识符串＞	S→cV
6	＜标识符串＞→＜标识符串＞,标识符	V→V,i
7	＜标识符串＞→＜标识符串＞,标识符=＜算术表达式＞	V→V,i=E
8	＜标识符串＞→标识符	V→i
9	＜标识符串＞→标识符=＜算术表达式＞	V→i=E
10	＜语句＞→标识符=＜算术表达式＞	S→i=E
11	＜算术表达式＞→＜算术表达式＞+＜项＞	E→E+T
12	＜算术表达式＞→＜算术表达式＞-＜项＞	E→E-T
13	＜算术表达式＞→＜项＞	E→T

14	＜项＞→＜项＞*＜因子＞	T→T*F
15	＜项＞→＜项＞/＜因子＞	T→T/F
16	＜项＞→＜因子＞	T→F
17	＜因子＞→(＜算术表达式＞)	F→(E)
18	＜因子＞→－＜因子＞	F→－F
19	＜因子＞→＋＜因子＞	F→＋F
20	＜因子＞→标识符	F→i
21	＜因子＞→无符号整数	F→x
22	＜因子＞→无符号实数	F→y

3-10　解：

1　＜奇数字＞→1|3|5|7|9

2　＜非零数字＞→2|4|6|8|＜奇数字＞

3　＜数字＞→0|＜非另数字＞

4　＜无符号整数＞→＜无符号整数＞＜数字＞|＜数字＞

5　＜奇数＞→＜奇数字＞|＜非零数字＞＜奇数字＞|＜非零数字＞＜无符号整数＞＜奇数字＞

第4章　自上而下的语法分析

先讨论自上而下的语法分析。顾名思义，自上而下就是从文法的开始符号出发，向下推导，最终推出句子。首先简单介绍自上而下语法分析的一般方法，这种方法是“带回溯”的。由此引出“不带回溯”的自上而下语法分析方法，它们是递归下降分析法和预测分析法。

4.1　带回溯的自上而下分析法概述

自上而下分析的宗旨是：对于输入串(由单词种别构成)，试图用一切可能的方法，从文法开始符号出发，自上而下地为输入串建立一棵语法树。或者说，为输入串寻找一个最左推导。这种分析过程本质上是一种试探过程，是反复使用不同的产生式，谋求匹配输入串的过程。

下面用一个简单例子来说明，设有文法G：

1　S→xAy

2　A→* * | *

和输入串“x * y”。

为了自上而下构造语法树，首先产生根结点，根结点由文法开始符号S标记，并让指示器P指向输入串的第1个符号“x”。然后用左部符号是S的产生式，把这棵树发展为如图4.1所示。

我们希望用S的子结点，从左至右匹配整个输入串。此树的最左子结点是用终结符x标记的，它和输入串的第1个符号相匹配。于是把指示器P调整为指向下一个输入符号“*”，并让第2个子结点A去进行匹配。非终结符A有两个候选，先用它的第1个候选去推导，由A产生它的两个后代结点，两个后代结点的标记均为*，如图4.2所示。

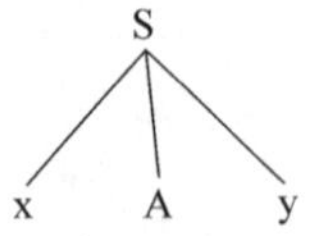

图　4.1

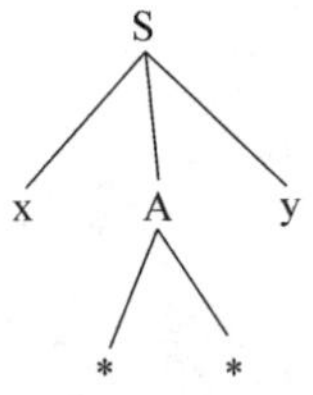

图　4.2

因子树A的最左子结点的标记和指示器P所指的输入符号相同，所以把指示器P调整为指向下一个输入符号“y”，并让A的第2个子结点进入工作。A的第2个子结点的标记为*，和指示器P所指的输入符号“y”不一致，这意味着A的第1个候选式不能用于构造输入串的语法树，此时应该回头(回溯)，查看A是否有其他候选。

为了这种回溯，一方面应把A的第1个候选所发展的子树注销掉，另一方面还应把指示器P恢复为进入A时的状态,也就是让P重新指向第2个输入符号“*”。现在试探A的第2个候选,如图4.3所示。

由于子树A只有一个子结点,而且它的标记和指示器P所指的输入符号“*”相一致,这样A完成了匹配任务。在A获得匹配后,指示器P应指向下一个输入符号“y”。

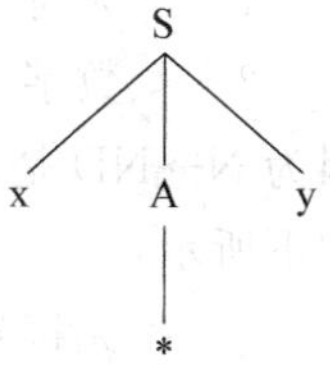

图　4.3

在S的第2个子结点A完成匹配后,接着轮到第3个子结点进行工作。由于这个子结点的标记和最后一个输入符号“y”相同,最终完成了为输入串构造语法树的任务,证明了输入串“x*y”是文法的一个句子。

上述这种自上而下的语法分析方法存在许多困难和缺点。首先是文法的左递归问题,设文法含有如下形式的左递归规则:

$$P \rightarrow P\alpha$$

其中$P \in V_N, \alpha \in (V_T \cup V_N)^+$,则称该文法为左递归文法。左递归文法将使自上而下的分析过程陷入死循环中。当使用最左推导,试图用P去匹配输入串时,会发现在没有读入任何输入符号的情况下,需要重新要求P去进行新的匹配。因此,要使用自上而下的语法分析方法,文法不能含有左递归。

其次,在自上而下分析过程中,当一个非终结符使用某一候选式进行推导时,候选式中可能有部分子结点匹配于输入符号,有时这种匹配是虚假的。从上述分析中可以看到,A首先使用第1个候选,该候选的第1个子结点和输入符号匹配,这个匹配就是虚假的。在检查下一个输入符号时,该匹配马上被推翻。由于这种虚假匹配现象,需要使用较为复杂的回溯技术。一般来说,要消除虚假匹配是困难的,可先使用较长的候选式进行推导,这样虚假匹配的现象就会减少。

第三,编译程序的语法分析和语义分析通常是同时进行的。由于回溯,所做的一大堆工作必须推倒重来,这样既麻烦又费时。

第四,如果选用所有的不同候选组合,都不能为输入串建立一棵语法树,或者说,都不能为输入串寻找到一个最左推导,那么输入串存在语法错误。这种分析法最终只能告知输入串不是文法的一个句子,而无法告知输入串错在什么地方。

最后,带回溯的自上而下分析法实际上是一种穷举法,是一种穷尽一切可能的试探法,因此效率很低,代价极高。严重的低效使得这种分析法只在理论上有意义,几乎没有实用价值。

综上所述,必须消除分析过程中的回溯,找到一个不带回溯的分析方法。只有这种不带回溯的自上而下的语法分析方法,才是实际可使用的。

4.2　直接左递归的消除

根据上述讨论,要进行自上而下的语法分析,必须消除文法的左递归。程序设计语言文法的左递归通常是由左递归规则直接引起的,由规则推导产生间接左递归的情况较少见。有部分左递归规则只要稍加调整,就可使其成为右递归规则。对于右递归文法所定义的语言,可以采用自上而下的语法分析方法。

例如,定义无符号整数的文法 G:

1　＜无符号整数＞→＜无符号整数＞＜数字＞|＜数字＞　N→ND|D

2　＜数字＞→0|1|2|3|4|5|6|7|8|9　D→0|1|2|3|4|5|6|7|8|9

因为 N→ND 是左递归规则,所以文法 G 是左递归文法。可将第 1 条规则改为右递归规则,如下所示:

1　＜无符号整数＞→＜数字＞＜无符号整数＞|＜数字＞　N→DN|D

2　＜数字＞→0|1|2|3|4|5|6|7|8|9　D→0|1|2|3|4|5|6|7|8|9

修改后的文法称为 G',显然文法 G 和 G'是等价的,而 G'是右递归文法。对于有些左递归规则,不能采用简单交换方式。例如:

＜算术表达式＞→＜算术表达式＞＋＜项＞　E→E＋T

若将它改为:

＜算术表达式＞→＜项＞＋＜算术表达式＞　E→T＋E

两者是不等价的。前者规定＋运算服从左结合,后者则规定＋运算服从右结合。

下面讨论消除文法直接左递归的方法,假定关于非终结符 P 的规则为:

$$P \rightarrow P\alpha \mid \beta$$

其中,β 不以 P 开头。那么,可以把 P 的规则改为如下形式:

1　$P \rightarrow \beta P'$

2　$P' \rightarrow \alpha P' \mid \varepsilon$

因为两者推导出的句型均为 $\beta\alpha^n(n \geq 0)$,所以变换是等价的。为此付出的代价是:引进新的非终结符 P'和产生式 $P' \rightarrow \varepsilon$(或称 ε 产生式)。

设有文法 G:

1　E→E＋T|T

2　T→T＊F|F

3　F→(E)|i|x|y

消除直接左递归后如下所示:

1　E→TE'

2　E'→＋TE'|ε

3　T→FT'

4　T'→＊FT'|ε

5　F→(E)|i|x|y

一般而言,假设关于非终结符 P 的全部产生式为:

$$P \rightarrow P\alpha_1 \mid P\alpha_2 \mid \cdots \mid P\alpha_m \mid \beta_1 \mid \beta_2 \mid \cdots \mid \beta_n$$

其中 $\beta_i(1 \leq i \leq n)$都不以 P 开头。可将 P 的规则改成如下等价形式,即可消除左递归。

$$P \rightarrow \beta_1 P' \mid \beta_2 P' \mid \cdots \mid \beta_n P'$$

$$P' \rightarrow \alpha_1 P' \mid \alpha_2 P' \mid \cdots \mid \alpha_m P' \mid \varepsilon$$

上述变换等价性证明如下:

$$P \rightarrow P\alpha_1 \mid P\alpha_2 \mid \cdots \mid P\alpha_m \mid \beta_1 \mid \beta_2 \mid \cdots \mid \beta_n$$

等价于:

$$P \rightarrow P(\alpha_1 \mid \alpha_2 \mid \cdots \mid \alpha_m) \mid (\beta_1 \mid \beta_2 \mid \cdots \mid \beta_n)$$

令 $\alpha=\alpha_1|\alpha_2|\cdots|\alpha_m$、$\beta=\beta_1|\beta_2|\cdots|\beta_n$，则上式为：

$$P \to P\alpha|\beta$$

消除直接左递归后为：

$$P \to \beta P'$$
$$P' \to \alpha P'|\varepsilon$$

用 $\alpha_1|\alpha_2|\cdots|\alpha_m$ 替代 α，用 $\beta_1|\beta_2|\cdots|\beta_n$ 替代 β，则有：

$$P \to (\beta_1|\beta_2|\cdots|\beta_n)P'$$
$$P' \to (\alpha_1|\alpha_2|\cdots|\alpha_m)P'|\varepsilon$$

等价于：

$$P \to \beta_1 P'|\beta_2 P'|\cdots|\beta_n P'$$
$$P' \to \alpha_1 P'|\alpha_2 P'|\cdots|\alpha_m P'|\varepsilon$$

4.3　不带回溯的自上而下分析法的基本原理

带回溯的自上而下的分析法实际上是一种试探法。设文法 G 有产生式：

$$A \to \alpha_1|\alpha_2|\cdots|\alpha_n$$

从 A 出发进行最左推导时，首先选用 α_1，若分析成功最好，若分析不成功则改用 α_2，…，以此类推。若使用了所有的候选，都不能为输入串寻找到一个最左推导，则认为输入串不是文法的一个句子。然而，对于文法某一个句型而言，只要该文法不是二义文法，从非终结符 A 出发的最左推导只有一个候选式是正确的。如果该候选式获得成功匹配，那么这个匹配绝不会是虚假的；若该候选式无法完成匹配任务，则任何其他候选式也肯定无法完成。所谓消除回溯，就是在最左推导时，根据面临的输入符号去找出 A 的那个唯一正确的候选式。基本原理如下：

(1) 引入候选式的 first 集。

候选式的 first 集定义如下：

$$\text{first}(\alpha)=\{a|\alpha \overset{*}{\Rightarrow} a\cdots, a\in V_T\}$$

first(α)直观意义是：从候选式 α 出发，所有可能推导出的符号串的第 1 个终结符都属于这个集合。

设有文法 G：

1　$E \to TE'$

2　$E' \to +TE'|\varepsilon$

3　$T \to FT'$

4　$T' \to *FT'|\varepsilon$

5　$F \to (E)|i|x|y$

求候选式 TE'的 first 集。

因为 $TE' \Rightarrow FT'E' \Rightarrow (E)T'E'$，所以 $(\in \text{first}(TE')$。

因为 $TE' \Rightarrow FT'E' \Rightarrow iT'E'$，所以 $i \in \text{first}(TE')$。

因为 $TE' \Rightarrow FT'E' \Rightarrow xT'E'$,所以 $x \in first(TE')$。

因为 $TE' \Rightarrow FT'E' \Rightarrow yT'E'$,所以 $y \in first(TE')$。

由此可得 $first(TE') = \{i、(、x、y\}$。

(2) 根据定义,求出每个候选式 α_i 的 first 集。设:

$$first(\alpha_1) = \{a_1、b_1、\cdots\}, first(\alpha_2) = \{a_2、b_2、\cdots\}, \cdots, first(\alpha_n) = \{a_n、b_n、\cdots\}$$

根据输入符号 code,选择候选式进行推导。

```
if code∈first(αi) then
    用 A→αi 推导(1≤i≤n)
else
    报错
end if
```

由于推导的唯一性,要求 $first(\alpha_i) \cap first(\alpha_j) = \{\}$,其中 $1 \leqslant i,j \leqslant n$、$i \neq j$。

(3) 进一步考虑和修正。

考虑更一般性,非终结符 A 的候选式可能是空字 ε,即:

$$A \to \alpha_1 | \alpha_2 | \cdots | \alpha_n | \varepsilon$$

因使用规则 $A \to \varepsilon$ 进行推导时,无须任何字符匹配(或称 A 匹配于空字 ε),所以当输入符号不属于 $\alpha_i(1 \leqslant i \leqslant n)$的 first 集时,不能简单地处理为报错。需进一步分析,A 匹配于空字 ε 可能是一个正确的选择。

设有文法 G:

1　$S \to aA$

2　$A \to cAd | \varepsilon$

及输入串"acd"。显然 $first(aA) = \{a\}$,$first(cAd) = \{c\}$。

识别过程可用语法树来描述。首先产生根结点,根结点由文法的开始符号 S 标记,并让指示器 P 指向输入串的第 1 个输入符号"a"。因输入符号"a"$\in first(aA)$,故用 S 规则把这棵语法树发展为如图 4.4 所示。若输入符号不是"a",即输入符号 $code \notin first(aA)$,则报错,没有必要再分析下去。

于是把指示器 P 调整为指向下一个输入符号"c",并让第 2 个子结点 A 去进行匹配。非终结符 A 有两个候选,因输入符号"c"$\in first(cAd)$,此时应使用 A 的第 1 个候选去推导,于是把这棵语法树发展为图 4.5 所示。

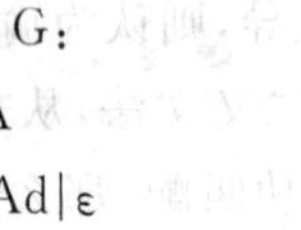

图　4.4

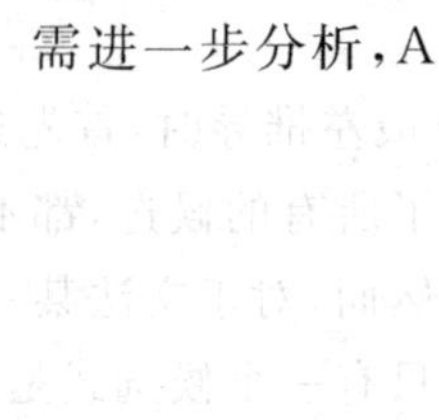

图　4.5

此时应把指示器 P 调整为指向下一个输入符号"d",并让子树 A 的第 2 个标记为 A 的子结点进行工作。"d"$\notin first(cAd)$,显然不能用第 1 个候选去推导,也不能报错,应按 $A \to \varepsilon$

进行推导。理由是：若 A 和空字 ε 匹配，相当于在句型中将 A 废弃，输入符号"d"和紧跟在 A 之后的子结点的标记相同，在下一轮匹配中将获得成功。于是 A 生成后代结点，该结点用 ε 标记，如图 4.6 所示。由于 A 的第 3 个子结点的标记和最后一个输入符号"d"相同，这样完成了为输入串构造语法树的任务，证明了输入串"acd"是文法的一个句子。

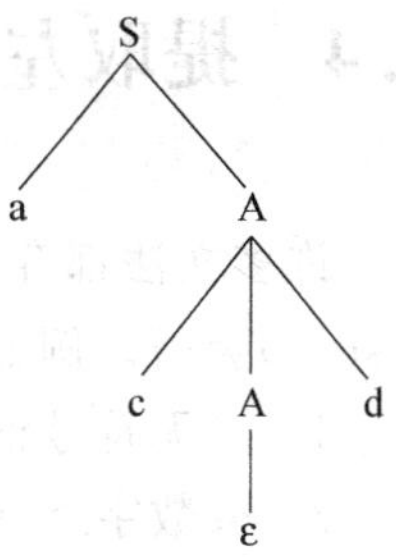

图　4.6

在上述推导过程中，语法树的每一步生长都是由输入符号引导的，不存在任何试探和虚假匹配，整个分析过程是无回溯的。

在算法修正前，先引入非终结符的 follow 集。非终结符的 follow 集定义如下：

$$\text{follow}(A)=\{a \mid S \overset{*}{\Rightarrow} \cdots Aa\cdots, a\in V_T\}$$

其直观意义是：在文法的所有句型中，紧跟在非终结符 A 之后的终结符都属于 A 的 follow 集。

接上例，根据定义求出非终结符 A 的 follow 集。因为存在句型 acAd($S\Rightarrow aA\Rightarrow acAd$)，所以 $d\in \text{follow}(A)$。

接下来修改算法。在用 A 进行推导时，若输入符号 code 属于 first(α_i)，则用规则 $A\rightarrow\alpha_i$ 推导；若输入符号 code 属于 A 的 follow 集，则用 $A\rightarrow\varepsilon$ 进行推导，输入符号将和紧跟在 A 之后的终结符相匹配。

```
if code∈first(αi) then
     用 A→αi 推导(1≤i≤n)
else
    if code∈follow(A) then
        用 A→ε 推导
    else
        报错
    end if
end if
```

因 $A\rightarrow\varepsilon$ 不需要任何输入字符匹配，算法也可按如下形式书写：

```
if code∈first(αi) then
     用 A→αi 推导(1≤i≤n)
else
    if code∉follow(A) then
        报错
    end if
end if
```

由于推导的唯一性，要求 $\text{first}(\alpha_i)\cap\text{first}(\alpha_j)=\{\}$、$\text{first}(\alpha_i)\cap\text{follow}(A)=\{\}$，其中 $1\leqslant i,j\leqslant n$，$i\neq j$。

从上述讨论可知，构造不带回溯的自上而下语法分析法的关键是：计算候选式的 first 集和非终结符的 follow 集。

4.4 提取左因子

许多文法都存在这样的非终结符，它们候选式的 first 集并非互不相交，即 $first(\alpha_i)\cap first(\alpha_j)\neq\{\}$。例如，关于无符号整数的文法 G：

1　＜无符号整数＞→＜数字＞＜无符号整数＞|＜数字＞　　$N\rightarrow DN|D$

2　＜数字＞→0|1|2|3|4|5|6|7|8|9　　$D\rightarrow 0|1|2|3|4|5|6|7|8|9$

就是这样一种情形，$first(DN)\cap first(D)=\{0,1,2,3,4,5,6,7,8,9\}$。

如何改造一个文法，使得任一非终结符所有候选式的 first 集都满足互不相交的条件，办法是：提取左因子。

接上例：

$$N\rightarrow DN|D$$

将 D 作为左因子提出，等价于：

$$N\rightarrow D(N|\varepsilon)$$

引入非终结符 N'，将 N'定义为 N|ε，文法 G 可等价表示为无左因子的文法 G'：

1　＜无符号整数＞→＜数字＞N'　　$N\rightarrow DN'$

2　N'→＜无符号整数＞|ε　　$N'\rightarrow N|\varepsilon$

3　＜数字＞→0|1|2|3|4|5|6|7|8|9　　$D\rightarrow 0|1|2|3|4|5|6|7|8|9$

考虑一般情况，关于非终结符 P 的规则如下所示：

$$P\rightarrow\delta\beta_1|\delta\beta_2|\cdots|\delta\beta_n,\ \delta\in(V_T\cup V_N)^+、\beta_i\in(V_T\cup V_N)^*$$

引进非终结符 P'，把上述规则改写成：

1　$P\rightarrow\delta P'$

2　$P'\rightarrow\beta_1|\beta_2|\cdots|\beta_n$

经过反复提取左因子，对于大多数文法，能够使每个非终结符的所有候选式的 first 集互不相交，为此付出的代价是：引进新的非终结符和 ε 产生式。

4.5 first 集和 follow 集

要构造候选式的 first 集，首先要构造文法符号的 first 集，因为候选式是由文法符号构成的。同样，要构造非终结符的 follow 集，首先要构造任意文法符号串的 first 集，而任意符号文法串也是由文法符号构成的。所以，先讨论文法符号 first 集的构造方法，然后再讨论任意文法符号串 first 集的构造方法（候选式是任意文法符号串的特例），以及非终结符 follow 集的构造方法。

4.5.1 first 集的定义及构造算法

考虑一般性，设 α 是文法 G 的任一符号串，$\alpha\in(V_T\cup V_N)^*$。α 可以是文法符号或空字

ε,也可以是候选式,或者是候选式的一部分。定义:

$$first(\alpha)=\{a \mid \alpha \stackrel{*}{\Rightarrow} a\cdots, a \in V_T\}$$

特别是,若 $\alpha \stackrel{*}{\Rightarrow} \varepsilon$,规定 $\varepsilon \in first(\alpha)$。换句话说,first(α)是 α 的所有可能推导出符号串的第1个终结符,或者 α 可推导至空字 ε。

先讨论文法符号的 first 集的构造算法,文法符号的 first 集构造算法由下面三条规则构成:

(1) 终结符的 first 集为终结符本身。

(2) 观察每个产生式,若有 $X \to a\cdots$,其中 $X \in V_N$、$a \in V_T$,则 $a \in first(X)$;若 $X \to \varepsilon$,则 $\varepsilon \in first(X)$。

(3) 观察每个产生式,若有 $X \to Y\cdots$,其中 X、$Y \in V_N$,则将 first(Y)中的非 ε 元素(记为 first(Y)/ε)加到 first(X)中。

规则(3) 证明如下:

设终结符 $a \in first(Y)$,根据定义有 $Y \stackrel{*}{\Rightarrow} a\cdots$。

因为 $X \to Y\cdots$,所以 $X \Rightarrow Y\cdots \stackrel{*}{\Rightarrow} a\cdots$,即 $a \in first(X)$。

考虑 first(Y)可能含有 ε,即 $Y \stackrel{*}{\Rightarrow} \varepsilon$,所以规则(3) 还需进一步细化。设有产生式 $X \to Y_1 Y_2 \cdots Y_n$,首先将 $first(Y_1)/\varepsilon$ 加到 first(X)中;若 $first(Y_1)$不含有 ε,则 first(X)的计算终止;若 $first(Y_1)$含有 ε,则需将 $first(Y_2)/\varepsilon$ 加到 first(X)中,还需进一步察看 $first(Y_2)$。同样,若 $first(Y_2)$不含有 ε,则停止计算;否则需将 $first(Y_3)/\varepsilon$ 加到 first(X)中;…;以此类推。只有当所有的 $first(Y_i)$都含有 $\varepsilon(1 \leqslant i \leqslant n)$,即 $Y_1 Y_2 \cdots Y_n \stackrel{*}{\Rightarrow} \varepsilon$,此时才将 ε 加至 first(X)中。

反复使用上述规则(3),直至每个非终结符的 first 集不再增长为止。规则(3) 不可能在 first 集中产生新的元素,只不过将一个非终结符的 first 集中的元素传递给另一个非终结符的 first 集。

例 4.1 文法 G 如下所示,计算文法符号的 first 集。

1 E→TE'

2 E'→+TE'|ε

3 T→FT'

4 T'→*FT'|ε

5 F→(E)|i|x|y

根据上述规则,文法符号的 first 集计算如表 4.1 所示。

表 4.1

first 集	规则(1)	规则(2)	规则(3)
E		{}	first(T)/ε,if ε∈first(T) then 添加 first(E')
E'		{+、ε}	
T		{}	first(F)/ε,if ε∈first(F) then 添加 first(T')
T'		{*、ε}	

续表

first 集	规则(1)	规则(2)	规则(3)
F		{(、i、x、y}	
+	{+}		
*	{*}		
(	{(}		
)	{)}		
i	{i}		
x	{x}		
y	{y}		

将 first 集元素直接填入表 4.1 中“规则(1)”列和“规则(2)”列处，在“规则(3)”列处填入的是 first 集计算公式，需多次重复计算，直至每个非终结符的 first 集不再增长为止。由于终结符的 first 集计算较为简单，可以将它们从表中略去。

假设计算从上至下进行。第1次计算有：

first(E)＝first(E)∪first(T)/ε＝{}∪{}＝{}

first(T)＝first(T)∪first(F)/ε＝{}∪{(、i、x、y}＝{(、i、x、y}

因 T 的 first 集发生变化，需重新计算。第2次计算有：

first(E)＝first(E)∪first(T)/ε＝{}∪{(、i、x、y }＝{(、i、x、y}

first(T)＝first(T)∪first(F)/ε＝{(、i、x、y}∪{(、i、x、y}＝{(、i、x、y}

因 E 的 first 集发生变化，需再一次重新计算。第3次计算有：

first(E)＝first(E)∪first(T)/ε＝{(、i、x、y }∪{(、i、x、y }＝{(、i、x、y}

first(T)＝first(T)∪first(F)/ε＝{(、i、x、y}∪{(、i、x、y}＝{(、i、x、y}

因第3次计算结果和第2次计算结果相同，计算终止。在计算 E 的 first 集时，因为 first(T)不含 ε，所以没有必要考虑添加 E'的 first 集，同理计算 T 的 first 集。计算过程和结果如表 4.2 所示，文法符号 first 集的计算也可以从下至上进行。

表 4.2

first 集	规则(2)	规则(3)[1]	规则(3)[2]	规则(3)[3]
E	{}	{}	{(、i、x、y}	{(、i、x、y}
E'	{+、ε}	{+、ε}	{+、ε}	{+、ε}
T	{}	{(、i、x、y}	{(、i、x、y}	{(、i、x、y}
T'	{*、ε}	{*、ε}	{*、ε}	{*、ε}
F	{(、i、x、y}	{(、i、x、y}	{(、i、x、y}	{(、i、x、y}

现在能够对文法 G 的任意符号串 $\alpha=X_1X_2\cdots X_n$ 构造集合 first(α)，α 可以是候选式，也可以是候选式的一部分，其中 $X_i\in V_T\cup V_N(1\leqslant i\leqslant n)$。首先置 first($\alpha$)＝first($X_1$)/ε；若 ε∈first($X_1$)，则把 first($X_2$)/ε 加至 first($\alpha$)中，否则停止计算；若 ε∈first($X_2$)，则把 first($X_3$)/

ε加至 first(α)中,否则停止计算;…;依次类推;若所有的 first(X_i)均含有 ε,其中 $1 \leqslant i \leqslant n$,则 $\varepsilon \in$ first(α)。特别当 α=ε,则 first(α)={ε}。

根据表4.2,求例4.1中文法G候选式的first集,计算结果如下所示:

1　E→TE'　　first(TE')=first(T)/ε={(、i、x、y}
2　E'→+TE'|ε　　first(+TE')={+},first(ε)={ε}
3　T→FT'　　first(FT')=first(F)/ε={(,i,x,y}
4　T'→*FT'|ε　　first(*FT')={*},first(ε)={ε}
5　F→(E)|i|x|y　　first((E))={(}、first(i)={i}、first(x)={x}、first(y)={y}

4.5.2 follow集的定义及构造算法

假定S是文法G的开始符号,对于文法G的任何非终结符A,定义:

$$\text{follow}(A)=\{a \mid S \overset{*}{\Rightarrow} \cdots Aa \cdots, a \in V_T\}$$

特别是,若 $S \overset{*}{\Rightarrow} \cdots A$,则规定 $\# \in$ follow(A)。换句话说,follow(A)是所有句型中紧跟在非终结符A之后的终结符或#(注:由于算法的需要,人为地在源程序尾部添加了#,特别规定因此而来)。

follow集构造法由下面三条规则构成:

(1) 对于文法开始符号S,因有 $S \overset{*}{\Rightarrow} S$,故 $\# \in$ follow(S)。

(2) 观察每个产生式,若 A→αBβ,其中 $B \in V_N$,$\alpha \in (V_T \cup V_N)^*$、$\beta \in (V_T \cup V_N)^+$,则把 first(β)/ε 加至 follow(B)。根据定义,follow集中元素为终结符,包括#,但不包括ε。

(3) 观察每个产生式,若 A→αB,或 A→αBβ($\beta \overset{*}{\Rightarrow} \varepsilon$),则把 follow(A)加至 follow(B)。

规则(3) 证明如下:

设 $a \in$ follow(A),根据定义有 $S \overset{*}{\Rightarrow} \cdots Aa \cdots$。

因为 A→αB,所以 $S \overset{*}{\Rightarrow} \cdots Aa \cdots \Rightarrow \cdots \alpha Ba \cdots$,即 $a \in$ follow(B)。

反复使用上述规则(3),直至每个非终结符的follow集不再增长为止。规则(3)不可能在follow集中产生新的元素,只不过是将一个非终结符的follow集中的元素传递给另一个非终结符的follow集而已。

例4.2 文法G如下所示,计算非终结符的follow集。

1　E→TE'　　//根据规则(2),follow(T)=first(E')/ε={+}
2　E'→+TE'　　//计算 follow(T)同上
3　E'→ε
4　T→FT'　　//根据规则(2),follow(F)=first(T')/ε={*}
5　T'→*FT'　　//计算 follow(F)同上
6　T'→ε
7　F→(E)　　//根据规则(2),follow(E)=first( ))={)}
8　F→i

9　F→x

10　F→y

根据上述三条规则，非终结符 follow 集的计算如表 4.3 所示。

表　4.3

follow 集	规则(1)	规则(2)	规则(3)
E	{#}	{)}	
E'		{}	follow(E)
T		{+}	if E' $\overset{*}{\Rightarrow}$ ε then 添加 follow(E) if E' $\overset{*}{\Rightarrow}$ ε then 添加 follow(E')
T'		{}	follow(T)
F		{*}	if T' $\overset{*}{\Rightarrow}$ ε then 添加 follow(T) if T' $\overset{*}{\Rightarrow}$ ε then 添加 follow(T')

将 follow 集元素直接填入表 4.3 中“规则(1)”列和“规则(2)”列处，在“规则(3)”列处填入的是 follow 集的计算公式。

根据产生式 E→TE'，follow(E)应加至 follow(E')；因 E' $\overset{*}{\Rightarrow}$ ε，所以 follow(E)还应加至 follow(T)。

根据产生式 E'→+TE'，follow(E')加至 follow(E')略；因 E' $\overset{*}{\Rightarrow}$ ε，所以 follow(E')还应加至 follow(T)。

根据产生式 T→FT'，follow(T)应加至 follow(T')；因 T' $\overset{*}{\Rightarrow}$ ε，所以 follow(T)还应加至 follow(F)。

根据产生式 T'→*FT'，follow(T')加至 follow(T')略；因 T' $\overset{*}{\Rightarrow}$ ε，所以 follow(T')还应加至 follow(F)。

“规则(3)”列处的公式需多次重复计算，直至每个非终结符的 follow 集不再增长为止。假设计算从上至下进行，第 1 次计算有：

follow(E)={ #、)}

follow(E')=follow(E')∪follow(E)={}∪{#、)}={#、)}

follow(T) = follow(T) ∪ follow(E') ∪ follow(E) = {+} ∪ {#、)} ∪ {#、)} = {+、#、)}

follow(T')=follow(T')∪follow(T)= {}∪{+、#、)}={+、#、)}

follow(F)=follow(F)∪follow(T)∪follow(T')={ * }∪{+、#、)}∪{+、#、)}={*、+、#、)}

因 E'、T、T'和 F 的 follow 集发生变化，需重新计算。由于第 2 次计算结果和第 1 次计算结果相同，故计算完毕。计算过程和结果如表 4.4 所示，follow 集的计算也可以从下至上进行。

表 4.4

	规则(1) (2)	规则(3)[1]	规则(3)[2]
E	{#,)}	{#、)}	{#、)}
E'	{}	{#、)}	{#、)}
T	{+}	{+、#、)}	{+、#、)}
T'	{}	{+、#、)}	{+、#、)}
F	{*}	{*、+、#、)}	{*、+、#、)}

4.6 递归下降分析法

若文法不含左递归,并且每个非终结符所有候选式的 first 集都互不相交,就有可能构造一个不带回溯的自上而下语法分析程序。这个分析程序是由一组递归过程(函数)组成的,每个过程对应文法的一个非终结符,过程名用该非终结符命名。如果用某种高级语言写出所有递归过程,那么就可以用这个高级语言的编译系统产生整个分析程序,这个分析程序又称为递归下降分析器。

例 4.3 文法 G 如下所示,构造文法 G 的递归下降分析程序。

1 E→TE'

2 E'→+TE'|ε

3 T→FT'

4 T'→*FT'|ε

5 F→(E)|i|x|y

设源程序为:

(a+b) * c

经词法分析,单词二元式序列存放在文件 Lex_r.txt 中,如图 4.7 所示。

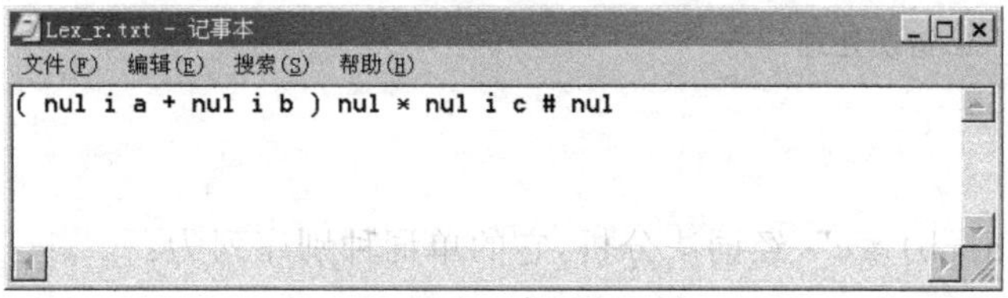

图 4.7

算法 4.1 所描述的递归下降分析器,从文件 Lex_r.txt 读入数据进行语法分析(错误处理略)。每次读入的是单词二元式(code,val),仅使用单词种别 code。

算法 4.1 Recursive-descent

输入:文件 Lex_r.txt(单词二元式序列)。

输出:语法正确或错误。

```
    (code,val)←文件 Lex_r.txt 第一个单词二元式
    E
    if code='#' then output "语法正确"
    else output "语法错误"
    end if
过程 E                                           //E→TE'
    T;E'
过程 E'                                          //E'→+TE'|ε
    if code='+' then
        (code,val)←文件 Lex_r.txt 下一个单词二元式
        T;E'
    //else 错误处理
    end if
过程 T                                           //T→FT'
    F;T'
过程 T'                                          //T'→*FT'|ε
    if code='*' then
        (code,val)←文件 Lex_r.txt 下一个单词二元式
        F;T'
    //else 错误处理
    end if
过程 F                                           //F→(E)|i|x|y
    if (code='i') or (code='x') or (code='y') then
        (code,val)←文件 Lex_r.txt 下一个单词二元式
    else
        if code='(' then
            (code,val)←文件 Lex_r.txt 下一个单词二元式
            E
            if code=')' then
                (code,val)←文件 Lex_r.txt 下一个单词二元式
            //else 错误处理
            end if
        //else 错误处理
        end if
    end if
```

设源程序为“(a+b)*c”,经词法分析,它的单词种别序列为:

$$(i+i)*i\#$$

手工计算如下所示:

step	调用过程	code	输入串
0)	E	(	i+i)*i#
1)	TE'	(	i+i)*i#
2)	FT'E'	(	i+i)*i#
3)	EST'E'	i	+i)*i#

S代表语句 if code=')' then (code,val)←文件 Lex_r.txt 下一个单词二元式

4)	TE'ST'E'	i	+i) * i#
5)	FT'E'ST'E'	i	+i) * i#
6)	T'E'ST'E'(T'匹配于 ε)	+	i) * i#
7)	E'ST'E'	+	i) * i#
8)	TE'ST'E'	i	) * i#
9)	FT'E'ST'E'	i	) * i#
10)	T'E'ST'E'(T'匹配于 ε)	)	* i#
11)	E'ST'E'(E'匹配于 ε)	)	* i#
12)	ST'E'	)	* i#
13)	T'E'	*	i#
14)	FT'E'	i	#
15)	T'E'(T'匹配于 ε)	#	ε
16)	E'(E'匹配于 ε)	#	ε
17)	ε(回到主程序 E 之后)	#	ε

算法 4.1 仅仅是原理性的，实际程序需进一步具体化，并应考虑错误处理。用 C/C++ 语言实现算法 4.1，源代码如下所示。E'用 E1 表示，T'用 T1 表示，处理结果显示在屏幕上。

```
#include <fstream.h>
#include <stdlib.h>
void E();                                    //函数原型
void E1();                                   //函数原型(用 E1 表示 E')
void T();                                    //函数原型
void T1();                                   //函数原型(用 T1 表示 T')
void F();                                    //函数原型
const int WordLen=20;
struct code_val{
    char code;
    char val[WordLen+1];
 }t;                                         //存放单词二元式
 ifstream cinf("lex_r.txt",ios::in);         //文件 lex_r.txt 存放单词二元式
 void main(void)
 {
    cinf>>t.code>>t.val;                     //从文件读入单词二元式
    cout<<"<单词种别序列>"<<endl;
    cout<<t.code;
    E();
    if(t.code=='#')
        cout<<endl<<"语法正确"<<endl;
    else
        cout<<endl<<"Err in main->"<<t.code<<endl;
 }
 void E(){                                   //E→TE'
```

```
    if(t.code=='i'||t.code=='x'||t.code=='y'||t.code=='(')  //if (t.code∈first(T))
        T(),E1();
    else{
        cout<<endl<<"Err in E->"<<t.code<<endl;
        exit(0);
    }
}
void E1()                                   //E'→+TE'|ε
{
    if(t.code=='+'){
        cinf>>t.code>>t.val;            //从文件读入单词二元式
        cout<<t.code;
        T(),E1();
    }
    else if(!(t.code=='#'||t.code==')')){    //if (t.code∉follow(E'))
        cout<<endl<<"Err in E1->"<<t.code<<endl;
        exit(0);
    }
}
void T()                                    //T→FT'
{
    if(t.code=='i'||t.code=='x'||t.code=='y'||t.code=='(')  //if (t.code∈first(F))
        F(),T1();
    else{
        cout<<endl<<"Err in T->"<<t.code<<endl;
        exit(0);
    }
}
void T1()                                   //T'→*FT'|ε
{
    if(t.code=='*'){
        cinf>>t.code>>t.val;            //从文件读入单词二元式
        cout<<t.code;
        F(),T1();
    }
    else if(!(t.code=='#'||t.code==')'||t.code=='+')){//if (t.code∉follow(T'))
        cout<<endl<<"Err in T1->"<<t.code<<endl;
        exit(0);
    }
}
void F()                                    //F→(E)|i|x|y
{
    if(t.code=='i'||t.code=='x'||t.code=='y'){
```

```
            cinf>>t.code>>t.val;        //从文件读入单词二元式
            cout<<t.code;
        }
        else if(t.code=='('){
            cinf>>t.code>>t.val;        //从文件读入单词二元式
            cout<<t.code;
            E();
            if(t.code==')'){
                cinf>>t.code>>t.val;    //从文件读入单词二元式
                cout<<t.code;
            }
            else{
                cout<<"Err in F1->"<<t.code<<endl;
                exit(0);
            }
        }
        else{
            cout<<endl<<"Err in F2->"<<t.code<<endl;
            exit(0);
        }
    }
```

源程序“(a+b) * c”的语法分析结果如图 4.8 所示。

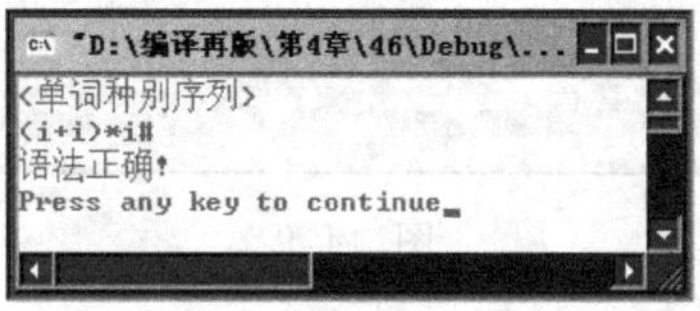

图　4.8

4.7　预测分析法

递归下降分析法是利用高级语言的递归过程(函数)来实现的,只有当高级语言的编译系统允许过程递归调用,递归下降分析法才有意义。现考虑一个不使用递归的更一般的分析方法,这种分析法是由一张分析表和一个控制程序构成的。先讨论表格的构造,然后给出控制程序的算法。

4.7.1　预测分析表的构造

产生式的一般形式为:

$$A \to \alpha_1 \mid \alpha_2 \mid \cdots \mid \alpha_n \mid \varepsilon$$

若输入符号 code∈first(α_i),则用 $A \to \alpha_i$ 推导;若输入符号 code∈follow(A),则用 $A \to \varepsilon$ 推

导;除此以外均为错误。也就是说,候选式的选取是由两个要素决定的,一个是句型中的非终结符 A,从它出发进行最左推导,另一个是输入符号 code。可以把上述非终结符 A 的产生式映射成矩阵 M 的一行,矩阵 M 以文法的非终结符为纵坐标(行)、以文法的终结符为横坐标(列)。矩阵元素 M[A,x]存放着一条关于 A 的产生式,指出当 A 面临输入符号 x 所应采用的候选。若 a∈first(α_i),则 M[A,a]= A→α_i;若 b∈follow(A),则 M[A,b]= A→ε。M[A,c]中也可能存放一个"出错标志",指出 A 根本不该面临输入符号 c。在矩阵 M 中,"出错标志"用空白表示。

接例 4.3,文法 G 的分析表 M 如图 4.9 所示,M 是一个 5×8 的矩阵。

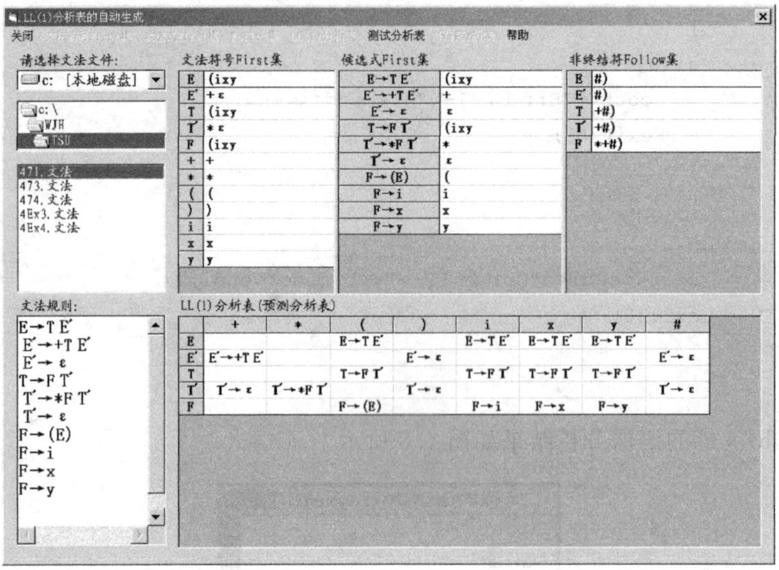

图　4.9

矩阵 M 清晰地表明了无回溯的自上而下分析法的工作原理。设非终结符为 E',则使用第 2 行,然后再由输入符号决定候选式的选择。若输入符号是"+",则用 E'→+TE'进行推导;若输入符号是")"或者是"#",则用 E'→ε 推导;若为其他符号,则报错。图 4.9 所示的分析表通常称为预测分析表,预测分析表构造方法归纳如下:

(1) 构造候选式的 first 集,构造非终结符的 follow 集。

(2) 对于文法 G 的每个产生式 A→α 执行(3) 和(4)。

(3) 对于每个终结符 a∈first(α),把 A→α 加至 M[A, a]。

(4) 若 ε∈first(α),则对于每个终结符 b∈follow(A),把 A→α 加至 M[A,b]。

(5) 把所有未定义的 M[A,c]标上"出错标志"(c∈V_T)。

4.7.2　预测分析控制程序

设置一个栈 stack,用于存放文法符号。初始时,栈底先放一个#,然后放进文法开始符号 S。预测分析控制程序任何时刻的动作,都按照栈顶符号 X(X←pop(stack))和输入符号 code(单词种别)行事,控制程序每次执行下述三种动作之一(暂不考虑出错情况):

（1）若 X 和 code 均为 #，则分析成功，输入串为合法句子，终止分析过程。

（2）若 X 是终结符，并且 X 和 code 相等，表示期望的终结符号和输入符号相等，则读入下一个单词二元式(code，val)。

（3）若 X 是非终结符，则查预测分析表。若 M[X，code]存放着一条关于非终结符 X 的一个产生式，那么把产生式右部符号串按反序逐一压进 stack 栈。若右部符号串为空字 ε，则意味着无任何文法符号进栈。

算法 4.2　Predictive

输入：文件 Lex_r.txt(单词二元式序列)。
输出：语法正确或错误。

```
push(stack,'#');push(stack,'S')
(code,val)←文件 Lex_r.txt 第一个单词二元式
done←false
while not done do
    X←pop(stack)
    if X='#' then
        if X=code then
            output "Acc";done←true
        //else 错误处理
        end if
    end if
    if X∈终结符集 then
        if X=code then
            (code,val)←文件 Lex_r.txt 下一个单词二元式
        //else 错误处理
        end if
    end if
    if X∈非终结符集 then
        if M[X,code]=X→X1 X2…Xn then
            for i←n downto 1
                push(stack,Xi)
            end for
        //else 错误处理
        end if
    end if
end while
```

设源程序为“a＋b”，经词法分析，它的单词种别序列为：

i＋i#

手工计算如下所示：

step	stack	X	code	输入串
0)	#E		i	＋i#
1)	#	E	i	＋i#
	#E'T		i	＋i#

2)	＃E'	T	i	＋i＃
	＃E'T'F		i	＋i＃
3)	＃E'T'	F	i	＋i＃
	＃E'T'i		i	＋i＃
4)	＃E'T'	i	i	＋i＃
	＃E'T'		＋	i＃
5)	＃E'	T'	＋	i＃
	＃E'		＋	i＃
6)	＃	E'	＋	i＃
	＃E'T＋		＋	i＃
7)	＃E'T	＋	＋	i＃
	＃E'T		i	＃
8)	＃E'	T	i	＃
	＃E'T'F		i	＃
9)	＃E'T'	F	i	＃
	＃E'T'i		i	＃
10)	＃E'T'	i	i	＃
	＃E'T'		＃	ε
11)	＃E'	T'	＃	ε
	＃E'		＃	ε
12)	＃	E'	＃	ε
	＃		＃	ε
13)	ε	＃	＃	ε
		Acc		

由上述讨论可知,预测分析法是由分析表和控制程序构成的。控制程序与文法无关,而预测分析表随文法而异,构造自上而下的语法分析器实际上就是构造预测分析表。预测分析法不仅避免了过程(函数)的递归调用,而且使自上而下语法分析器的自动构造成为可能,即输入文法的产生式,由程序完成分析表的构造工作。算法 4.2 仅仅是原理性的,实际程序需进一步具体化,并应考虑错误处理。用 C/C++ 语言实现算法 4.2,E'用 D 表示,T'用 S 表示,处理过程和结果显示在屏幕上。

```
#include <fstream.h>
#include <stdlib.h>
#include <string.h>
bool isT_NT(char c,const char str[])
{          //str=T,判断 c 是否是终结符;str=NT,判断 c 是否是非终结符
    for(int i=0;i<(int)strlen(str);i++)
        if(c==str[i])
            return true;
    return false;
}
```

```
int lin_col(char c,const char str[])
{       //str=NT,将 c 转换为行号(0..4);str=T1,将 c 转换为列号(0..7)
    for(int i=0;i<(int)strlen(str);i++)
        if(c==str[i])
            return i;
    cout<<"Err in lin_col()->"<<c<<endl;
    exit(0);
}
void main()
{
    const char NT[]="EDTSF";                    //"EE'TT'F"用"EDTSF"表示
    const char T1[]="+*()ixy#";                 //用于计算列号
    const char T[]="+*()ixy";                   //用于判断终结符,不包括'#'
    const int M[sizeof(NT)-1][sizeof(T1)-1]={     //预测分析表(-1 考虑'\0')
        {-1,-1, 0,-1, 0, 0, 0,-1},              //0 代表第 0 个产生式,-1 表示出错
        { 1,-1,-1, 2,-1,-1,-1, 2},              //2 代表第 2 个产生式,-1 表示出错
        {-1,-1, 3,-1, 3, 3, 3,-1},              //…
        { 5, 4,-1, 5,-1,-1,-1, 5},              //…
        {-1,-1, 6,-1, 7, 8, 9,-1}               //…
    };
    const char *p[]={
        "E→TD",                                 //0   E→TE' (D 代表 E')
        "D→+TD",                                //1   E'→+TE'
        "D→",                                   //2   E'→ε
        "T→FS",                                 //3   T→FT' (S 代表 T')
        "S→*FS",                                //4   T'→*FT'
        "S→",                                   //5   T'→ε
        "F→(E)",                                //6   F→(E)
        "F→i",                                  //7   F→i
        "F→x",                                  //8   F→x
        "F→y"                                   //9   F→y
    };
    const int StackLen=50;
    const int WordLen=20;
    char stack[StackLen]={'#','E'};
    int top=1,j=0;                              //j 用于显示计算次数,即循环次数
    cout<<"step"<<'\t'<<"栈"<<'\t'<<"X"<<'\t'<<"单词种别"<<endl;
                                                //显示,并非必要
    cout<<j<<')';                               //显示,并非必要
    ifstream cinf("lex_r.txt",ios::in);         //输入文件为 lex_r.txt
    struct{
        char code;
        char val[WordLen+1];
    }t;
    cinf>>t.code>>t.val;                        //读第一个单词二元式
```

```
    while(1){
        cout<<'\t';                              //显示,并非必要
        for(int i=0;i<=top;i++)                  //显示,并非必要
            cout<<stack[i];                      //显示,并非必要
        cout<<'\t'<<' '<<'\t'<<t.code<<endl;     //显示,并非必要
        char X=stack[top--];
        if(!isT_NT(X,NT) && !isT_NT(X,T1)){     //非法符号
            cout<<"Err in main->"<<X<<endl;
            exit(0);
        }
        cout<<++j<<')'<<'\t';                    //显示,并非必要
        for(i=0;i<=top;i++)                      //显示,并非必要
        cout<<stack[i];                          //显示,并非必要
        cout<<'\t'<<X<<'\t'<<t.code<<endl;       //显示,并非必要
        if(X=='#'){
            if(X==t.code){
                cout<<"\tAcc"<<endl;
                break;
            }
            else{
                cout<<"Err in #-->"<<X<<'\t'<<t.code<<endl;
                exit(0);
            }
        }
        if(isT_NT(X,T)){                         //是终结符
            if (X==t.code)
                cinf>>t.code>>t.val;             //读下一个单词二元式
            else{
                cout<<"Err in T->"<<X<<'\t'<<t.code<<endl;
                exit(0);
            }
        }
        if(isT_NT(X,NT)){                        //是非终结符
            int lin=lin_col(X,NT),col=lin_col(t.code,T1),k=M[lin][col];
            if(k!=-1){
                for(i=strlen(p[k])-1;i>=3;i--)  //左部符号 1 字节,'→'2 字节
                    stack[++top]=*(p[k]+i); //或 stack[++top]=p[k][i]
            }
            else{
                cout<<"Err in NT->"<<X<<'\t'<<t.code<<endl;
                exit(0);
            }
        }
    }
}
```

源程序“a＋b”语法分析结果如图 4.10 所示，它和手工计算结果完全一致。在上述程序中，下列常量与文法有关，它们是：

```
const char NT[]="EDTSF";                          //"EE'TT'F"用"EDTSF"表示
const char T1[]="+ * ()ixy#";                     //用于计算列号
const char T[]="+ * ()ixy";                       //用于判断终结符,不包括'#'
const int M[sizeof(NT)-1][sizeof(T1)-1]={         //预测分析表(-1 考虑'\0')
    {-1,-1, 0,-1, 0, 0, 0,-1},                    //0 代表第 0 个产生式,-1 表示出错
    { 1,-1,-1, 2,-1,-1,-1, 2},                    //2 代表第 2 个产生式,-1 表示出错
    {-1,-1, 3,-1, 3, 3, 3,-1},                    //…
    { 5, 4,-1, 5,-1,-1,-1, 5},                    //…
    {-1,-1, 6,-1, 7, 8, 9,-1}                     //…
};
const char *p[]={
    "E→TD",                                       //0   E→TD(D 代表 E')
    "D→+TD",                                      //1   D→+TD
    "D→",                                         //2   D→ε
    "T→FS",                                       //3   T→FS(S 代表 T')
    "S→*FS",                                      //4   S→*FS
    "S→",                                         //5   S→ε
    "F→(E)",                                      //6   F→(E)
    "F→i",                                        //7   F→i
    "F→x",                                        //8   F→x
    "F→y"                                         //9   F→y
};
```

当控制程序用于其他场合时，只要修改它们的值即可，程序其余部分无须做任何改动。

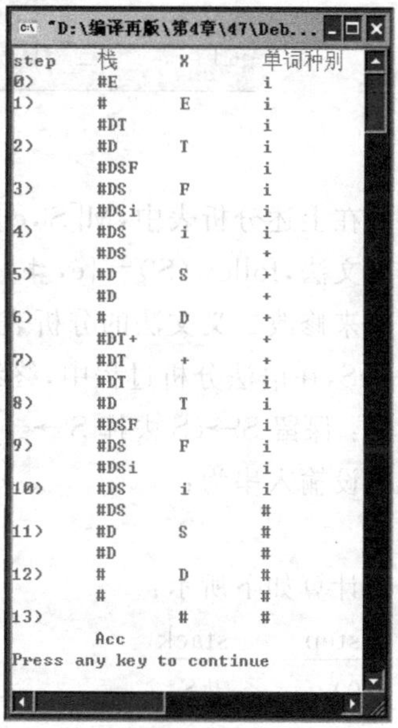

图　4.10

4.7.3　预测分析程序讨论

在文法 G 的预测分析表中，若某一单元持有一个以上产生式，则称该预测分析表含多重定义，多重定义使得预测分析控制程序无法工作。消除左递归，提取公因子，有助于消除多重定义。

一个文法，若它的预测分析表不含多重定义，则称该文法是 LL(1)文法，它的预测分析表称为 LL(1)分析表。LL 是指从左到右的左分析器，1 表示向前看一个符号。一个文法 G 是 LL(1)的，当且仅当对于 G 的每一个非终结符 A 的任何两个不同产生式 $A\rightarrow\alpha|\beta$，下面的条件成立：

(1) $first(\alpha)\cap first(\beta)=\{\}$。

(2) 若 $\beta\stackrel{*}{\Rightarrow}\varepsilon$，则 $first(\alpha)\cap follow(A)=\{\}$。

可以证明含有左递归的文法不是 LL(1)文法(留作习题)。另外，二义文法也不是

LL(1)文法。

例 4.4 考虑下面的文法 G,它是一个映射到 if-then 和 if-then-else 的文法,其中 a 表示普通语句,C 表示布尔表达式。

1 S→fCtS|fCtSeS|a

2 C→i

经提取公因子后,可将它改写为:

1 S→fCtSS'|a

2 S'→eS|ε

3 C→i

文法的预测分析表 M 如图 4.11 所示。

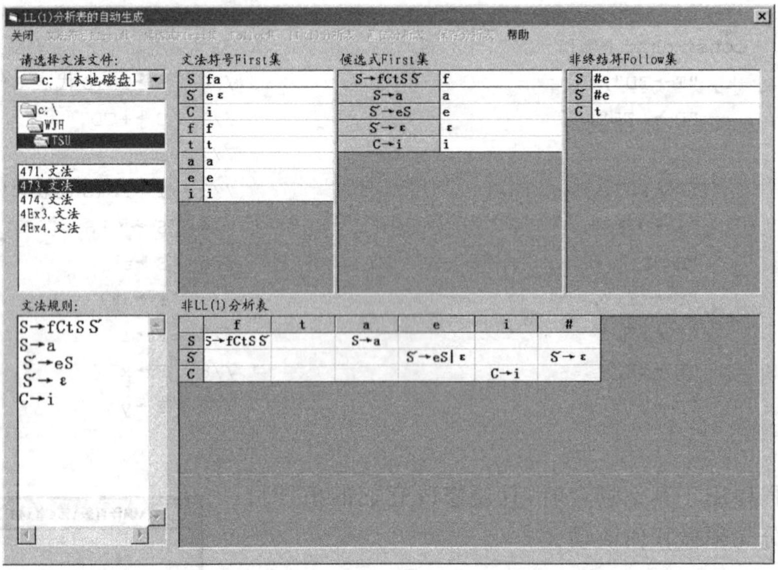

图 4.11

在上述分析表中,M[S',e]含有二重定义,它既持有 S'→eS,又持有 S'→ε。这个文法是二义文法,follow(S')={e,#}反映了这一点。任何二义文法都不是 LL(1)文法,可用手工方法来修改二义文法的分析表,消除分析表的二重定义。若在 M[S',e]中保留 S'→ε 去掉 S'→eS,在语法分析过程中,终结符 e 永远无法进栈,正确的句子将被分析为错误。唯一可能是:保留 S'→eS 去掉 S'→ε,下面通过手工计算来加以说明。

设输入串为:

fitaea#

手工计算如下所示:

step	stack	X	code	输入串
0)	#S		f	itaea#
1)	#	S	f	itaea#
	#S'StCf		f	itaea#
2)	#S'StC	f	f	itaea#

	#S'StC		i	taea#
3)	#S'St	C	i	taea#
	#S'Sti		i	taea#
4)	#S'St	i	i	taea#
	#S'St		t	aea#
5)	#S'S	t	t	aea#
	#S'S		a	ea#
6)	#S'	S	a	ea#
	#S'a		a	ea#
7)	#S'	a	a	ea#
	#S'		e	a#
8)	#	S'	e	a#(采用 S'→ε)
	#		e	a#
9)	ε	#	e	a#
		Err		

在第 8 步不使用 S'→ε，而选用 S'→eS。

8)	#	S'	e	a#(采用 S'→eS)
	#Se		e	a#
9)	#S	e	e	a#
	#S		a	#
10)	#	S	a	#
	#a		a	#
11)	#	a	a	#
	#		#	ε
12)	ε	#	#	ε
		Acc		

保留 S'→eS 去掉 S'→ε，意味着把 e 和最近的 t 相结合，这相当于把 else 和最近的 then 相结合，有些语言(例如 Pascal 语言、C 语言)也正是这样做的。

4.7.4 应用举例

现以第 3 章习题 3-8 的文法 G 为例，构造 LL(1)分析表。

1	＜程序＞→begin＜语句串＞end	P→{L}
2	＜语句串＞→＜语句串＞;＜语句＞	L→L;S
3	＜语句串＞→＜语句＞	L→S
4	＜语句＞→integer＜标识符串＞	S→aV
5	＜语句＞→real＜标识符串＞	S→cV
6	＜标识符串＞→＜标识符串＞,标识符	V→V,i
7	＜标识符串＞→标识符	V→i

8	＜语句＞→标识符＝＜算术表达式＞	S→i＝E
9	＜算术表达式＞→＜算术表达式＞＋＜项＞	E→E＋T
10	＜算术表达式＞→＜算术表达式＞－＜项＞	E→E－T
11	＜算术表达式＞→＜项＞	E→T
12	＜项＞→＜项＞ * ＜因子＞	T→T * F
13	＜项＞→＜项＞/＜因子＞	T→T/F
14	＜项＞→＜因子＞	T→F
15	＜因子＞→(＜算术表达式＞)	F→(E)
16	＜因子＞→－＜因子＞	F→－F
17	＜因子＞→＋＜因子＞	F→＋F
18	＜因子＞→标识符	F→i
19	＜因子＞→无符号整数	F→x
20	＜因子＞→无符号实数	F→y

在上述文法中，2、6、9、10、12和13式均为左递归规则，故文法含有左递归。要构造LL(1)分析表首先要消除文法的左递归，文法等价变换如下：

1	＜程序＞→begin＜语句串＞end	P→{L}
2	＜语句串＞→＜语句＞L'	L→SL'
3	L'→;＜语句＞L'	L'→;SL'
4	L'→ε	L'→ε
5	＜语句＞→integer＜标识符串＞	S→aV
6	＜语句＞→real＜标识符串＞	S→cV
7	＜标识符串＞→标识符 V'	V→iV'
8	V'→,标识符 V'	V'→,iV'
9	V'→ε	V'→ε
10	＜语句＞→标识符＝＜算术表达式＞	S→i＝E
11	＜算术表达式＞→＜项＞E'	E→TE'
12	E'→＋＜项＞E'	E'→＋TE'
13	E'→－＜项＞E'	E'→－TE'
14	E'→ε	E'→ε
15	＜项＞→＜因子＞T'	T→FT'
16	T'→ * ＜因子＞T'	T'→ * FT'
17	T'→/＜因子＞T'	T'→/FT'
18	T'→ε	T'→ε
19	＜因子＞→(＜算术表达式＞)	F→(E)
20	＜因子＞→－＜因子＞	F→－F
21	＜因子＞→＋＜因子＞	F→＋F
22	＜因子＞→标识符	F→i
23	＜因子＞→无符号整数	F→x
24	＜因子＞→无符号实数	F→y

其中，L'、V'、E'和 T'为新引进的非终结符，增加了 4 个 ε 产生式。根据文法构造的预测分析表如图 4.12 所示，分析表的规模为 11×17。由于显示画面有限，文法符号的 first 集、候选式的 first 集以及 LL(1)分析表显示了部分。

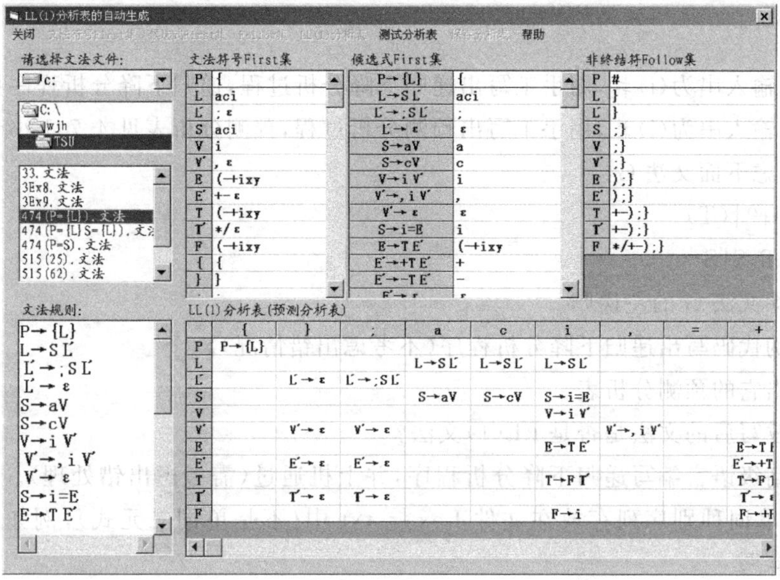

图　4.12

设源程序为：

```
Begin
    real sum;
    int width,length;
    sum=width+length
End
```

经词法分析，单词种别序列为：

$$\{ci;ai,i;i=i+i\}\#$$

现根据分析表进行最左推导，而不是依靠人工选择候选式来进行最左推导。在推导过程中，根据当前要推导的非终结符和输入符号 code 去查分析表，由此获得唯一可能正确的候选式。初始时 code 为"{"，根据文法开始符号 P 和 code 查表，因 M[P,'{']=P→{L}，故有第 1 步推导 $P\underset{L}{\Rightarrow}\{L\}$。因句型{L}的第 1 个符号"{"和 code 匹配，故语法分析继续。读入下一个单词，单词种别 code 为"c"，L 成为当前要推导的非终结符。根据 L 和"c"查表，因M[L,'c']=L→SL'，故有第 2 步推导 $\{L\}\underset{L}{\Rightarrow}\{SL'\}$。最左推导全过程简述如下：

$P\underset{L}{\Rightarrow}\{L\}\underset{L}{\Rightarrow}\{SL'\}\underset{L}{\Rightarrow}\{cVL'\}\underset{L}{\Rightarrow}\{ciV'L'\}\underset{L}{\Rightarrow}\{ciL'\}\underset{L}{\Rightarrow}\{ci;SL'\}\underset{L}{\Rightarrow}\{ci;aVL'\}\underset{L}{\Rightarrow}\{ci;aiV'L'\}\underset{L}{\Rightarrow}\{ci;ai,iV'L'\}\underset{L}{\Rightarrow}\{ci;ai,iL'\}\underset{L}{\Rightarrow}\{ci;ai,i;SL'\}\underset{L}{\Rightarrow}\{ci;ai,i;i=EL'\}\underset{L}{\Rightarrow}\{ci;ai,i;i=TE'L'\}\underset{L}{\Rightarrow}\{ci;ai,i;i=FT'E'L'\}\underset{L}{\Rightarrow}\{ci;ai,i;i=iT'E'L'\}\underset{L}{\Rightarrow}\{ci;ai,i;i=iE'L'\}\underset{L}{\Rightarrow}\{ci;ai,i;i=i+TE'L'\}\underset{L}{\Rightarrow}\{ci;ai,i;i=i+FT'E'L'\}\underset{L}{\Rightarrow}\{ci;ai,i;i=i+iT'E'L'\}\underset{L}{\Rightarrow}\{ci;ai,i;i=i+iE'L'\}\underset{L}{\Rightarrow}\{ci;ai,i;i=i+iL'\}\underset{L}{\Rightarrow}\{ci;ai,i;i=i+i\}$

上述推导的每一步都是根据分析表进行的，由非终结符和输入符号选择产生式进行最左推导。因输入串的所有符号都按序得到匹配,所以源程序语法正确。

习 题

4-1 设输入串为(i)#,用手工写出递归下降分析过程,递归下降分析程序见4.6节。

4-2 设输入串为(i)#,用手工写出预测分析过程,预测分析表见4.7.1小节。

4-3 考虑下面文法G:

1 S→a|^|(T)

2 T→T,S|S

(1) 消除文法G的左递归。

(2) 用伪代码写出递归下降分析程序(不考虑出错情况)。

(3) 给出它的预测分析表。

(4) 经改写后的文法是否是LL(1)文法?

(5) 用高级语言编写递归下降分析程序,并上机通过(需考虑出错处理)。假设经词法分析产生的单词种别序列存放在文件Lex_r.txt中(不是单词二元式),例如文件内容为“(a,(a,a))#”。

4-4 考虑下面文法G(j相当于endif):

1 S→fCtSj|fCtSeS|a

2 C→i

(1) 提取文法G的左因子。

(2) 用伪代码写出递归下降分析程序(不考虑出错情况)。

(3) 给出它的预测分析表。

(4) 经改写后的文法是否是LL(1)文法?

(5) 用高级语言编写递归下降分析程序,并上机通过(需考虑出错处理)。假设经词法分析产生的单词种别序列存放在文件Lex_r.txt中(不是单词二元式),例如文件内容为“fitaefitaj#”。

4-5 求证,若文法含有产生式P→Pα,其中$P\in V_N$、$\alpha\in(V_T\cup V_N)^+$,则该文法不是LL(1)文法。

习题答案

4-1 解:

step	调用过程	code	输入串
0)	E	(	i)#
1)	TE'	(	i)#
2)	FT'E'	(	i)#

3)	EST'E'	i	)#

S 代表语句 if code=')' then (code,val)←文件 Lex_r.txt 下一个单词二元式

4)	TE'ST'E'	i	)#
5)	FT'E'ST'E'	i	)#
6)	T'E'ST'E'(T'匹配于 ε)	)	#
7)	E'ST'E'(E'匹配于 ε)	)	#
8)	ST'E'	)	#
9)	T'E'(T'匹配于 ε)	#	ε
10)	E'(E'匹配于 ε)	#	ε
11)	ε(回到主程序 E 之后)	#	ε

4-2 解：

step	stack	X	code	输入串
0)	#E		(	i)#
1)	#	E	(	i)#
	#E'T		(	i)#
2)	#E'	T	(	i)#
	#E'T'F		(	i)#
3)	#E'T'	F	(	i)#
	#E'T')E(		(	i)#
4)	#E'T')E	(	(	i)#
	#E'T')E		i	)#
5)	#E'T')	E	i	)#
	#E'T')E'T		i	)#
6)	#E'T')E'	T	i	)#
	#E'T')E'T'F		i	)#
7)	#E'T')E'T'	F	i	)#
	#E'T')E'T'i		i	)#
8)	#E'T')E'T'	i	i	)#
	#E'T')E'T'		)	#
9)	#E'T')E'	T'	)	#
	#E'T')E'		)	#
10)	#E'T')	E'	)	#
	#E'T')		)	#
11)	#E'T'	)	)	#
	#E'T'		#	ε
12)	#E'	T'	#	ε
	#E'		#	ε

13)	#	E'	#	ε
	#		#	ε
14)	ε	#	#	ε
		Acc		

4-3 解(1)：无左递归的等价文法 G'

1 S→a|^|(T)

2 T→ST'

3 T'→,ST'|ε

解(2)：

```
输入：文件 Lex_r.txt(单词二元式序列)。
输出：语法正确或错误。
    (code,val)←文件 Lex_r.txt 第一个单词二元式
    S
    if code='#' then output "语法正确"
    else output "语法错误"
     end if
过程 S                                    //S→a|^|(T)
    if (code='a') or (code='^') then
        (code,val)←文件 Lex_r.txt 下一个单词二元式
    else
        if code='(' then
            (code,val)←文件 Lex_r.txt 下一个单词二元式
            T
            if code=')' then
                (code,val)←文件 Lex_r.txt 下一个单词二元式
            //else 错误处理
             end if
         //else 错误处理
         end if
     end if
过程 T                                    //T→ST'
    S;T'
过程 T'                                   //T'→,ST'|ε
    if code=',' then
        (code,val)←文件 Lex_r.txt 下一个单词二元式
        S;T'
    //else 错误处理
    end if
```

解(3)：文法 G'的预测分析表如图 4.13 所示。

解(4)：因为文法 G'的预测分析表不含多重定义，所以经改写后的文法 G'是 LL(1)文法。

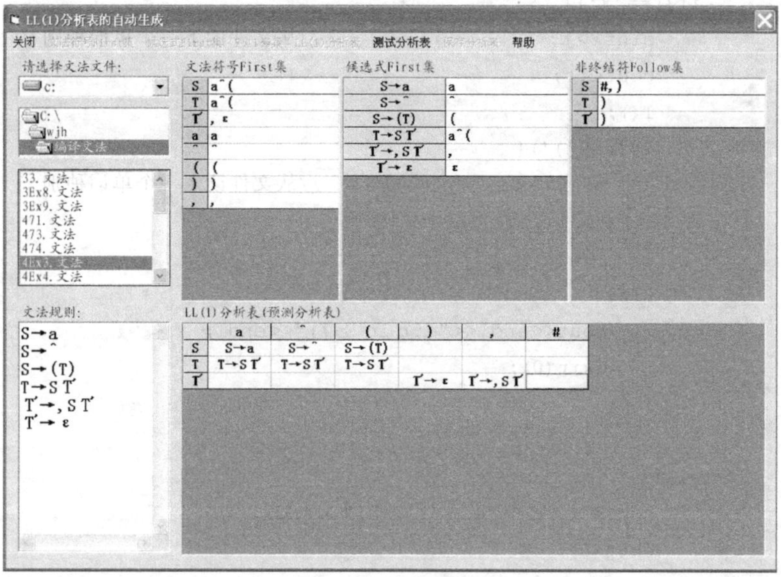

图　4.13

解(5)：用 C/C++ 语言编写递归下降分析程序。

```
#include <fstream.h>
#include <stdlib.h>
void S();                                       //函数原型
void T();                                       //函数原型
void T1();                                      //函数原型(用 T1 表示 T')
char t;                                         //存放单词种别。
ifstream cinf("lex_r.txt",ios::in);            //从文件 lex_r.txt 输入数据
void main()
{
     cout<<"<单词种别序列>"<<endl;
     cinf>>t;                                   //从文件读第一个单词种别
     cout<<t;
     S();
     if(t=='#')
         cout<<endl<<"语法正确"<<endl;
     else
         cout<<endl<<"Err in main"<<endl;
 }
 void S()                                       //S→a|^|(T)
 {
     if(t=='a'||t=='^'){
         cinf>>t;                               //从文件读下一个单词种别
         cout<<t;
     }
     else{
```

```
            if(t=='('){
                cinf>>t;                    //从文件读下一个单词种别
                cout<<t;
                T();
                if(t==')'){
                    cinf>>t;                //从文件读下一个单词种别
                    cout<<t;
                }
                else{
                    cout<<endl<<"err in S(1)"<<endl;
                    exit(0);
                }
            }
            else{
                cout<<endl<<"err in S(2)"<<endl;
                exit(0);
            }
        }
}
void T()                                    //T→ST'中 T'用 T1 表示
{
    if(t=='a'||t=='^'||t=='(')              //if (t∈first(S))
        S(),T1( );
    else{
        cout<<endl<<"err in T()"<<endl;
        exit(0);
    }
}
void T1()                                   //T'→,ST'|ε,用 T1 表示 T'。
{
    if(t==','){
        cinf>>t;                            //从文件读下一个单词种别
        cout<<t;
        S(),T1();
    }
    else{
        if(t!=')'){                         //if (t∉follow(T1))
            cout<<endl<<"err in T1( )"<<endl;
            exit(0);
        }
    }
}
```

4-4 解(1)：无左因子的等价文法 G'：

1 S→fCtSS'|a

2 S'→eS|j

3 C→i

解(2)：

输入：文件 Lex_r.txt(单词二元式序列)。
输出：语法正确或错误。

```
(code,val)←文件 Lex_r.txt 第一个单词二元式
S
if code='#' then output "语法正确"
else output "语法错误"
 end if
```

过程 S　　　　　　　　　　　　　　　　　　　//S→fCtSS'|a

```
if code='a' then
    (code,val)←文件 Lex_r.txt 下一个单词二元式
else
    if code='f' then
        (code,val)←文件 Lex_r.txt 下一个单词二元式
        C
        if code='t' then
            (code,val)←文件 Lex_r.txt 下一个单词二元式
            S;S'
         //else 错误处理
         end if
     //else 错误处理
     end if
 end if
```

过程 S'　　　　　　　　　　　　　　　　　　　//S'→eS|j

```
if code='e' then
    (code,val)←文件 Lex_r.txt 下一个单词二元式
    S
else
    if code='j' then
        (code,val)←文件 Lex_r.txt 下一个单词二元式
    //else 错误处理
    end if
end if
```

过程 C　　　　　　　　　　　　　　　　　　　//C→i

```
if code='i' then
    (code,val)←文件 Lex_r.txt 下一个单词二元式
//else 错误处理
end if
```

解(3)：文法 G'的预测分析表如图 4.14 所示。

解(4)：因为文法 G'的预测分析表不含多重定义，所以经改写后的文法 G'是 LL(1)文法。

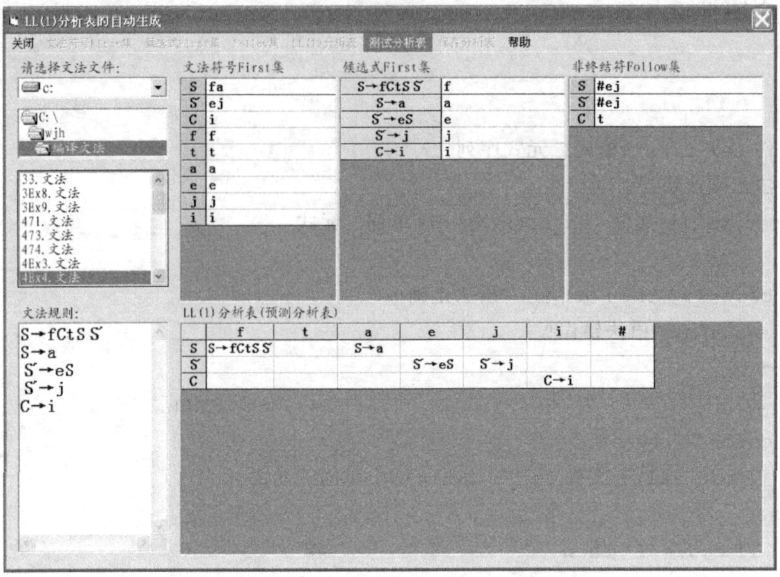

图　4.14

解(5)：用 C/C++ 语言编写递归下降分析程序。

```
#include <fstream.h>
#include <stdlib.h>
void S();                                    //函数原型
void S1();                                   //函数原型(用 S1 表示 S')
void C();                                    //函数原型
char t;                                      //存放单词种别
ifstream cinf("lex_r.txt",ios::in);          //从文件 lex_r.txt 输入数据
void main()
{
    cout<<"<单词种别序列>"<<endl;
    cinf>>t;                                 //从文件读一个单词的种别
    cout<<t;
    S();
    if(t=='#')
        cout<<endl<<"语法正确"<<endl;
    else
        cout<<endl<<"Err in main"<<endl;
 }
 void S()                                    //S→fCtSS'|a
 {
    if(t=='a'){
        cinf>>t;                             //从文件读一个单词的种别
        cout<<t;
    }
    else{
```

```
        if(t=='f'){
            cinf>>t;                              //从文件读一个单词的种别
            cout<<t;
            C();
            if(t=='t'){
                cinf>>t;                          //从文件读一个单词的种别
                cout<<t;
                S(),S1();
            }
            else{
                cout<<endl<<"err in S(1)"<<endl;
                exit(0);
            }
        }
        else{
            cout<<endl<<"err in S(2)"<<endl;
            exit(0);
        }
    }
}
void S1()                                         //S'→eS|j
{
    if(t=='e'){
        cinf>>t;                                  //从文件读一个单词的种别
        cout<<t;
        S();
    }
    else{
        if(t=='j'){
            cinf>>t;                              //从文件读一个单词的种别
            cout<<t;
        }
        else{
            cout<<endl<<"err in S1()"<<endl;
            exit(0);
        }
    }
}
void C()                                          //C→i
{
    if(t=='i'){
        cinf>>t;                                  //从文件读一个单词的种别
        cout<<t;
    }
    else{
```

```
            cout<<endl<<"err in C()"<<endl;
            exit(0);
        }
    }
```

4-5 证明:

根据简化了的上下文无关文法的约定,若文法含有形如 $P \to P\alpha$ 产生式,则必含有 $P \to \beta$ 产生式,且 $\beta \stackrel{*}{\Rightarrow} \gamma(\gamma \in V_T^*)$,$\gamma$ 或为 ε,或为 $a_1 a_2 \cdots a_n, a_i \in V_T(1 \leqslant i \leqslant n)$。

(1) $\gamma = a_1 a_2 \cdots a_n$。

① 观察产生式 $P \to \beta$。

因为 $\beta \stackrel{*}{\Rightarrow} \gamma(\gamma = a_1 a_2 \cdots a_n)$,所以 $a_1 \in first(\beta)$。

因为 $a_1 \in first(\beta)$,所以 $M[P, a_1] = P \to \beta$。

② 观察产生式 $P \to P\alpha$。

因为 $P \to \beta$ 且 $a_1 \in first(\beta)$,所以 $a_1 \in first(P)$。

因为 $a_1 \in first(P)$,所以 $M[P, a_1] = P \to P\alpha$。

由此可得 $M[P, a_1] = P \to P\alpha | \beta$,$M[P, a_1]$含多重定义。

(2) $\gamma = \varepsilon$。

因为 $\alpha \in (V_T \cup V_N)^+$,所以 $\varepsilon \notin first(\alpha)$,设终结符 $b \in first(\alpha)$。

① 观察产生式 $P \to \beta$。

因为 $\beta \stackrel{*}{\Rightarrow} \gamma(\gamma = \varepsilon)$,所以 $\varepsilon \in first(\beta)$。

因为 $P \to P\alpha$,所以 $b \in follow(P)$。

因为 $\varepsilon \in first(\beta)$ 且 $b \in follow(P)$,所以 $M[P, b] = P \to \beta$。

② 观察产生式 $P \to P\alpha$

因为 $\varepsilon \in first(\beta)$ 且 $P \to \beta$,所以 $\varepsilon \in first(P)$。

因为 $\varepsilon \in first(P)$ 且 $b \in first(\alpha)$,所以 $b \in first(P)$。

因为 $b \in first(P)$,所以 $M[P, b] = P \to P\alpha$。

由此可得 $M[P, b] = P \to P\alpha | \beta$,$M[P, b]$含多重定义。

综上,命题得证。

第5章 自下而上的语法分析

自下而上的语法分析是指从树的叶结点出发，步步向上归约，直到根结点。对于给定的输入串，若能成功地归约到根结点，则输入串是文法的一个句子，否则输入串存在语法错误。常用的自下而上的语法分析方法有：算符优先分析法和LR分析法。算符优先分析法较简单，宜于手工构造，特别适合于算术表达式的语法分析，该方法因此而得名。由于算符优先分析法适用范围较小，实用意义不大，故在本书中略去。本章主要介绍LR分析法，LR分析法适用范围广，宜于自动生成，目前大多数编译器都采用这种分析法。

LR分析法和LL(1)分析法类似，它也是由一个控制程序和一张分析表组成的。根据文法构造分析表，控制程序与文法无关。所有的LR语法分析器的控制程序都是相同的，所以LR语法分析器的构造实际上就是LR分析表的构造。和LL(1)分析法相比，LR分析法的主要优点是适用范围大，对文法要求低，无须消除左递归，无须消除左因子。除二义文法外，绝大多数用上下文无关文法描述的程序设计语言都可以用LR语法分析器予以识别。LR分析法的主要缺点是实现代价高，LR分析表的规模要比同一文法的LL(1)分析表大得多。

由于分析表的构造方法不同，LR分析法可细分为4种类型。第一种，也是最简单的一种，称作"LR(0)"分析法。这种方法局限性大，但它是建立其他LR分析法的基础。第二种称作"简单LR"分析法(简称SLR(1)分析法)，它是在LR(0)分析法的基础上实现的。虽然有一些文法构造不出SLR(1)分析表，但是SLR(1)分析法是一种比较容易实现又极有使用价值的分析法。第三种称作"规范LR"分析法(简称LR(1)分析法)，这种分析法能力最强，能够适用于一大类文法，但实现代价过高，或者说分析表的规模非常大。第四种称作"向前LR"分析法(简称LALR(1)分析法)，它是在LR(1)分析法的基础上实现的，它的分析能力介于SLR(1)和LR(1)分析法之间，分析表的规模基本同SLR(1)分析法。所以，同一个文法可以拥有多张不同类型的LR分析表。

本章主要讨论LR(0)和SLR(1)分析表的构造方法，有关LR(1)和LALR(1)的分析表的构造方法在本书中未做介绍。

5.1 自下而上的语法分析概述

自下而上分析法实质上是一种移进归约法，这种方法大意是：设置一个栈，将输入串符号逐个移进栈内，一旦发现栈顶形成某个产生式的候选式时，立即将栈顶这一部分符号替换(归约)成该产生式的左部符号。

首先考虑下面的例子，设文法G为：

1 S→aAcBe

2 A→b

3　A→Ab

4　B→d

希望把输入串“abbcde”归约到 S。使用下述的移进归约过程：首先让 a 进栈，然后让 b 进栈，因为 A→b 是一条规则，于是把栈顶的 b 归约为 A。再让第 2 个 b 进栈，这时栈顶部两个符号为 Ab，因为 A→Ab 是一条规则，于是把栈顶的 Ab 归约为 A。此时栈里只有两个符号 aA 了。再让 c 进栈，d 进栈，因为有产生式 B→d，于是把栈顶 d 归约为 B。最后让 e 进栈，此时栈中的全部符号为 aAcBe，用第 1 条规则将它们归约为开始符号 S。此结果表明 abbcde 是文法的一个句子。整个移进归约过程共用了 10 步，每一步符号栈中的变化如图 5.1 所示。

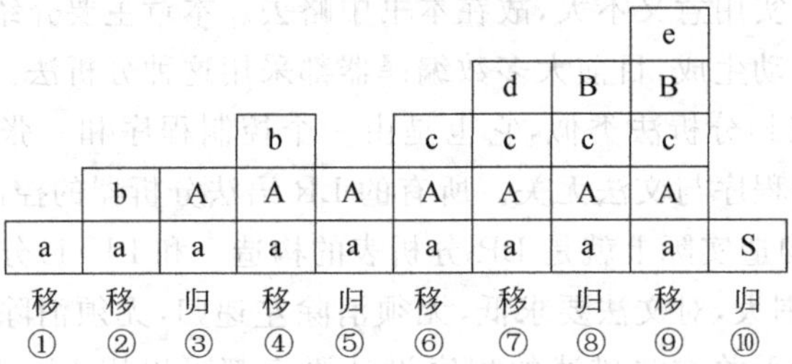

图　5.1

在这个归约过程中，先后在第 3、5、8、10 这 4 步中用了 2、3、4、1 这 4 条规则，进行了 4 次归约。

如果把规则的使用顺序倒过来，即先后次序为产生式 1、4、3、2，那么可得到句子 abbcde 的最右推导：

$$S \underset{R}{\Rightarrow} aAcBe \underset{R}{\Rightarrow} aAcde \underset{R}{\Rightarrow} aAbcde \underset{R}{\Rightarrow} abbcde$$

乍看起来，似乎移进归约法很简单，其实不然。在上例中，从第 4 步到第 5 步有两种选择，可将 b 归约成 A，栈顶成 aAA；也可将 Ab 归成 A，栈顶成 aA。显然前者是错误的，最终达不到归约到开始符号 S 的目的。由此可见，可归约串是产生式的右部符号串，但是构成某产生式右部符号串的栈顶符号未必是可归约串，需精确定义可归约串。语法分析方法不同，可归约串的定义也不同。在 LR 分析法中，可归约串用句柄来描述，下面给出短语、直接短语和句柄的定义。

设 $\alpha\beta\delta$ 是文法 G 的一个句型，如果有：

$$S \overset{*}{\Rightarrow} \alpha A\delta \text{ 且 } A \overset{+}{\Rightarrow} \beta,$$

则称 β 是句型 $\alpha\beta\delta$ 中相对于非终结符 A 的短语，其中 α、β、$\delta \in (V_T \cup V_N)^*$，S 是文法的开始符号。特别是，如果有：

$$S \overset{*}{\Rightarrow} \alpha A\delta \text{ 且 } A \Rightarrow \beta,$$

则称 β 是句型 $\alpha\beta\delta$ 中相对于非终结符 A(或称相对于规则 A→β)的直接短语。一个句型的最左面的直接短语称为该句型的句柄。

请注意“短语”这个概念的含义。$A \overset{+}{\Rightarrow} \beta$ 或 A→β 不一定意味着 β 是一个短语，还必须有 $S \overset{*}{\Rightarrow} \alpha A\delta$ 这一条件，离开句型来讨论短语是没有意义的，这一点和求 β 的 first 集不一样。再次讨论上述文法 G 的句型：

aAbcde

不能因为存在规则 A→b，就断定 b 是这个句型的一个短语，因为 aAAcde 不是文法的一个句型。

例 5.1　文法 G 如上所示。找出句型 aAbcde 中所有短语，并指出其中的直接短语和句柄。

解：(1) 短语。

句型 aAbcde 存在三个短语，它们是 Ab、d 和 aAbcde。

① 因为 S⇒aAcBe⇒aAcde 且 A⇒Ab，所以 Ab 是句型 aAbcde 中相对于非终结符 A 的短语。

② 因为 S⇒aAcBe⇒aAbcBe 且 B⇒d，所以 d 是句型 aAbcde 相对于非终结符 B 的短语。

③ 因为 S=S 且 S⇒aAcBe⇒aAbcBe⇒aAbcde，所以 aAbcde 是句型 aAbcde 中相对于非终结符 S 的短语。

(2) 直接短语。

① 因为 $S\overset{*}{\Rightarrow}$ aAcde 且 A⇒Ab，所以 Ab 是句型 aAbcde 相对于规则 A→Ab 的直接短语。

② 因为 $S\overset{*}{\Rightarrow}$ aAbcBe 且 B⇒d，所以 d 是句型 aAbcde 相对于规则 B→d 的直接短语。

(3) 句柄。

因为直接短语 Ab 在句型的最左面，所以 Ab 是句柄。

继续问题的讨论，在句型 aAbcde 中 Ab 是句柄，而 b 不是句柄，甚至连短语都不是。

在 LR 分析法中，是用句柄来归约的。若一个文法是无二义的，则该文法句型中的句柄是唯一的。下面是句子 abbcde 的归约过程(b 的下标添加是为了区分)：

序列	句型	句柄	归约规则
α_4	ab_1b_2cde	b_1	A→b
α_3	aAb_2cde	Ab_2	A→Ab
α_2	aAcde	d	B→d
α_1	aAcBe	aAcBe	S→aAcBe
α_0	S		

设 α 是文法 G 的一个句子，并且序列满足下列三个条件，称序列 α_n、α_{n-1}、…、α_0 是 α 的一个规范归约。

(1) $\alpha_n=\alpha$。

(2) $\alpha_0=S$。

(3) α_{i-1} 是将 α_i 中的句柄替换成产生式的左部符号而得到的($1\leqslant i\leqslant n$)。

在归约过程中，对句柄进行归约而形成的序列称为规范归约。规范归约又称为最左归约，由最左归约所得到的句型称为规范句型。由于规范句型中的非终结符是由归约产生的，而句柄在句型的最左边，所以在句柄的右边如果有文法符号，只可能是终结符，不可能有非终结符。在上例中，序列 ab_1b_2cde、aAb_2cde、aAcde、aAcBe、S 是句子 ab_1b_2cde 的一个规范归约，句柄 b_1、Ab_2 和 d 的右边文法符号均为终结符。若文法是无二义的，规范归约和最右推导互为逆过程,所以最右推导又称为规范推导,显然由最右推导所得到的句型为规范句型。

根据定义,直接从句型找出句型所含的短语,对初学者来说有一定的困难。若用语法树来表示一个句型,则句型中的短语一目了然。一棵语法树的子树,是由该树的某个非叶结点作为子树的根,连同它的所有子孙组成的。一棵子树的所有端末结点的自左至右排列,就形成了一个相对于子树根的短语。一个句型的句柄,就是这个句型的语法树中最左面那棵子树端末结点的自左至右排列,这棵子树只有父子二代,没有第三代。

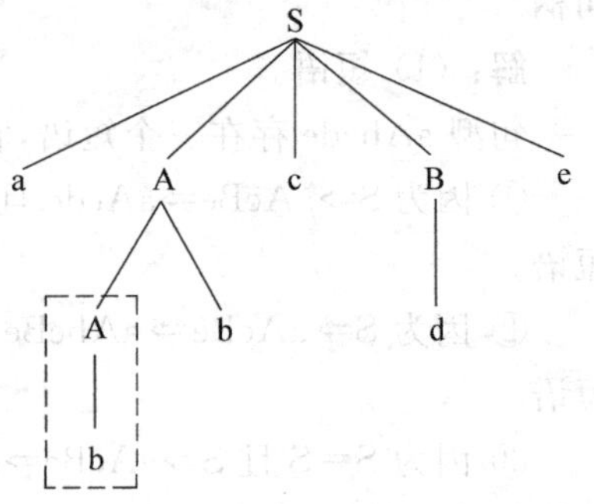

图 5.2

例如,句子 abbcde 的语法树如图 5.2 所示。图 5.2 的最左二代子树是用虚线勾出的部分,这个子树的端末结点 b 就是句型 abbcde 的句柄。如果把这棵子树的端末结点剪去(即归约),就得到句型 aAbcde 的语法树,如图 5.3 所示。

图 5.3 的最左二代子树是用虚线勾出的部分,这棵子树的端末结点 A 和 b 构成句型 aAbcde 的句柄。如果把端末结点 A 和 b 都剪去,就得到句型 aAcde 的语法树,如图 5.4 所示。

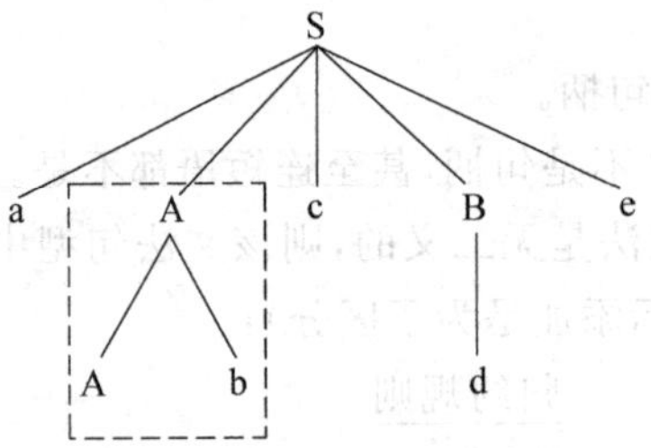

图 5.3

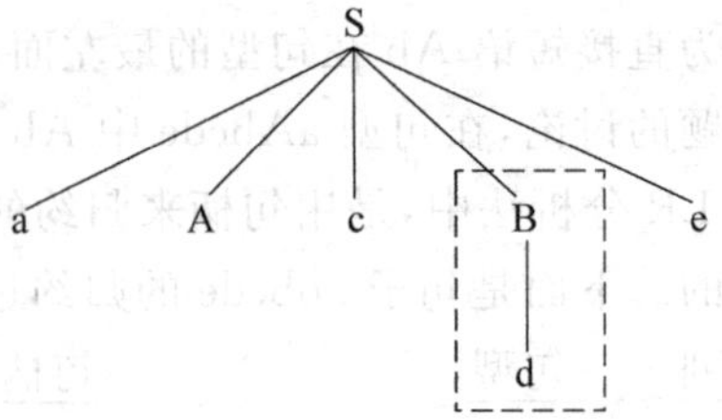

图 5.4

照此办理,当剪到只剩下根结点时,就完成了整个归约过程。

5.2 LR 分析法的基本原理

在讨论 LR 分析法时,首先需要定义一个重要概念,这就是规范句型的"活前缀"。字的前缀是指字的任意首部。例如,字 abc 的前缀有 ε、a、ab、abc。所谓活前缀是指规范句型的一个前缀,这种前缀不包含句柄之后的任何符号。之所以称为活前缀,是因为在它的右边增添一些终结符之后,就可以构成一个规范句型。

LR 分析法严格执行最左归约,每次按句柄归约。LR 分析法的基本原理是:把每个句柄的识别过程划分为若干状态,每个状态只识别一个符号,若干个状态就可识别句柄左端的一部分符号。识别了这一部分符号就相当于识别了当前规范句型的左起部分,即规范句型的活前缀,这样对句柄的识别变成了对规范句型活前缀的识别。对于文法 G,可以构造一个确定有限自动机，用它来识别给定文法的所有规范句型的活前缀。在这个基础上，将讨论如何把这种自动机转换成LR分析表。

首先构造一个识别文法G所有活前缀的NFA，这个NFA的每个状态是下面定义的一个"项目"。

文法G的LR(0)项目(简称项目)定义为：在文法G的产生式右部某个位置添加一个圆点"."。例如，产生式A→XYZ包含4个项目：

A→. XYZ

A→X. YZ

A→XY. Z

A→XYZ.

产生式A→ε只对应一个项目A→.。从直观意义来讲，一个项目指明了在分析过程的某一时刻，已经看到一个产生式的多少。例如第一个项目表示，希望能从后面的输入串看到从XYZ推出的符号串。第二个项目表示，已经从输入串中看到从X推出的符号串，希望能从后面的输入串进一步看到从YZ推出的符号串。最后一个项目表示，已经从输入串看到从XYZ推出的全部符号串，此时可将XYZ归约为A。

设文法G为：

0　S'→E

1　E→aA

2　A→cA

3　A→d

4　E→d

这个文法的项目有：

① S'→. E　② S'→E.

③ E→. aA　④ E→a. A　⑤ E→aA.

⑥ A→. cA　⑦ A→c. A　⑧ A→cA.

⑨ A→. d　⑩ A→d.

⑪ E→. d　⑫ E→d.

开始符号S'仅仅在编号为0的产生式左部出现，可以规定项目①为NFA的唯一初态。任何状态(项目)均认为是NFA的终态，终态又称为活前缀识别态，因在每个状态都可识别出一个活前缀(初态可识别出活前缀ε)。

如果状态i和状态j源自于同一个产生式，并且状态i和状态j的圆点位置相差一个文法符号，例如，状态i为：

$$X \to X_1 \cdots X_{i-1} . X_i X_{i+1} \cdots X_n$$

状态j为：

$$X \to X_1 \cdots X_{i-1} X_i . X_{i+1} \cdots X_n$$

那么从状态i画一条箭弧到状态j，弧的标记为X_i，表示在状态i读入X_i进入状态j。

若状态i圆点之后的那个符号为非终结符，例如状态i为X→α. Aβ，那么从状态i画一条ε箭弧到A→. γ状态。表示只有看到了从A推出的全部符号，状态i(X→α. Aβ)才可经

A 标记的箭弧进入状态 j($X\rightarrow\alpha A.\beta$),其中 $\alpha、\beta、\gamma\in(V_T\cup V_N)^*$。

按照这些规定,可用 12 个状态构造一个识别文法 G 活前缀的 NFA,状态①称为初态,状态②、⑧、⑩、⑤和⑫称为句柄识别态,其中状态②又称为接受态,如图 5.5 所示。之所以将它们称为句柄识别态,因其含有形如 $A\rightarrow\gamma.$ 的项目。

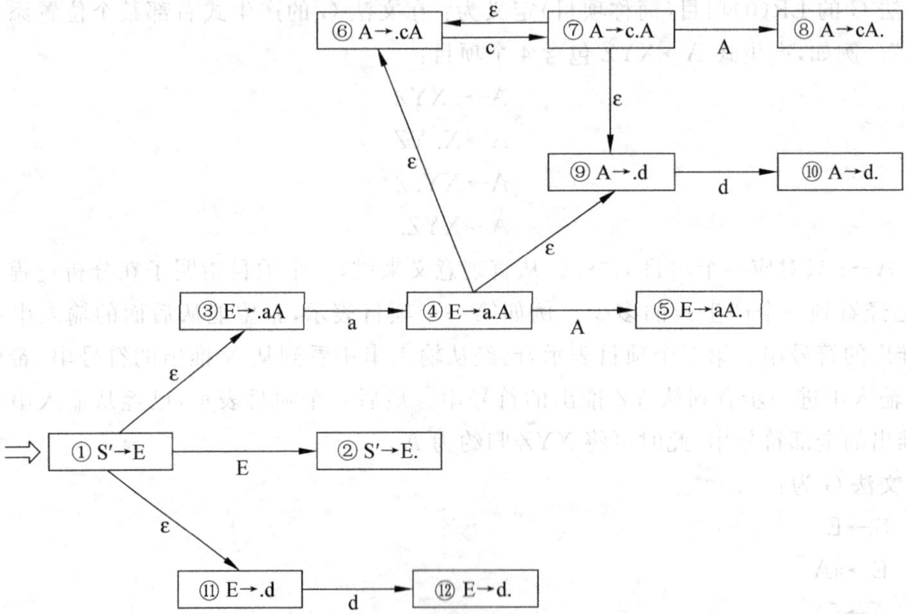

图　5.5

使用第 2 章的子集方法,能够把识别活前缀的 NFA 确定化,使之成为一个以项目集合为状态的 DFA,这个 DFA 是建立 LR 分析法的基础。确定化过程如表 5.1 所示。

对状态重新进行编号,识别文法 G 所有活前缀的 DFA 如表 5.2 所示。其中 0 是初态,1 为接受态,3、4、6 和 7 是句柄识别态。

表　5.1

I	I_a	I_d	I_c	$I_\#$	I_E	I_A
{1,3,11}	{4,6,9}	{12}			{2}	
{2}						
{4,6,9}		{10}	{7,6,9}			{5}
{12}						
{5}						
{7,6,9}		{10}	{7,6,9}			{8}
{10}						
{8}						

表　5.2

状态/终结符	a	d	c	#	E	A
0	2	3			1	
1						
2		6	5			4
3						
4						
5		6	5			7
6						
7						

用确定的状态转换图来表示上述 DFA，并且列出每个状态所含的项目，如图 5.6 所示。

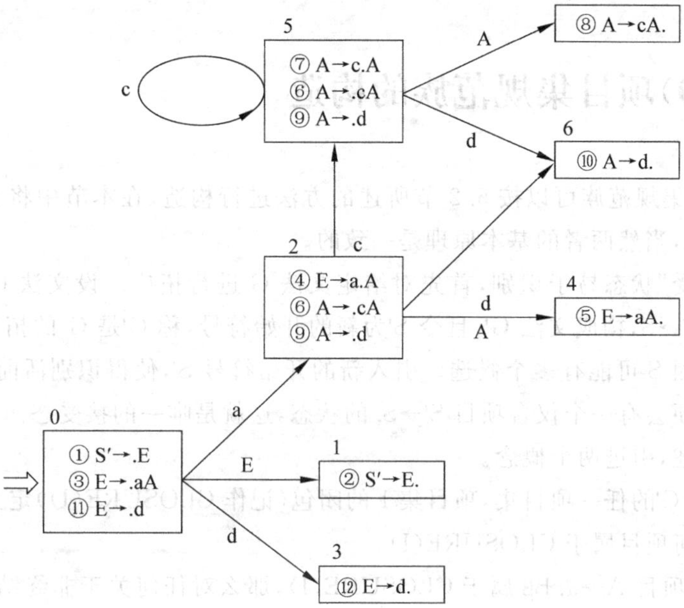

图　5.6

识别一个文法活前缀的 DFA 项目集（状态）全体，称为这个文法的 LR(0)项目集规范族，简称项目集规范族。项目集规范族是建立 LR(0)分析表和 SLR(1)分析表的基础。

为了便于叙述，用专门术语来称呼不同的项目。凡圆点在最右端的项目（例如 $A\rightarrow\alpha.$），称为归约项目；左部符号为文法开始符号的归约项目（例如 $S'\rightarrow\alpha.$），称为接受项目；形如 $A\rightarrow\alpha.a\beta$ 的项目（$a\in V_T$），称为移进项目；形如 $A\rightarrow\alpha.B\beta$ 的项目（$B\in V_N$），称为待约项目。

下面通过一个例子，来说明 LR 分析法如何根据识别活前缀的 DFA 来工作的，假设输入串为“acd”。

(1) 从初态 0 出发，读入 a 进入状态 2。因活前缀中句柄尚未形成，在状态 2 读入 c 进入状态 5，在状态 5 读入 d 进入状态 6。

(2) 因状态 6 中的项目 A→d. 是一个归约项目，说明活前缀中句柄已形成，此时应将句柄 d 归约为 A，并按右部符号串 d 标记的路径退回到状态 5。由于已经看到了从 A 推出的全部符号，从状态 5 经 A 弧进入状态 7。

(3) 因状态 7 中的项目 A→cA. 是一个归约项目，说明活前缀中句柄已形成，此时应将句柄 cA 归约为 A，并按右部符号串 cA 标记的路径退回到状态 2。由于已经看到了从 A 推出的全部符号，从状态 2 经 A 弧进入状态 4。

(4) 因状态 4 中的项目 E→aA. 是一个归约项目，说明活前缀中句柄已形成，此时应将句柄 aA 归约为 E，并按右部符号串 aA 标记路径退回到状态 0。由于已经看到了从 E 推出的全部符号，从状态 0 经 E 弧进入状态 1。

(5) 因状态1中的项目 $S'\to E.$ 是一个归约项目,说明活前缀中句柄已形成,此时应将句柄 E 归约为 S'。这一事实说明输入串"acd"已成功归约至文法开始符号 S',acd 是文法的一个句子,自下而上的分析过程终止。

5.3　LR(0)项目集规范族的构造

LR(0)项目集规范族可以按5.2节所述的方法进行构造,在本节中将介绍一种更简洁实用的构造方法,当然两者的基本原理是一致的。

为了使"接受"状态易于识别,首先对给定文法 G 进行拓广。设文法 G 的开始符号为 S,引进产生式 $S'\to S$,构成文法 G',且令 S'为新的开始符号,称 G'是 G 的拓广文法。这样的拓广是必需的,因 S 可能有多个候选。引入新的开始符号 S',使得识别活前缀的 NFA 的初态唯一。这样,便会有一个仅含项目 $S'\to S.$ 的状态,这就是唯一的接受态。下面讨论构造方法,为了便于描述,引进两个概念。

设 I 是文法 G'的任一项目集,项目集 I 的闭包(记作 CLOSURE(I))定义为:

(1) I 的任何项目属于 CLOSURE(I)。

(2) 若待约项目 $A\to\alpha.B\beta$ 属于 CLOSURE(I),那么对任何关于非终结符 B 的产生式,项目 $B\to.\gamma$ 也属于 CLOSURE(I)。

(3) 重复步骤(2)直至 CLOSURE(I)不再增长。

例如,文法如5.2节所述,设 $I=\{S'\to.E\}$,则:

$$\mathrm{CLOSURE}(I)=\{S'\to.E, E\to.aA, E\to.d\}$$

又例如,设 $I=\{E\to a.A\}$,则:

$$\mathrm{CLOSURE}(I)=\{E\to a.A, A\to.cA, A\to.d\}$$

GO(I,X)是一个状态转换函数,定义如下:

$$\mathrm{GO}(I,X)=\mathrm{CLOSURE}(J_X)$$

I 是一个项目集,X 是一个文法符号($X\in V_T\cup V_N$),GO(I,X)称为 I 的后继状态。J_X 定义如下:

$$J_X=\{A\to\alpha X.\beta \mid A\to\alpha.X\beta\in I\}$$

项目 $A\to\alpha X.\beta$ 和 $A\to\alpha.X\beta$ 源自于同一个产生式,仅圆点相差一个位置。

例如,设 $I=\{S'\to.E, E\to.aA, E\to.d\}$,GO(I,X)计算如下:

(1) X=a

$$J_a=\{E\to a.A\}$$

$$\mathrm{GO}(I,a)=\mathrm{CLOSURE}(J_a)=\{E\to a.A, A\to.cA, A\to.d\}$$

(2) X=E

$$J_E=\{S'\to E.\}$$

$$\mathrm{GO}(I,E)=\mathrm{CLOSURE}(J_E)=\{S'\to E.\}$$

(3) X=d

$$J_d=\{E\to d.\}$$

$$GO(I,d)=CLOSURE(J_d)=\{E\rightarrow d.\}$$

(4) X=其他文法符号

$$GO(I,X)=\{\}$$

借助函数 GO 和 CLOSURE，很容易构造出拓广文法 G'的项目集规范族，构造算法用伪代码描述如下。

算法 5.1 Items

输入：拓广文法 G'。

输出：项目集规范族 C。

```
I0←Closure({S'→.S})
 C←{I0}                              //初始时项目集规范族中只有一个项目集 I0
 i←0;j←1                             //i 为正在处理的项目集编号
 while i<j do                        //j 为项目集规范族中现有项目集的个数
     for k←1 to n                    //VT∪VN={X1,X2,…,Xn}
        if (GO(Ii,Xk)≠{}) and (GO(Ii,Xk)∉C) then
           j←j+1;Ij←GO(Ii,Xk);C←C∪{Ij}
          end if
      end for
      i←i+1
 end while
```

根据上述算法，重新构造 5.2 节文法的项目集规范族，算法 5.1 的工作结果如图 5.7 所示。项目集规范族 C 共有 8 个项目集，编号为 I_0 至 I_7。状态转换函数 GO(I,X)将它们联接成一个识别活前缀的 DFA，其中 I_0 为初态，I_1 为接受态。根据图 5.6 和图 5.7，两种构造方法产生的结果完全相同。

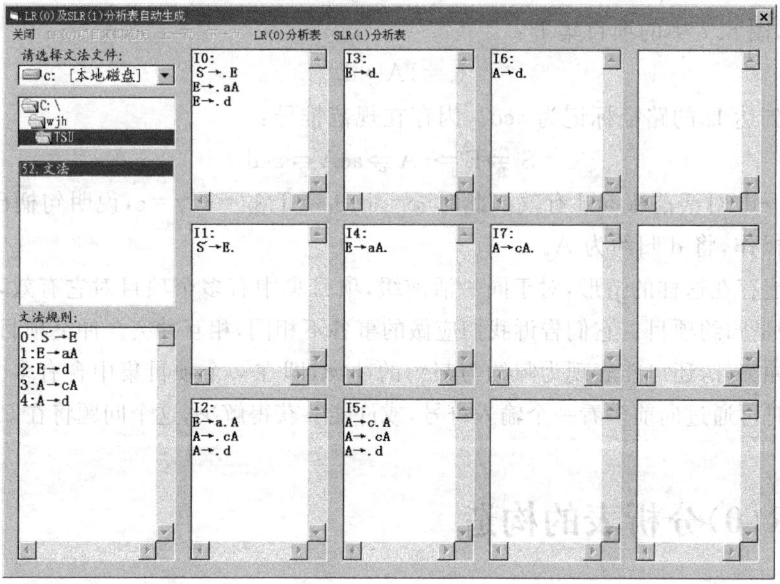

图 5.7

5.4 有效项目

一个项目 $A\to\beta_1.\beta_2$ 对活前缀 $\alpha\beta_1$ 有效,当且仅当存在规范推导:

$$S \overset{*}{\underset{R}{\Rightarrow}} \alpha A\gamma \underset{R}{\Rightarrow} \alpha\beta_1\beta_2\gamma$$

其中,$\alpha\beta_1$ 为已识别的规范句型的左起部分,$\alpha\in(V_T\cup V_N)^*$,$\gamma\in V_T{}^*$。

项目 $A\to\beta_1.\beta_2$ 对活前缀 $\alpha\beta_1$ 的有效性告诉我们:若已识别规范句型的左起部分为 $\alpha\beta_1$,是应该进行归约,还是应该进行移进?若 $\beta_2\neq\varepsilon$,说明句柄尚未形成,应该执行移进操作,根据输入符号进入下一状态;若 $\beta_2=\varepsilon$,说明句柄已经形成,应该执行归约操作,将 β_1 归约为 A。

对于一个活前缀,很容易计算出它的有效项目集。事实上,一个对活前缀 δ 有效的项目集,正是从识别活前缀 DFA 的初态出发,经由 δ 标记的路径所到达的项目集。

例如,图 5.7(或图 5.6)中的项目集 I_5:

$$I_5=\{A\to c.A, A\to .cA, A\to .d\}$$

从初态出发到达 I_5 的路径标记为 ac。观察下面三个规范推导:

(1) $S'\underset{R}{\Rightarrow}E\underset{R}{\Rightarrow}aA\underset{R}{\Rightarrow}acA$;

(2) $S'\underset{R}{\Rightarrow}E\underset{R}{\Rightarrow}aA\underset{R}{\Rightarrow}acA\underset{R}{\Rightarrow}accA$;

(3) $S'\underset{R}{\Rightarrow}E\underset{R}{\Rightarrow}aA\underset{R}{\Rightarrow}acA\underset{R}{\Rightarrow}acd$。

第1个推导表明了项目 $A\to c.A$ 对活前缀 ac 的有效性($\beta_1=c$、$\beta_2=A$),第2个推导表明了项目 $A\to .cA$ 对活前缀 ac 的有效性($\beta_1=\varepsilon$、$\beta_2=cA$),第3个推导表明了项目 $A\to .d$ 对活前缀 ac 的有效性($\beta_1=\varepsilon$、$\beta_2=d$),对于活前缀 ac 不存在别的有效项目。这三个有效项目都表明句柄尚未形成($\beta_2\neq\varepsilon$),应该执行移进操作,根据输入符号进入下一状态。

又例如,图 5.7 中的项目集 I_6:

$$I_6=\{A\to d.\}$$

从初态出发到达 I_6 的路径标记为 acd。因存在规范推导:

$$S'\underset{R}{\Rightarrow}E\underset{R}{\Rightarrow}aA\underset{R}{\Rightarrow}acA\underset{R}{\Rightarrow}acd$$

表明项目 $A\to d.$ 对活前缀 acd 有效。此时 $\alpha=ac$、$\beta_1=d$、$\beta_2=\varepsilon$、$\gamma=\varepsilon$,说明句柄已经形成,应该执行归约操作,将 d 归约为 A。

有时可能存在这样的情形,对于同一活前缀,项目集中有多个项目对它有效,有些是移进项目,而有些是归约项目。它们告诉我们应做的事各不相同,相互冲突。冲突项目除表现为移进与归约的冲突外,还可能表现为归约与归约的冲突,即在一个项目集中含有多个归约项目。这种冲突有时可通过向前多看一个输入符号,或许能够获得解决,这个问题将在 5.6 节讨论。

5.5 LR(0)分析表的构造

在构造一个文法的 LR(0)分析表之前,首先要做一些预备工作,它们是:

(1) 引入产生式 $S'\to S$,将文法拓广成 G'。

(2) 对 G'的产生式进行编号。

(3) 构造文法 G'的状态转换函数 GO(I,X)和项目集规范族 C。

设项目集规范族 $C=\{I_0,I_1,\cdots,I_n\}$,将 I_0、I_1、…、I_n 视为分析表状态 0、1、…、n。LR(0)分析表通常存放在二维数组 M 中,数组的第一维用状态表示,数组的第二维用文法符号表示(终结符在前、非终结符在后、# 位于两者之间),所以 LR(0)分析表的规模为:状态数×(终结符数+1+非终结符数)。分析表构造方法如下:

(1) 若移进项目 $A\to\alpha.a\beta\in I_i$ 且 $GO(I_i,a)=I_j$,其中 $a\in V_T$,则令 M[i,a]=sj(s 表示移进)。

(2) 若归约项目 $A\to\alpha.\in I_i$,对于任何 $a\in V_T\cup\{\#\}$,令 M[i,a]=rk(k 是产生式 $A\to\alpha$ 的编号,r 表示归约)。

(3) 若接受项目 $S'\to S.\in I_i$,则令 M[i,#]=Acc(Acc 表示接受)。

(4) 若待归约项目 $A\to\alpha.B\beta\in I_i$ 且 $GO(I_i,B)=I_j$,其中 $B\in V_N$,则令 M[i,B]=j。

(5) 分析表中的空白表示出错。

某一状态若含有归约项目,则在该状态应执行归约操作。规则(2)简单处理为遇到任何终结符号都执行归约,而不考虑有些终结符号该不该面临问题,将出错情况留给后续处理。这就是 LR(0)分析法中"0"的含义,它仅仅根据历史来归约,不进行任何展望。

接上例,考虑文法 G:

1　E→aA|d

2　A→cA|d

的 LR(0)分析表构造。

解:

(1) 预备工作。

① 引入产生式 S'→E,将文法 G 拓广成 G'。

② 产生式编号如下:

0　S'→E

1　E→aA

2　E→d

3　A→cA

4　A→d

③ 构造上述文法的状态转换函数 GO(I,X)和项目集规范族(详见 5.3 节)。

(2) 构造分析表。

分析表如图 5.8 所示。因不含多重定义,所以该分析表是 LR(0)分析表。使用 LR(0)分析表的语法分析器,称为 LR(0)分析器。

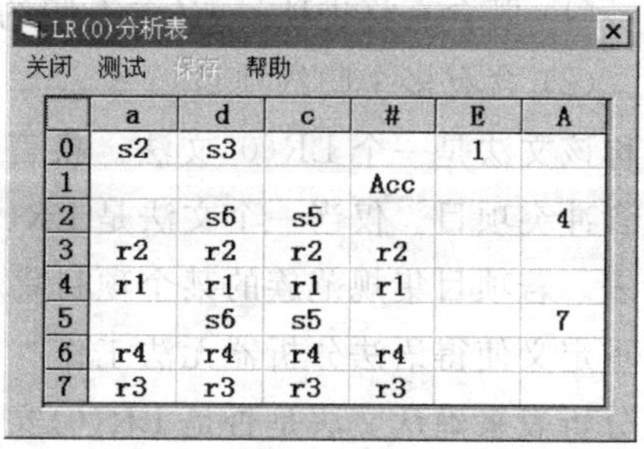

	a	d	c	#	E	A
0	s2	s3			1	
1				Acc		
2		s6	s5			4
3	r2	r2	r2	r2		
4	r1	r1	r1	r1		
5		s6	s5			7
6	r4	r4	r4	r4		
7	r3	r3	r3	r3		

图 5.8

在实际程序实现中,并非按照上述步骤来构造分析表。在构造项目集规范族的过程中,同时生成 GO 函数表和 Action 表,Action 表记录了各状态中归约项目的个数以及产生式编号。在随后进行的 LR 分析表构造中,将 GO 函数表和 Action 表叠加成一个表,在叠加时有可能产生移进归约冲突。GO 函数表的规模为:项目集个数×(终结符个数+1+非终结符个数),可用一个二维数组存储,其形态和 LR 分析表完全一致。由于在一个项目集中可能存在多个归约项目,并且有可能导致归约冲突,故 Action 表采用与 LR 分析表并非对应的方式存储。文法 G'的 Action 表如表 5.3 所示,GO 函数表如表 5.4 所示。

表 5.3

状态号	归约项目个数	产生式编号	产生式编号	…	产生式编号
0	0				
1	1	0			
2	0				
3	1	2			
4	1	1			
5	0				
6	1	4			
7	1	3			

表 5.4

状态/终结符	a	d	c	#	E	A	状态/终结符	a	d	c	#	E	A
0	2	3			1		4						
1							5		6	5			7
2		6	5			4	6						
3							7						

两个表叠加以后,就形成文法 G'的分析表。所谓叠加,就是根据 Action 表,在 GO 函数表中加上归约标记 ri(i 为产生式编号),包括 Acc;对位于终结符列中的数字,在各数字前添加 s,表示移进。当然,这里指的是分析表的外观特征,在语法分析器内部应该用数字来表示,在 5.7 节讨论这个问题。

若文法的项目集规范族中的每个项目集不存在下述情况:

(1) 既含有移进项目,又含有归约项目。

(2) 含有多个归约项目。

则称该文法是一个 LR(0)文法。换言之,LR(0)文法的项目集规范族的任一个项目集都不包含冲突项目。仅当一个文法是 LR(0)文法时,才能构造出它的不含冲突动作的LR(0)分析表。若项目集规范族的某个项目集含有冲突项目,则构造出的分析表必然含有多重定义,多重定义使得语法分析器无法工作。含有多重定义的分析表不是 LR(0)分析表,也可以通过分析表来确认文法是否是 LR(0)文法。

5.6 SLR(1)分析表的构造

LR(0)文法是一类非常简单的文法，这种文法的项目集规范族中的任一个项目集都不包含冲突项目。但遗憾的是，就连定义算术表达式这样简单的文法也不是LR(0)文法。例如，仅含+和*的算术表达式文法G'如下所示：

0　S'→E

1　E→E+T

2　E→T

3　T→T*F

4　T→F

5　F→(E)

6　F→i

它的项目集规范族如图5.9所示。

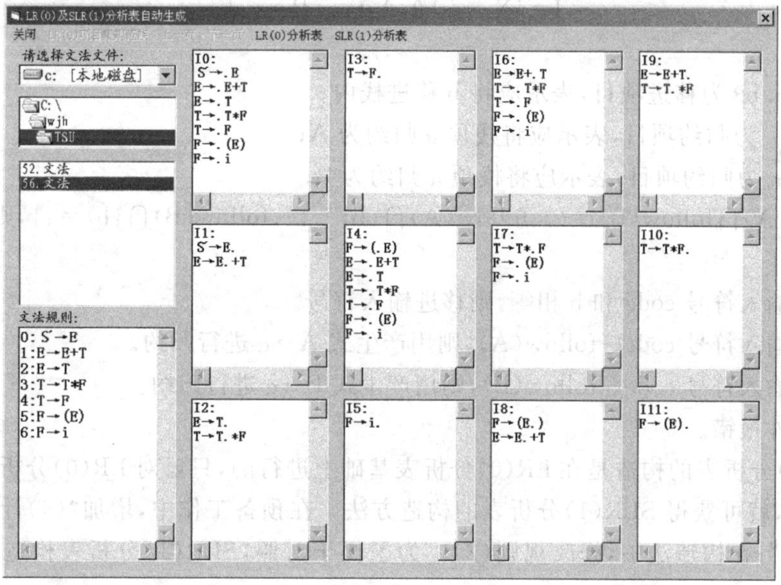

图　5.9

项目集规范族共有12个状态，标记为I_0至I_{11}。在I_2中，既含有归约项目E→T.，又含有移进项目T→T.*F。在I_9中，既含有归约项目E→E+T.，又含有移进项目T→T.*F。由于存在归约和移进的冲突，所以上述文法不是LR(0)文法。

按LR(0)方法构造分析表，分析表如图5.10所示。其中：

M[2,'*']=s7r2，M[9,'*']=s7r1

注意，在状态1尽管既存在移进项目，又存在接受项目，但不存在冲突。因构造法规定，在遇到"#"情况下，才可将E归约为S'。

由于分析表含多重定义，故上述分析表不是LR(0)分析表。由于LR(0)分析法不带任何展望,当归约项目属于某一状态时,则在该状态遇到任何终结符号就进行归约,因此它的分析能力相当弱。本节将讨论一种带有简单展望的分析法,称为 SLR(1)分析法。其中,“S”表示简单,“1”表示向前看一个输入符号。

非LR(0)分析表

关闭 测试 保存 帮助

	+	*	(	)	i	#	E	T	F
0			s4		s5		1	2	3
1	s6					Acc			
2	r2	s7r2	r2	r2	r2	r2			
3	r4	r4	r4	r4	r4	r4			
4			s4		s5		8	2	3
5	r6	r6	r6	r6	r6	r6			
6			s4		s5			9	3
7			s4		s5				10
8	s6			s11					
9	r1	s7r1	r1	r1	r1	r1			
10	r3	r3	r3	r3	r3	r3			
11	r5	r5	r5	r5	r5	r5			

图 5.10

假定 I 是项目集规范族的一个项目集,若

$$I=\{X\rightarrow\alpha.\,b\beta, A\rightarrow\alpha.\,, B\rightarrow\alpha.\}$$

其中:

- $X\rightarrow\alpha.\,b\beta$ 为移进项目,表示应将 b 移进栈内;
- $A\rightarrow\alpha.$ 为归约项目,表示应将栈顶 α 归约为 A;
- $B\rightarrow\alpha.$ 为归约项目,表示应将栈顶 α 归约为 B。

如果 follow(A)∩follow(B)={}、follow(A)∩{b}={}、follow(B)∩{b}={},则 SLR(1)分析法处理如下:

(1) 若输入符号 code 和 b 相等,则移进输入符号。

(2) 若输入符号 code∈follow(A),则用产生式 $A\rightarrow\alpha$ 进行归约。

(3) 若输入符号 code∈follow(B),则用产生式 $B\rightarrow\alpha$ 进行归约。

(4) 此外报错。

SLR(1)分析表的构造是在 LR(0)分析表基础上进行的,只要对 LR(0)分析表的构造方法稍加修改,就可获得 SLR(1)分析表的构造方法。在预备工作中,增加“(4)计算非终结符的 follow 集”;在构造法中,修改规则(2)。为了便于对照,SLR(1)分析表构造方法完整叙述如下。

(1) 预备工作。

① 引入产生式 S'→S,将文法拓广成 G'。

② 对 G'的产生式进行编号。

③ 构造文法 G'的状态转换函数 GO(I,X)和项目集规范族 C。

④ 计算非终结符的 follow 集。

(2) 构造方法。

① 若移进项目 $A\rightarrow\alpha.\,a\beta\in I_i$ 且 $GO(I_i,a)=I_j$,其中 $a\in V_T$,则令 M[i,a]=sj(s 表示移进)。

② 若归约项目 $A\rightarrow\alpha.\in I_i$,对于任何 a∈follow(A),令 M[i,a]=rk(k 是产生式 $A\rightarrow\alpha$

的编号，r 表示归约）。

③ 若接受项目 S'→S. ∈I_i，则令 M[i，#]＝Acc（Acc 表示接受）。

④ 若待约项目 A→α. Bβ∈I_i 且 GO(I_i,B)＝ I_j，其中 B∈V_N，则令 M[i,B]＝j。

⑤ 分析表中的空白表示出错。

接上例，考虑文法 G：

1　E→E＋T|T

2　T→T＊F|F

3　F→(E)|i

的 SLR(1)分析表构造。

解：(1) 预备工作。

① 引入产生式 S'→E，将文法拓广成 G'。

② 产生式编号如下：

0　S'→E

1　E→E＋T

2　E→T

3　T→T＊F

4　T→F

5　F→(E)

6　F→i

③ 构造文法 G'的状态转换函数 GO(I,X)和项目集规范族（如图 5.9 所示）。

④ 计算非终结符的 follow 集：

folow(S')＝{＃}、folow(E)＝{＃，＋，)}、folow(T)＝{＃，＋，)，＊}、folow(F)＝{＃，＋，)，＊}

(2) 构造分析表，分析表如图 5.11 所示。

SLR(1)分析表

关闭　测试　保存　帮助

	+	*	(	)	i	#	E	T	F
0			s4		s5		1	2	3
1	s6					Acc			
2	r2	s7		r2		r2			
3	r4	r4		r4		r4			
4			s4		s5		8	2	3
5	r6	r6		r6		r6			
6			s4		s5			9	3
7			s4		s5				10
8	s6			s11					
9	r1	s7		r1		r1			
10	r3	r3		r3		r3			
11	r5	r5		r5		r5			

图　5.11

上述分析表中不含多重定义，所以分析表是 SLR(1)分析表，相应文法称为 SLR(1)文法。含有多重定义的分析表不是 SLR(1)分析表，也可以通过分析表来确认文法是否是 SLR(1)文法。任何 LR(0)文法一定是 SLR(1)文法，反之未必成立。

使用 SLR(1)分析表的语法分析器称为 SLR 分析器。SLR(1)分析法在理论上并不严格,a∈follow(A)仅仅表示:在某些句型中,a 紧跟在 A 的后面,并不是在所有包含 A 的句型中,a 都紧跟在 A 的后面。要严格地并且精确地向前看一个输入符号,就要使用规范 LR 分析法,即 LR(1)分析法。但是,SLR(1)分析法很实用,又比较容易实现,它能够解决大部分语言的识别问题。

5.7　LR 语法分析器的控制程序

在归约时,语法分析器应按原路径折回,故在分析过程中需将所经历的状态记录下来,以便获得折回点。最好的方法是设置一个状态栈,状态栈记录了分析过程中所经历的状态,即路径。因每个状态仅识别一个符号,退回的状态数和构成句柄的字符数(即产生式右部符号串长度)相等。这样,除 LR 分析表和状态栈以外,控制程序的数据结构还应包括产生式右部符号串长度的存储。当然也可存储产生式本身,根据产生式计算出右部符号串的长度。在本书中,除状态栈外还设置了符号栈,栈的内容采用水平方式表示。符号栈记录了路径上的符号,符号栈和状态栈是等高的。符号栈的设置仅仅是为了便于说明,在实际语法分析器中没有设置符号栈的必要。

先通过一个例子来说明控制程序是如何根据 LR 分析表来工作的。设源程序为:

a * b+c

经词法分析,单词种别序列为:

i*i+i#

根据 5.6 节中图 5.11 所示的分析表,先用手工模拟语法分析器进行计算,过程如下所示:

step	状态栈	符号栈	输入串	动作
0)	0	#	i*i+i#	初始
1)	05	#i	*i+i#	移进
2)	03	#F	*i+i#	归约
3)	02	#T	*i+i#	归约
4)	027	#T*	i+i#	移进
5)	0275	#T*i	+i#	移进
6)	02710	#T*F	+i#	归约
7)	02	#T	+i#	归约
8)	01	#E	+i#	归约
9)	016	#E+	i#	移进
10)	0165	#E+i	#	移进
11)	0163	#E+F	#	归约
12)	0169	#E+T	#	归约
13)	01	#E	#	归约
		Acc		接受

上述语法分析的每一步动作都是根据状态栈栈顶和输入符号进行的。在分析过程中,栈中元素始终构成规范句型的活前缀,加上输入串的余下部分,恰好就是活前缀所属的规范

句型。一旦在栈顶出现句柄，马上就被归约成产生式左部符号，所以活前缀不包括句柄之后的任何符号。分析表用二维数组 M 存储，状态栈栈顶用 S 表示，输入符号用 code 表示，控制程序的算法归纳如下。

1. 移进

若 M[S,code]=sj，说明句柄尚未形成，应执行移进操作。s 表示移进，j 为状态号，将 j 压入状态栈，将 code 压入符号栈，j 成为新的状态栈栈顶 S。读下一个单词二元式。

2. 归约

若 M[S,code]=rk，说明句柄已出现在栈顶，应该用编号为 k 的产生式 A→β 进行归约。设 β 中文法符号个数为 r，首先将状态栈和符号栈的 r 个元素出栈。退栈后，状态栈栈顶仍用 S 表示。设 j=M[S,A]，然后将 j 和 A(A 为左部符号)分别压入状态栈和符号栈，j 成为状态栈栈顶 S。输入符号 code 不变。

3. 接受

若 M[S,code]=Acc，表示输入串是一个合法句子，程序终止运行。

4. 出错

若 M[S,code]=空白，表示出错，最简单处理是：终止程序运行。

上述文字描述可用伪代码描述如下。

算法 5.2　LR-parsing

```
输入：文件 Lex_r.txt(单词二元式序列)。
输出：语法正确或错误。
 (code,val)←文件 Lex_r.txt 第一个单词二元式
 done←false
 push(状态栈,0);Push(符号栈,'#')
 repeat
     action←M[S,code]                    //S 表示状态栈栈顶
       if action=sj then                 //移进
           push(状态栈,j);push(符号栈, code)
           (code,val)←文件 Lex_r.txt 下一个单词二元式
      end if
      if action=rk then                  //归约,设第 k 个产生式为 A→β
           for i←1 to |β|                //|β|表示 β 中所含文法符号的个数
               pop(状态栈);pop(符号栈)
           end for
        j←M[S,A]                         //S 表示状态栈栈顶,A 为左部符号
           push(状态栈,j);push(符号栈,A)
        end if
      if action=Acc then                 //接受
           done←true;output "Acc"
      end if
        if action=空白 then
           output "语法错误";exit
        end if
  until done
```

以 5.6 节中图 5.11 所示的分析表为例，用 C/C++ 语言来实现 LR 语法分析器的控制程序。为直观，产生式 A→β 按原样存储。"→"是汉字，占 2 字节，产生式左部符号占 1 字节，故产生式的右部符号串长度等于整个产生式长度减去 3。对于 ε 产生式，例如 A→ε，按"A→"存储，产生式右部符号串的长度为 0。编号为 0 的产生式 S'→E 是不用的，但不能省略，它的存在使得数组的下标和产生式的编号一致。考虑程序处理方便，将 5.6 节中的 SLR(1)分析表数字化，si 改用 i 表示；rj 改用 −j 表示；Acc 用一个比较大的正整数表示，例如用 99 表示 Acc，便于与 si 区分；空白用 0 表示。源代码如下所示：

```
#include <fstream.h>
#include <stdlib.h>
#include <string.h>
int col(char c,const char str[])  //str=TNT,将"+*()i#ETF"转换为"012345678"
{
    for(int i=0;i<(int)strlen(str);i++)
        if(c==str[i])
            return i;
    cout<<"Err in col char->"<<c<<endl;
     exit(0);
 }
 void main()
 {
     const char TNT[]="+*()i#ETF";
     const int M[][sizeof(TNT)-1]={        //SLR(1)分析表
         { 0, 0, 4, 0, 5, 0, 1, 2, 3},     //s4 改为 4、0 为出错
         { 6, 0, 0, 0, 0,99, 0, 0, 0},     //Acc 改为 99
         {-2, 7, 0,-2, 0,-2, 0, 0, 0},     //r2 改为-2
         {-4,-4, 0,-4, 0,-4, 0, 0, 0},     //r4 改为-4
         { 0, 0, 4, 0, 5, 0, 8, 2, 3},     //s5 改为 5
         {-6,-6, 0,-6, 0,-6, 0, 0, 0},     //…
         { 0, 0, 4, 0, 5, 0, 0, 9, 3},
         { 0, 0, 4, 0, 5, 0, 0, 0,10},
         { 6, 0, 0,11, 0, 0, 0, 0, 0},
         {-1, 7, 0,-1, 0,-1, 0, 0, 0},
         {-3,-3, 0,-3, 0,-3, 0, 0, 0},
         {-5,-5, 0,-5, 0,-5, 0, 0, 0}      //…
     };
     const char *p[]={                     //对于 ε 产生式,例如 A→ε,则表示为"A→"
         "S'→E",
         "E→E+T",
         "E→T",
         "T→T*F",
         "T→F",
         "F→(E)",
```

```
"F→i"
    };
    const int LIN=sizeof(M)/sizeof(int)/(sizeof(TNT)-1);  //SLR分析表行数
    const int PRO_NUM=sizeof(p)/sizeof(char*);              //产生式个数
    const int StackLen=50;
    const int WordLen=20;
    int state[StackLen]={0},top=0;                          //状态栈
    char symbol[StackLen]={'#'};                            //符号栈
    struct code_val{
        char code;
        char val[WordLen+1];
    }t;
    ifstream cin("lex_r.txt");
    cin>>t.code>>t.val;                                     //读第一个单词二元式
    int j=0;                                                //j为计数器
    cout<<"step"<<'\t'<<"状态栈"<<'\t'<<"符号栈"<<'\t'<<"输入串首字符"<<endl;
    do{
        cout<<j++<<')'<<'\t';                               //显示,并非必要
        for(int i=0;i<=top;i++)                             //显示,并非必要
            cout<<state[i];                                 //显示,并非必要
        cout<<'\t';                                         //显示,并非必要
        for(i=0;i<=top;i++)                                 //显示,并非必要
            cout<<symbol[i];                                //显示,并非必要
        cout<<'\t'<<t.code<<endl;                           //显示,并非必要
        int action=M[state[top]][col(t.code,TNT)];
        if(action>=1 && action<LIN){                        //移进1..11
            state[++top]=action,symbol[top]=t.code;
            cin>>t.code>>t.val;                             //读下一个单词二元式
        }
        else if(action>-PRO_NUM && action<=-1){ //归约-6..-1
            top-=strlen(p[-action])-3; //'→'占2字节,左部符号占1字节,故减3
            state[top+1]=M[state[top]][col(*p[-action],TNT)];
            symbol[++top]=*p[-action];          //*p[-action]=p[-action][0]
        }
        else if(action==99){                                //接受
            cout<<'\t'<<"Acc"<<endl;
            break;
        }
        else{                                               //出错
            cout<<"Err in main->"<<action<<endl;
            exit(1);
        }
    }while(1);
}
```

假设单词二元式序列存放在文件 lex_r.txt 中，如图 5.12 所示。控制程序对于给定的输入串分析过程显示在屏幕上，如图 5.13 所示，它和手工计算的结果完全一致。在上述程序中，下列常量与文法有关，它们是：

```
const char TNT[]="+*()i#ETF";
const int M[][sizeof(TNT)-1]={          //SLR(1)分析表
     { 0, 0, 4, 0, 5, 0, 1, 2, 3},       //s4改为4、0为出错
     { 6, 0, 0, 0, 0,99, 0, 0, 0},       //Acc改为99
     {-2, 7, 0,-2, 0,-2, 0, 0, 0},       //r2改为-2
     {-4,-4, 0,-4, 0,-4, 0, 0, 0},       //r4改为-4
     { 0, 0, 4, 0, 5, 0, 8, 2, 3},       //s5改为5
     {-6,-6, 0,-6, 0,-6, 0, 0, 0},       //…
     { 0, 0, 4, 0, 5, 0, 0, 9, 3},
     { 0, 0, 4, 0, 5, 0, 0, 0,10},
     { 6, 0, 0,11, 0, 0, 0, 0, 0},
     {-1, 7, 0,-1, 0,-1, 0, 0, 0},
     {-3,-3, 0,-3, 0,-3, 0, 0, 0},
     {-5,-5, 0,-5, 0,-5, 0, 0, 0}        //…
};
const char *p[]={                        //对于ε产生式，例如A→ε，则表示为"A→"
     "S'→E",
     "E→E+T",
     "E→T",
     "T→T*F",
     "T→F",
     "F→(E)",
     "F→i"
};
```

当控制程序用于其他场合时，只要修改它们的值即可，程序其余部分无须做任何改动。

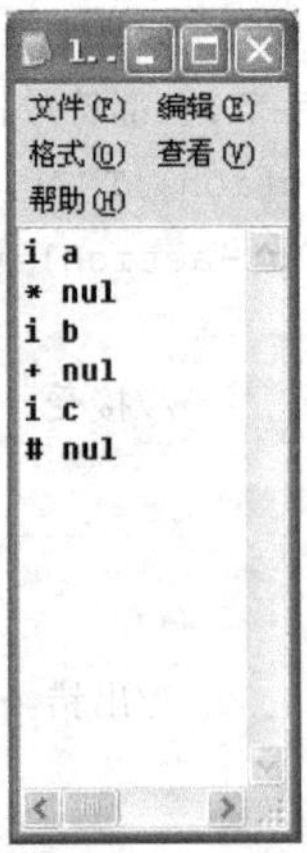

图　5.12

图　5.13

5.8　二义文法在 LR 分析法中的应用

任何二义文法都不是 LR 文法，因此也不是 SLR(1)文法，这是一条定理。但是，某些二义文法非常有用。例如，仅含＋和＊的算术表达式文法 G：

$$E \to E+E \mid E*E \mid (E) \mid i$$

它是一个二义文法，文法的二义性源自于文法本身没有规定运算符的优先性和结合性。可不改变文法本身，用另外的方法赋予运算符的优先性和结合性。

文法 G_1 如下所示：

1　$E \to E+T \mid T$

2　$T \to T*F \mid F$

3　$F \to (E) \mid i$

G_1 和 G 是等价的，而 G_1 是非二义文法。文法的等价性是指文法所定义的语言相等，即 $L(G)=L(G_1)$，与文法是否具有二义性无关。文法 G 和 G_1 相比，明显的好处是：文法 G 的产生式和非终结符较少，由此构造出的分析表的规模当然也较小。

下面构造文法 G 的 SLR(1)分析表。首先引入产生式 $S' \to E$，将文法 G 拓广成 G'，然后对 G'的产生式进行编号，如下所示：

0　$S' \to E$

1　$E \to E+E$

2　$E \to E*E$

3　$E \to (E)$

4　$E \to i$

文法 G 只有一个非终结符 E，follow(E)＝{＋、＊、)、#}。在此基础上构造项目集规范族，如图 5.14 所示。

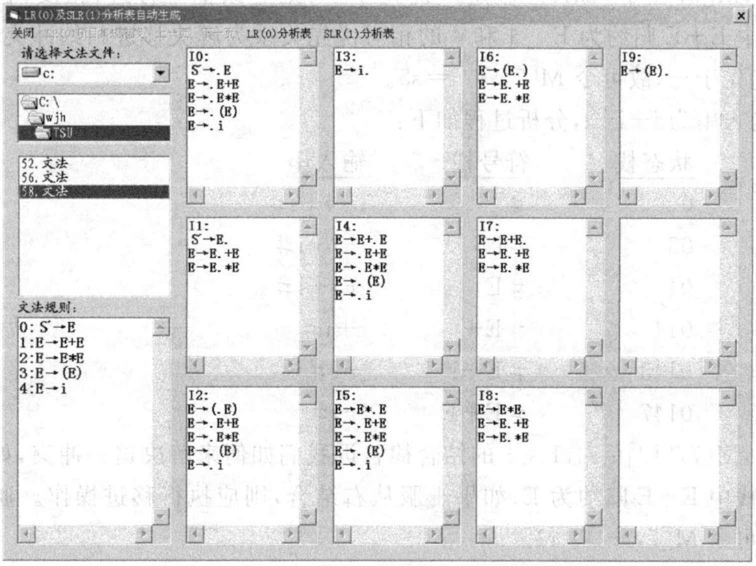

图　5.14

查看项目集 I_7，E→E+E. 是归约项目，而 E→E. +E 和 E→E. *E 是移进项目。follow(E)∩{+}={+}≠{}、follow(E)∩{*}={*}≠{}，所以项目集 I_7 中的移进归约冲突不是用 SLR(1)分析法所能解决的。项目集 I_8 存在类似的移进归约冲突，这些冲突在分析表中就表现为多重定义，如图 5.15 中所示。

非SLR(1)分析表

关闭　调试　保存　帮助

	+	*	(	)	i	#	E
0			s2		s3		1
1	s4	s5				Acc	
2			s2		s3		6
3	r4	r4		r4		r4	
4			s2		s3		7
5			s2		s3		8
6	s4	s5		s9			
7	s4r1	s5r1		r1		r1	
8	s4r2	s5r2		r2		r2	
9	r3	r3		r3		r3	

图　5.15

在状态 7 和 8 中存在的冲突，只有借助其他条件才能得到解决，这个条件就是运算符优先性和结合性的规定。

假定输入串为 i+i*i，分析过程如下：

step	状态栈	符号栈	输入串
0)	0	#	i+i*i#
1)	03	#i	+i*i#
2)	01	#E	+i*i#
3)	014	#E+	i*i#
4)	0143	#E+i	*i#
5)	0147	#E+E	*i#

现进入状态 7，M[7,'*']=s5r1。假定 * 优先于+，则应该把 * 移进；相反，若假定+优先 *，则应将栈中 E+E 归约为 E。+和 * 的相对优先关系为解决移进归约冲突提供了依据，通常规定 * 优先于+，故可令 M[7,'*']=s5。

再假定输入串为 i+i+i，分析过程如下：

step	状态栈	符号栈	输入串
0)	0	#	i+i+i#
1)	03	#i	+i+i#
2)	01	#E	+i+i#
3)	014	#E+	i+i#
4)	0143	#E+i	+i#
5)	0147	#E+E	+i#

现进入状态 7，M[7,'+']=s4r1。+的结合律告诉我们如何来解决这一冲突，如果+服从左结合，则应将栈中 E+E 归约为 E；如果+服从右结合，则应执行移进操作。通常规定+服从左结合，故可令 M[7,'+']=r1。

同理，规定 * 优先于+、* 服从左结合，故可令 M[8,'*']=r2、M[8,'+']=r2。最终得到文法 G'的无多重定义分析表，如表 5.5 所示。表 5.5 的规模为 10×7=70，而等价的非二义文法的分析表规模为 12×9=108(详见图 5.11)，前者约为后者的 2/3。

表　5.5

状态/文法符号	+	*	(	)	i	#	E
0			s2		s3		1
1	s4	s5				Acc	
2			s2		s3		6
3	r4	r4		r4		r4	
4			s2		s3		7
5			s2		s3		8
6	s4	s5		s9			
7	r1	s5		r1		r1	
8	r2	r2		r2		r2	
9	r3	r3		r3		r3	

5.9　应用举例

仍以 4.7 节中的文法 G 为例，构造 SLR(1)分析表。除引进产生式 S'→P，将文法拓广成 G'外，文法无其他任何变动。产生式编号如下：

0	S'→＜程序＞	S'→P
1	＜程序＞→begin＜语句串＞end	P→{L}
2	＜语句串＞→＜语句串＞;＜语句＞	L→L;S
3	＜语句串＞→＜语句＞	L→S
4	＜语句＞→integer＜标识符串＞	S→aV
5	＜语句＞→real＜标识符串＞	S→cV
6	＜标识符串＞→＜标识符串＞,标识符	V→V,i
7	＜标识符串＞→标识符	V→i
8	＜语句＞→标识符=＜算术表达式＞	S→i=E
9	＜算术表达式＞→＜算术表达式＞+＜项＞	E→E+T
10	＜算术表达式＞→＜算术表达式＞-＜项＞	E→E-T
11	＜算术表达式＞→＜项＞	E→T
12	＜项＞→＜项＞*＜因子＞	T→T*F
13	＜项＞→＜项＞/＜因子＞	T→T/F
14	＜项＞→＜因子＞	T→F
15	＜因子＞→(＜算术表达式＞)	F→(E)

16　＜因子＞→－＜因子＞　　　　F→－F
17　＜因子＞→＋＜因子＞　　　　F→＋F
18　＜因子＞→标识符　　　　F→i
19　＜因子＞→无符号整数　　　　F→x
20　＜因子＞→无符号实数　　　　F→y

根据文法构造项目集规范族,项目集规范族共有 38 个项目集,编号从 I_0 至 I_{37}。由于项目集较多,分 4 个画面列出,如图 5.16～图 5.19 所示。

(1) I_0～I_{11}。

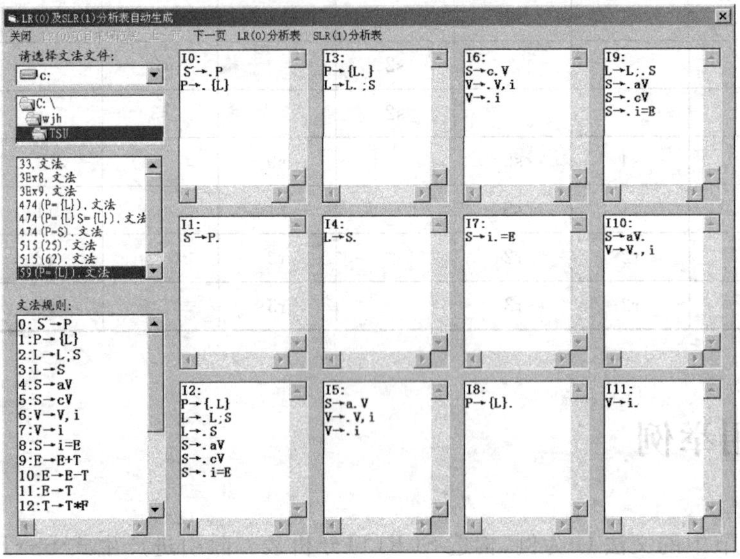

图　5.16

(2) I_{12}～I_{23}。

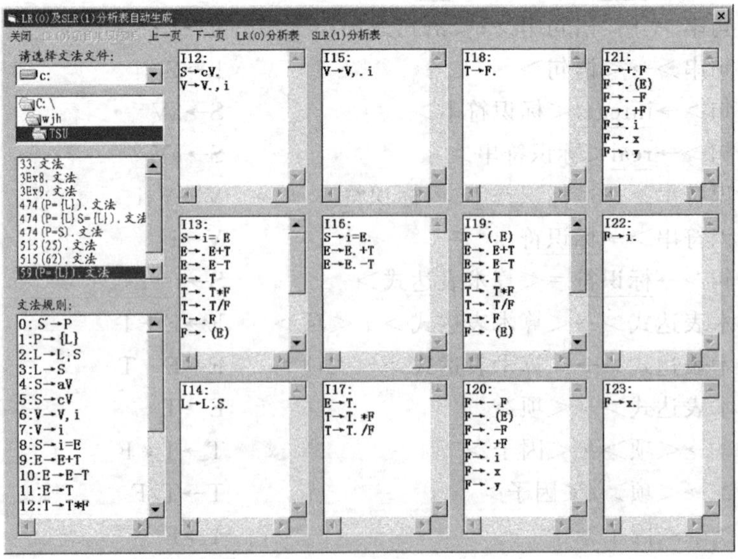

图　5.17

(3) $I_{24} \sim I_{35}$。

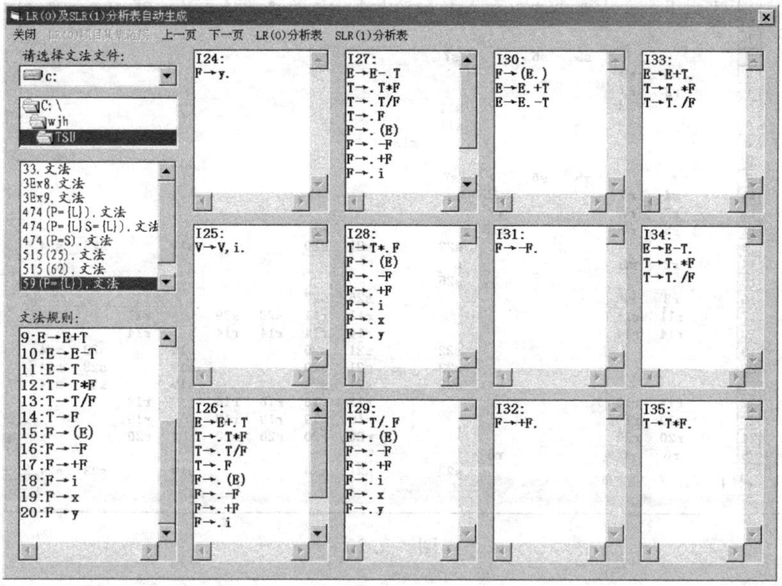

图　5.18

(4) $I_{36} \sim I_{37}$。

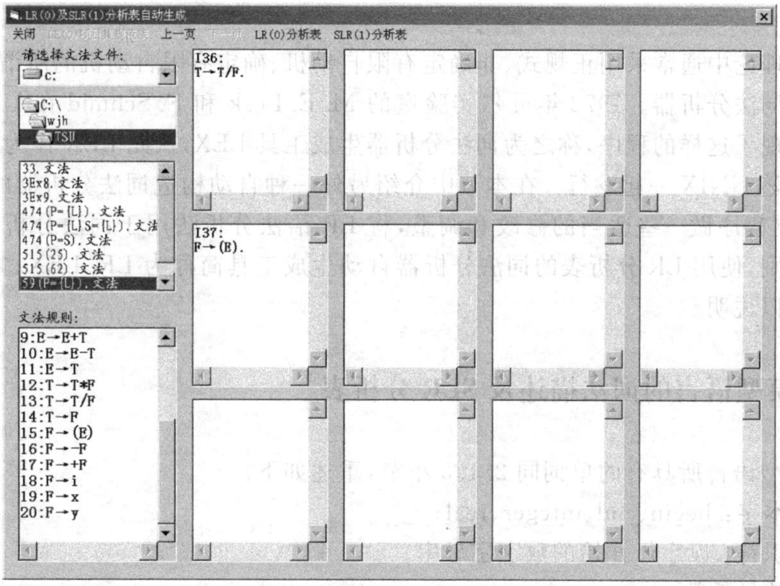

图　5.19

根据图5.16～图5.19所示项目集规范族，用手工也不难构造出分析表，该文法的SLR(1)分析表的一部分(左上角)如图5.20所示。SLR(1)分析表的规模为38×24＝912，而该文法的LL(1)分析表的规模式仅为11×17＝187(详见4.7.4小节)，前者几乎是后者的5倍。

SLR(1)分析表

关闭 测试 保存 帮助

	{	}	;	a	c	,	i	=	+	-	*	/	(	)	x	y
0	s2															
1																
2				s5	s6		s7									
3		s8	s9													
4		r3	r3													
5							s11									
6							s11									
7								s13								
8																
9				s5	s6		s7									
10		r4	r4			s15										
11		r7	r7			r7										
12		r5	r5			s15										
13							s22		s21	s20			s19		s23	s24
14		r2	r2													
15							s25									
16		r8	r8						s26	s27						
17		r11	r11						r11	r11	s28	s29		r11		
18		r14	r14						r14	r14	r14	r14		r14		
19							s22		s21	s20			s19		s23	s24
20							s22		s21	s20			s19		s23	s24
21							s22		s21	s20			s19		s23	s24
22		r18	r18						r18	r18	r18	r18		r18		
23		r19	r19						r19	r19	r19	r19		r19		
24		r20	r20						r20	r20	r20	r20		r20		
25		r6	r6			r6										
26							s22		s21	s20			s19		s23	s24

图 5.20

5.10 LR 分析法在词法分析器自动构造中的应用

在编译理论中通常采用正规式、非确定有限自动机、确定有限自动机的所谓三部曲方法来自动构造词法分析器。1972 年贝尔实验室的 M. E. Lesk 和 E. Schmid 在 UNIX 操作系统上首先实现了这样的程序,称之为词法分析器生成工具 LEX,从此 LEX 作为 UNIX 的标准应用程序随 UNIX 一起发行。在本节中介绍另外一种自动构造词法分析器的方法,即对 LR 分析控制程序做一些适当的修改和调整,将 LR 语法分析法用于词法分析器的自动构造。为了区别,使用 LR 分析表的词法分析器自动生成工具简称为 LR_LEX。下面通过一个实例来加以说明。

5.10.1 模型语言的词法描述及 SLR 分析表

假设模型语言所具有的单词同 2.1.5 小节,重述如下。

(1) 基本字:begin、end、integer、real;

(2) 标识符:以字母开始的数字字母串;

(3) 无符号整数;

(4) 无符号实数(不考虑科学记数法形式);

(5) 运算符:+、*、++、=;

(6) 界符:,、;、(、)、/;

(7) 错误词形:.(前后无数字字符的小数点)。

构词规则用拓广文法描述如下:

1 <文法开始符号>→<单词> S→L

2　<单词>→begin|end　　L→begin|end

3　<单词>→integer|real　　L→integer|real

4　<单词>→=|+|++|*　　L→=|+|++|*

5　<单词>→(|)|,|;　　L→(|)|,|;

6　<单词>→<标识符>|<无符号整数>|<无符号实数>　　L→I|X|Y

7　<无符号整数>→<数字串>　　X→N

8　<无符号实数>→<数字串>.<数字串>|.<数字串>|<数字串>.　Y→N'N|'N|N'

9　<数字串>→<数字串><数字>|<数字>　　N→ND|D

10　<数字>→0|1|…|9　　D→0|1|…|9

11　<标识符>→<字母><字母数字串>|<字母>　　I→AB|A

12　<字母数字串>→<字母数字串><字母>|<字母数字串><数字>　B→BA|BD

13　<字母数字串>→<字母>|<数字>　　B→A|D

14　<字母>→a|b|…|z　　A→a|b|…|z

由于圆点用于定义 LR(0)项目，故无符号实数中的小数点改用单引号表示。这个改动对用户来说是透明的，在用户程序中仍然用的是小数点，而不是单引号，转换在程序内部实现。常数的符号由一元负和一元正运算来实现，故此处定义的常数是无符号的。

上述文法中，V_T={=、+、*、(、)、,、;、'、a、b、c、d、e、f、g、h、i、j、k、l、m、n、o、p、q、r、s、t、u、v、w、x、y、z、0、1、2、3、4、5、6、7、9}，终结符共计 44 个（#不是终结符）；V_N={L、X、Y、N、I、B、A、D}，非终结符共计 8 个；产生式为 64 个，其中基本字的产生式为 4 个。基本字构造规则同标识符，通常作为保留字将其归入标识符识别，去除 4 个基本字的产生式，根据余下的 60 个产生式构造出的项目集规范族共有 62 个状态，编号从 I_0 至 I_{61}。

因为存在产生式：

$$L \to + \mid ++$$

所以上述文法不是 LR(0)文法，需构造 SLR(1)分析表。用程序生成的 SLR(1)分析表一部分（右下角）如图 5.21 所示，分析表的规模为 62×(44+1+8)=3286。

SLR(1)分析表

关闭　测试　保存　帮助

	4	5	6	7	8	9	#	L	X	Y	N	I	B	A	D
36	r45	r45	r45	r45	r45	r45	r45								
37	r46	r46	r46	r46	r46	r46	r46								
38	r47	r47	r47	r47	r47	r47	r47								
39	r48	r48	r48	r48	r48	r48	r48								
40	r49	r49	r49	r49	r49	r49	r49								
41	r17	r17	r17	r17	r17	r17	r17								
42	r50	r50	r50	r50	r50	r50	r50								
43	r51	r51	r51	r51	r51	r51	r51								
44	r52	r52	r52	r52	r52	r52	r52								
45	r53	r53	r53	r53	r53	r53	r53								
46	r54	r54	r54	r54	r54	r54	r54								
47	r55	r55	r55	r55	r55	r55	r55								
48	r56	r56	r56	r56	r56	r56	r56								
49	r57	r57	r57	r57	r57	r57	r57								
50	r58	r58	r58	r58	r58	r58	r58								
51	r59	r59	r59	r59	r59	r59	r59								
52							r3								
53	s46	s47	s48	s49	s50	s51	r18							59	60
54	r22	r22	r22	r22	r22	r22	r22								
55	r23	r23	r23	r23	r23	r23	r23								
56	s46	s47	s48	s49	s50	s51	r15				61				41
57	r16	r16	r16	r16	r16	r16	r16								
58	s46	s47	s48	s49	s50	s51	r14								57
59	r20	r20	r20	r20	r20	r20	r20								
60	r21	r21	r21	r21	r21	r21	r21								
61	s46	s47	s48	s49	s50	s51	r13								57

图　5.21

根据图 5.21 所示的分析表就可对输入串进行词法分析,此时 LR 分析控制程序无须做任何修改,只要将分析表中列字符单引号“'”改为圆点“.”即可。在测试时,应使用圆点“.”构成无符号实数,而不是用单引号。

假设输入串为“123.”,分析过程如图 5.22 所示。

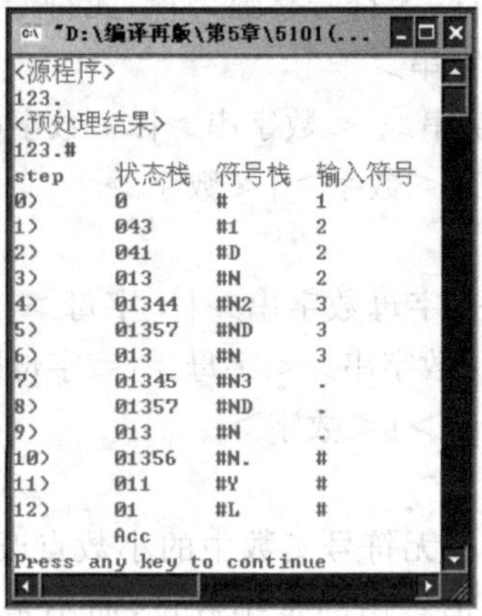

图 5.22

值得一提的是,这里的测试仅仅是一个单词,而源程序是由成百上千个单词构成的。

5.10.2 使用 SLR 分析表识别单词的基本原理

假设输入串为“123. * a”,当处理到“ * ”,LR 分析器不是会告知出错吗?然而这恰恰是解决问题的所在,它告知如何找到单词的尾,如何分割两个紧密相连的单词。这里有三个单词,而不是一个单词。在词法分析中寻求最长匹配,在单词的识别过程中总是多读一个不属于其自身的字符来找到单词尾,此时必然出错(除非读入的字符是“#”)。当读入“ * ”,LR 分析器告知“出错”,“出错”说明已找到单词的尾,应将“ * ”退回,已读入的字符串“1.23”构成无符号实数。此时,可以以出错状态结束;在引入错误词形产生式的情况下,也可以将当前字符设置为“#”,执行归约动作,以接受状态结束。由于前一种处理情况较简单,在本书中按前一种处理情况来修改 LR 分析控制程序。

那么在源程序是否可能存在错误词形呢?答案是存在的,并且是有规律的。在上述模型语言中存在唯一的错误词形,那就是单个圆点“.”。除单个圆点错误词形外,在源程序中不可能再找到其他错误词形。只要把它作为一个特殊的无符号实数来处理,就不必再考虑错误词形问题。

由于空格、回车换行、Tab 具有界符作用,在词法分析预处理时,它们通常以空格字符形式保留下来。若采用 LR 分析法进行词法分析,应将它们全部替换为“#”。理由一是:在分析表中不存在空格字符的列,查表时被认为是非法字符;理由二是:若读入空格,说明已找到单词的尾,此时应执行归约动作,控制程序所期望的输入字符应为“#”,而不是空格。

LR 分析器是通过读入输入串的字符来进行语法分析的,在分析过程中并不保留输入字符,所以在 LR 分析器中应设置一个 token 数组来保存输入字符。为了提高自动化程度,确保 LR 分析控制程序与文法的无关性,在 LR_LEX 中采用查表的方法来确认单词。设置一张单词表(去除单词“#”),它包括了除标识符、常数和错误词形之外的所有单词。表格内容如表 5.6 所示,由于 val 列均为“NUL”,故 val 列可省略。

表　5.6

单词	code	val	单词	code	val
begin	{	NUL	++	$	NUL
end	}	NUL	*	*	NUL
integer	a	NUL	,	,	NUL
real	c	NUL	;	;	NUL
=	=	NUL	(	(	NUL
+	+	NUL	)	)	NUL

在进行词法分析时,单词识别程序首先调用已经修改的 LR 分析控制程序。当 LR 分析控制程序以“Acc”或“出错状态”结束时,可根据 token 数组内容查表,决定其为何种单词。若查表未果,可以断定它为标识符、无符号整数、无符号实数和错误词形四者之一。根据每种词形的特征,不难区分它为何种单词。

5.10.3　算法描述和程序实现

算法 5.3 描述了使用 LR 分析法的词法分析器,程序结构和算法 2.4 基本相同,差异在于所使用的单词识别技术不同。Lex2 是使用确定有限自动机来工作的,而 Lex3 使用的是 LR 分析法。在语法分析时,LR 分析表仅使用一次;而在词法分析时,若源程序有 N 个单词,LR 分析表将使用 N 次。

预处理程序在 2.1.2 小节中已详细叙述,唯一修改的是:用“#”取代空格。单词的尾部用“#”或出错指示,单词的前导“#”在识别单词前被滤去。单词的种别的确认首先是查单词表,若查表无果,则由程序判断决定。如果第 1 个字符是字母,说明它是一个标识符。如果是单个圆点“.”,表示它是一个错误词形。若上属情况均被排除,说明它或者是无符号整数,或者是无符号实数。若字符串不包含圆点“.”,则说明它是无符号整数,否则为无符号实数。

算法 5.3　Lex3

输入:源程序文件 Source.txt。
输出:文件 Lex_r.txt(单词二元式序列)。

```
Pretreatment(Source.txt,Buf[])        //对源程序进行预处理,结果存放在 Buf[1..n]中
i←1
while i≤n do
    if Buf[i]=' ' then Buf[i]←'#'            //空格替换为'#'
    i←i+1
end while
建立空文件 Lex_r.txt
i←1;done←false
```

```
repeat
    while Buf[i]='#' do                          //去除前导'#'
        i←i+1
    end while
    if i>n then
        done←true
    else
        (code,val)←Scanner(Buf[],i)
        Lex_r.txt←Lex_r.txt, (code,val) //将(code,val)添加到文件 Lex_r.txt 尾部
    end if
until done
Lex_r.txt←Lex_r.txt, ('#',"Nul")                //因'#'滤去,在尾部添加('#',"Nul")
```

过程 Scanner(Buf[],i)

输入：扫描缓冲区 Buf[1..n]和指示器 i(1≤i≤n)

输出：单词二元式(code,val)。

```
t←0                                              //t 为 token 数组的指示器
push(状态栈,0);flag←true
while flag do
    action←M[S,Buf[i]]                           //S 表示状态栈栈顶
    if action=sj then
        push(状态栈,j)
        t←t+1;token[t]←Buf[i]                    //拼接单词
        i←i+1
    end if
    if action=rk then                            //设编号为 k 的产生式为 A→β
        for w←1 to |β|                           //|β|表示 β 所含文法符号个数
            pop(状态栈)
        end for
        s←M[S,A];push(状态栈,s)                  //S 表示状态栈栈顶,A 为左部符号
    end if
    if (action=Acc) or (action=空白) then        //空白表示出错
        flag←false
    end if
end while
if token[1..t]∈单词表 then
    code←从编码表获取单词种别
    return(code,"NUL")
else
    if token[1]是字母 then
        code←'i'                                 //标识符
    else
        if token[1..t]="." then
            code←'!'                             //唯一一个错误词形
        else
            if '.'∈token[1..t] then code←'y'     //无符号实数
```

```
            else code←'x'                       //无符号整数
            end if
        end if
    end if
    return(code, token[1..t])
end if
```

用C/C++语言实现算法5.3。考虑分析表较大、产生式较多，无法在程序中显式列出，将分析表和产生式存放在文件中。测试驱动主程序从文件读入分析表和产生式，然后将它们作为参数传递给扫描程序scanner。

```
#include <fstream.h>
#include <string.h>
#include <stdlib.h>
#include "pretreatment.h"
const char TNT[]="=+*(),;.abcdefghijklmnopqrstuvwxyz0123456789#LXYNIBAD";
const int LIN=62;                                  //SLR分析表行数
const int PRO_NUM=60;                              //产生式个数
const int WordLen=20;
const int StackLen=50;
 struct code_val{
     char code;
     char val[WordLen+1];
 };
 int col(char c,const char str[])                  //str=TNT,将c转换为列号(0..52)
 {
     for(int i=0;i<(int)strlen(str);i++)
         if(c==str[i])
             return i;
     cout<<"Err in col char->"<<c<<endl;
     exit(0);                                      //非法字符
 }
 struct code_val scanner(int M[][sizeof(TNT)-1],char *p[],char Buf[],int &i)
 {                       //分析表首址,产生式表首址,缓冲区首址,缓冲区指针
     int state[StackLen]={0},top=0;
     char token[WordLen+1]="\0",j=0;               //保存输入字符,拼接单词
     do{
         int c=col(Buf[i],TNT);
         int action=M[state[top]][c];
         if(action>0 && action<LIN){               //移进
             state[++top]=action;
             token[j++]=Buf[i++];
         }
         if(action<0 && action>-PRO_NUM){          //归约
             top-=strlen(p[-action])-3;            //'→'为2字节,左部符号1字节
```

```
            c=col(*p[-action],TNT);                 //*p[-action]=p[-action][0]
            state[top+1]=M[state[top]][c];
            top++;
        }
        if(action==99||action==0)                   //找到单词尾
            break;
        if(action>=LIN||action<=-PRO_NUM){          //出错
            cout<<"Err action->"<<action<<endl;
            exit(0);
        }
    }while(1);
    struct code_val t={'\0',"NUL"};
    char search_table(char *);
    t.code=search_table(token);
    if(t.code==NULL){
        if(token[0]>='a' && token[0]<='z')          //标识符
            t.code='i';
        else if(strcmp(token,".")==0)               //错误词形
            t.code='!';
        else{
            for(j=0;token[j];j++)
                if(token[j]=='.'){
                    t.code='y';                     //无符号实数
                    break;
                }
            if(!token[j])                           //无符号整数
                t.code='x';
        }
        strcpy(t.val,token);
    }
    return t;
}
void main()
{
    char Buf[4048]={'\0'};                          //预处理
    pretreatment("source.txt",Buf);
    cout<<"<预处理结果>"<<endl;
    cout<<Buf<<endl;                                //屏幕显示预处理结果
    for(int i=0;Buf[i];i++)
        if(Buf[i]==' ')
            Buf[i]='#';                             //用'#'替换空格
    cout<<Buf<<endl;
    int M[LIN][sizeof(TNT)-1];                      //读入分析表
    void read_table(int [][sizeof(TNT)-1]);
```

```
    read_table(M);
    char * p[PRO_NUM];                          //读入产生式
    void read_pro(char * []);
    read_pro(p);
    ofstream coutf("Lex_r.txt");                //存放词法分析结果(单词二元式)
    cout<<"<单词二元式>"<<endl;
    i=0;                                        //扫描缓冲区指针
    do{
       while(Buf[i]=='#')                       //滤去单词前导'#'
          i++;
       if(i==(int)strlen(Buf))                  //源程序处理完
          break;
       code_val t=scanner(M,p,Buf,i);           //调用扫描器(基于 LR 分析法)
       cout<<'('<<t.code<<','<<t.val<<')';      //屏幕显示单词二元式
       coutf<<t.code<<'\t'<<t.val<<endl;        //单词二元式写入文件
    }while(1);
    cout<<'('<<'#'<<','<<"NUL"<<')'<<endl;
    coutf<<'#'<<' '<<"NUL"<<endl;
}
void read_table(int M[][sizeof(TNT)-1])         //读入分析表
{
     ifstream cinf1("LR_table.txt");
     int i,j;
     for(i=0;i<LIN;i++)
        for(j=0;j<sizeof(TNT)-1;j++)
           cinf1>>M[i][j];
 }
 void read_pro(char * p[])                      //读入产生式
 {
     ifstream cinf2("Productions.txt");
     char t[100];
     for(int i=0;i<PRO_NUM;i++){
        cinf2>>t;
        p[i]=new char[strlen(t)+1];strcpy(p[i],t);
     }
 }
 char search_table(char * token)
 {    //单词编码表(除标识符、无符号整数、无符号实数和错误词形)
     const char * table[]={                     //单词表
        "begin","end","integer","real","=","+","++","*",";","(",")",","
     };
     const char code[]={                        //编码表(仅含种别)
        "{}ac=+$*;(),"
     };
```

```
    for(int i=0;i<sizeof(table)/sizeof(char * );i++)
        if(strcmp(token,table[i])==0)
            return code[i];
    return NULL;
}
```

程序运行结果如图 5.23 所示。

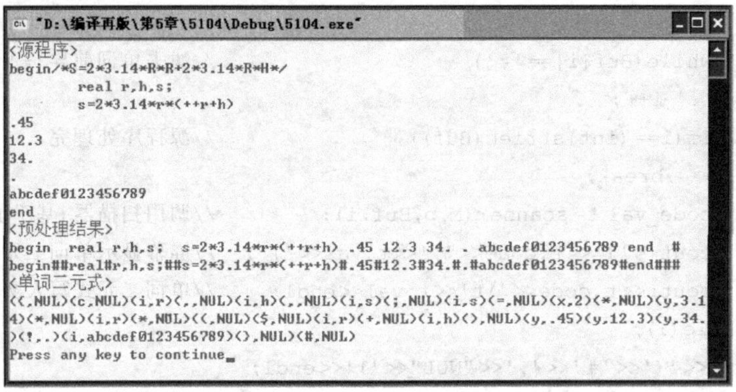

图　5.23

在上述程序中,下述数据和语言的单词集有关,它们是:

(1) 列符号串($V_T \cup \{\#\} \cup V_N$),分析表行数及产生式个数。

```
const char TNT[]="=+*(),;.abcdefghijklmnopqrstuvwxyz0123456789#LXYNIBAD";
const int LIN=62;                            //SLR 分析表行数
const int PRO_NUM=60;                        //产生式个数
```

(2) 单词编码表。

```
const char * table[]={                       //单词表
    "begin","end","integer","real","=","+","++","*",";","(",")",","
};
const char code[]={                          //编码表(仅含种别)
    "{}ac=+$*;(),"
};
```

(3) 存放分析表的文件 LR_table.txt 和存放产生式的文件 Productions.txt。

当控制程序用于其他场合时,只要修改它们的值即可,程序其余部分无须做任何改动。

5.10.4　LR_LEX 中的分析表最小化

从构词规则来看,26 个字母的作用是相同的,故可将 26 个字母压缩为 1 个,设其为"a"。同样,从构词规则来看,10 个数字的作用是相同的,也可将 10 个数字压缩为 1 个,设其为"0"。将上述文法中的产生式:

10　<字母>→a|b|…|z　　　　A→a|b|…|z

14　<数字>→0|1|…|9　　　　D→0|1|…|9

改为：

10　＜字母＞→a　　　　　　　　　　A→a

14　＜数字＞→0　　　　　　　　　　D→0

这样，产生式由 60 个降至 26 个，压缩过半；终结符由 45 个降至 11，仅为 1/4。

实际上，产生式还可以进一步压缩。所有界符（逗号、分号、左括号、右括号）都是单字符，识别模式是一样的，可以将它们合并为一个，例如“(”。这样，产生式只有 23 个，终结符个数仅为 7，非终结符个数保持不变。终结符集 V_T＝{＝、＋、＊、(、'、a、0 }，非终结符集 V_N 仍为{L、X、Y、N、I、B、A、D}。

23 个产生式重新编号如下：

0　S→L

1　L→＝

2　L→＋

3　L→＋＋

4　L→＊

5　L→(

6　L→I

7　L→X

8　L→Y

9　X→N

10　Y→N'N

11　Y→'N

12　Y→N'

13　N→ND

14　N→D

15　I→AB

16　I→A

17　B→BA

18　B→BD

19　B→D

20　B→A

21　A→a

22　D→0

由此构造出的项目集规范族只有 25 个项目集（状态），编号从 I_0 至 I_{24}。用程序生成 SLR(1)分析表，如图 5.24 所示。分析表的规模为 25×(7＋1＋8)＝400，还不到原分析表（未压缩）的 1/8(400/3286＝0.1217)。

在查分析表时，若输入字符为数字，则转换为“0”；若输入字符为字母，则转换为“a”；若输入字符为界符，则转换为“(”，然后再查分析表。非终结符可直接查表，无须转换。5.10.3 小节中程序修改如下：

SLR(1)分析表

关闭　测试　保存　帮助

	=	+	*	(	’	a	0	#	L	X	Y	N	I	B	A	D
0	s2	s3	s4	s5	s11	s12	s14		1	7	8	10	6		9	13
1								Acc								
2								r1								
3		s15						r2								
4								r4								
5								r5								
6								r6								
7								r7								
8								r8								
9						s12	s14	r16						16	18	17
10					s19		s14	r9								20
11							s14					21				13
12						r21	r21	r21								
13					r14		r14	r14								
14					r22	r22	r22	r22								
15								r3								
16						s12	s14	r15							22	23
17						r19	r19	r19								
18						r20	r20	r20								
19							s14	r12				24				13
20					r13		r13	r13								
21							s14	r11								20
22						r17	r17	r17								
23						r18	r18	r18								
24							s14	r10								20

图　5.24

(1) 将 5.10.3 小节中程序的下面常量：

```
5  const char TNT[]="=+*(),;.abcdefghijklmnopqrstuvwxyz0123456789#LXYNIBAD";
6  const int LIN=62;                       //SLR 分析表行数
7  const int PRO_NUM=60;                   //产生式个数
```

改为：

```
5  const char TNT[]="=+*(.a0#LXYNIBAD";
6  const int LIN=25;                       //SLR 分析表行数
7  const int PRO_NUM=23;                   //产生式个数
```

(2) 单词及单词编码表不变。

(3) 更新存放分析表的文件 LR_table.txt 和存放产生式的文件 Productions.txt。

(4) 增加压缩转换函数 tra，函数 tra 用 C/C++ 语言编程如下：

```
128  char tra(char c)                      //压缩转换
129  {
130      if(c==')'||c==','||c==';')
131          c='(';
132      if(c<='z' && c>'a')
133          c='a';                        //字母转换为 a
134      if(c>'0' && c<='9')
135          c='0';                        //数字转换为 0
136      return c;
137  }
```

(5) 将 5.10.3 小节中程序第 27 行语句：

```
27    int c=col(Buf[i],TNT);
```

改为：

```
27    char tra(char);int c=col(tra(Buf[i]),TNT);
```

经上述修改后，程序运行正常，同样能正确识别源程序中的单词。

运算符情况和界符有所不同，有些是单字符，例如“+”；有些是双字符，例如“++”，并且某些运算符可能为其他运算符的前缀。对于运算符，应区别情况进行压缩，这里不再详述。

习　题

5-1　已知文法 G：

1　S→a|^|(T)

2　T→T, S|S

(1) 给出(a,(a,a))的最左推导和最右推导。

(2) 指出(a,(a,a))的规范归约及每一步的句柄。

(3) 给出(a,(a,a))的移进归约分析过程。

5-2　已知文法 G：

1　E→E+T|T

2　T→T * F|F

3　F→(E)|i

证明 E+T * F 是它的一个句型，指出这个句型的所含的短语、直接短语和句柄。

5-3　假设输入串为(i)#，用手工写出 SLR(1)分析器的分析过程，即状态栈、符号栈及输入串的变化情况，SLR(1)分析表详见 5.6 节。

5-4　已知拓广文法 G：

0　S'→S

1　S→BB

2　B→aB

3　B→b

(1) 构造 LR(0)项目集规范族。

(2) 构造 LR(0)分析表。

(3) 构造 SLR(1)分析表。

5-5　已知拓广文法 G：

0　S'→S

1　S→a

2　S→^

3　S→(T)

4　T→T,S

5　T→S

(1) 构造 LR(0)项目集规范族。

(2) 构造 LR(0)分析表。

(3) 构造 SLR(1)分析表。

5-6 已知拓广文法 G:

0 S'→S

1 S→aA

2 A→cAd

3 A→ε

(1) 构造 LR(0)项目集规范族。

(2) 按 LR(0)方法构造分析表,该分析表是否是 LR(0)分析表。

(3) 构造 SLR(1)分析表。

5-7 已知文法 G:

E→E+E|E*E|(E)|i

文法 G 是一个二义文法。假设+优先于*、同级运算服从右结合,构造文法 G'。文法 G 和 G'等价,但文法 G'无二义。

5-8 已知拓广文法 G:

0 S'→E

1 E→E+E

2 E→E*E

3 E→(E)

4 E→i

文法 G 是一个二义文法。假设*优先于+、同级运算服从右结合,构造文法 G 的 SLR(1)分析表。

5-9 已知拓广文法 G:

0 S→E

1 E→E∨E

2 E→E∧E

3 E→(E)

4 E→~E

5 E→iri

6 E→i

文法 G 是一个二义文法,用于定义布尔表达式,其中 r 代表关系运算符(>、≥、<、≤、=、≠)。假设~(反)优先于∧(与),∧优先于∨(或),∧和∨服从左结合,~服从右结合。

(1) 构造 LR(0)项目集规范族。

(2) 按 SLR(1)方法构造分析表。

(3) 根据布尔运算符的优先性和结合性,消除分析表的多重定义。

(4) 根据布尔运算符的优先性和结合性,构造与文法 G 等价的非二义文法 G'。

习题答案

5-1 解(1)：

$S \underset{L}{\Rightarrow} (T) \underset{L}{\Rightarrow} (T,S) \underset{L}{\Rightarrow} (S,S) \underset{L}{\Rightarrow} (a,S) \underset{L}{\Rightarrow} (a,(T)) \underset{L}{\Rightarrow} (a,(T,S)) \underset{L}{\Rightarrow} (a,(S,S)) \underset{L}{\Rightarrow} (a,(a,S)) \underset{L}{\Rightarrow} (a,(a,a))$

$S \underset{R}{\Rightarrow} (T) \underset{R}{\Rightarrow} (T,S) \underset{R}{\Rightarrow} (T,(T)) \underset{R}{\Rightarrow} (T,(T,S)) \underset{R}{\Rightarrow} (T,(T,a)) \underset{R}{\Rightarrow} (T,(S,a)) \underset{R}{\Rightarrow} (T,(a,a)) \underset{R}{\Rightarrow} (S,(a,a)) \underset{R}{\Rightarrow} (a,(a,a))$

解(2)：为了便于描述，将(a,(a,a))标记为(a_1,(a_2,a_3))。

序号	句型	句柄
α_9	$(a_1,(a_2,a_3))$	a_1
α_8	$(S,(a_2,a_3))$	S
α_7	$(T,(a_2,a_3))$	a_2
α_6	$(T,(S,a_3))$	S
α_5	$(T,(T,a_3))$	a_3
α_4	(T,(T,S))	T,S
α_3	(T,(T))	(T)
α_2	(T,S)	T,S
α_1	(T)	(T)
α_0	S	

序列 α_9、α_8、…、α_0 称为句子(a,(a,a))的规范归约。

解(3)：

step	符号栈	输入串
0)	#	(a,(a,a))#
1)	#(	a,(a,a))#
2)	#(a	,(a,a))#
3)	#(S	,(a,a))#
4)	#(T	,(a,a))#
5)	#(T,	(a,a))#
6)	#(T,(	a,a))#
7)	#(T,(a	,a))#
8)	#(T,(S	,a))#
9)	#(T,(T	,a))#
10)	#(T,(T,	a))#
11)	#(T,(T,a	))#
12)	#(T,(T,S	))#
13)	#(T,(T	))#
14)	#(T,(T)	)#
15)	#(T,S	)#

16)	#(T	)#
17)	#(T)	#
18)	#S	#
	Acc	

5-2 解：因为 $E \Rightarrow E+T \Rightarrow E+T*F$,所以 $E+T*F$ 是文法 G 的一个句型。

因为 $E \overset{*}{\Rightarrow} E+T$ 且 $T \overset{+}{\Rightarrow} T*F$,所以 $T*F$ 是句型 $E+T*F$ 中相对于非终结符 T 的一个短语。

因为 $E \overset{*}{\Rightarrow} E$ 且 $E \overset{+}{\Rightarrow} E+T*F$,所以 $E+T*F$ 是句型 $E+T*F$ 中相对于非终结符 E 的一个短语。

因为 $E \overset{*}{\Rightarrow} E+T$ 且 $T \Rightarrow T*F$,所以 $T*F$ 是句型 $E+T*F$ 中相对于规则 $T \to T*F$ 的直接短语。

因为 $T*F$ 是句型 $E+T*F$ 中唯一的直接短语,所以 $T*F$ 是句型 $E+T*F$ 的句柄。

5-3 解：

step	状态栈	符号栈	输入串
0)	0	#	(i)#
1)	04	#(	i)#
2)	045	#(i	)#
3)	043	#(F	)#
4)	042	#(T	)#
5)	048	#(E	)#
6)	04811	#(E)	#
7)	03	#F	#
8)	02	#T	#
9)	01	#E	#
10)		Acc	

5-4 解(1)：LR(0)项目集规范族如图 5.25 所示。

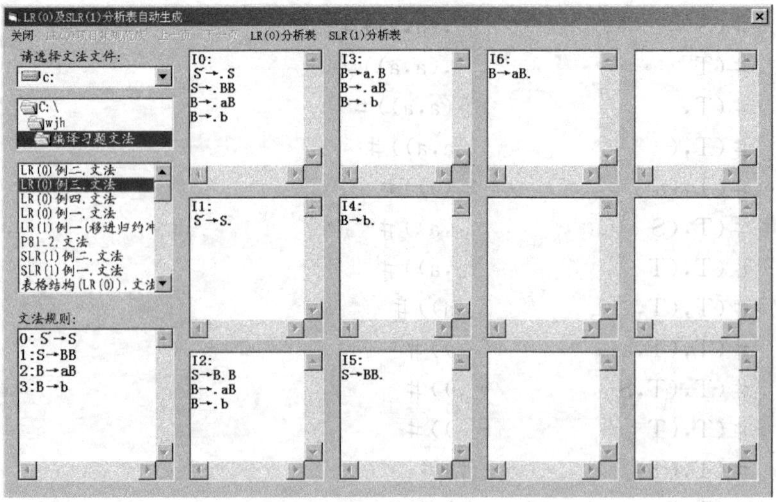

图 5.25

解(2),(3)：LR(0)分析表如图 5.26 所示，SLR(1)分析表如图 5.27 所示。

LR(0)分析表

	a	b	#	S	B
0	s3	s4		1	2
1			Acc		
2	s3	s4			5
3	s3	s4			6
4	r3	r3	r3		
5	r1	r1	r1		
6	r2	r2	r2		

图 5.26

SLR(1)分析表

	a	b	#	S	B
0	s3	s4		1	2
1			Acc		
2	s3	s4			5
3	s3	s4			6
4	r3	r3	r3		
5			r1		
6	r2	r2	r2		

图 5.27

5-5　解(1)：LR(0)项目集规范族如图 5.28 所示。

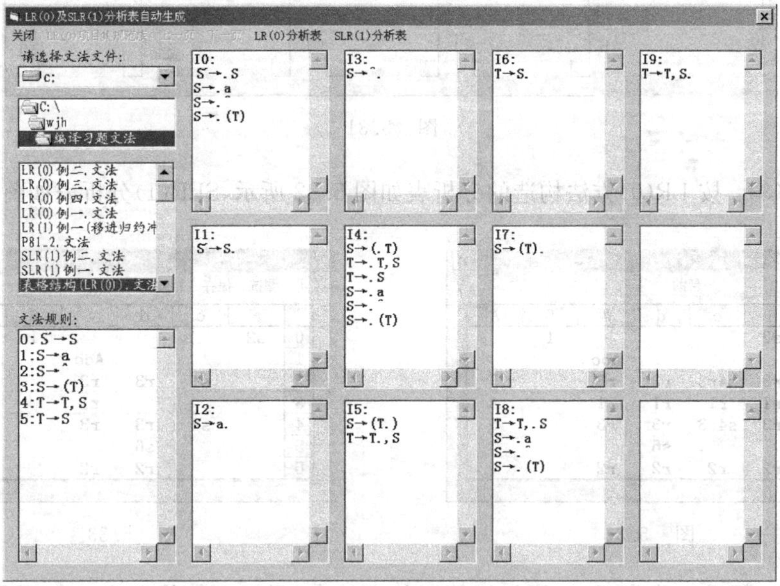

图 5.28

解(2),(3)：LR(0)分析表如图 5.29 所示，SLR(1)分析表如图 5.30 所示。

LR(0)分析表

	a	^	(	)	,	#	S	T
0	s2	s3	s4				1	
1						Acc		
2	r1	r1	r1	r1	r1	r1		
3	r2	r2	r2	r2	r2	r2		
4	s2	s3	s4				6	5
5				s7	s8			
6	r5	r5	r5	r5	r5	r5		
7	r3	r3	r3	r3	r3	r3		
8	s2	s3	s4				9	
9	r4	r4	r4	r4	r4	r4		

图 5.29

SLR(1)分析表

	a	^	(	)	,	#	S	T
0	s2	s3	s4				1	
1						Acc		
2				r1	r1	r1		
3				r2	r2	r2		
4	s2	s3	s4				6	5
5				s7	s8			
6				r5	r5			
7				r3	r3	r3		
8	s2	s3	s4				9	
9				r4	r4			

图 5.30

5-6　解(1)：LR(0)项目集规范族如图 5.31 所示。

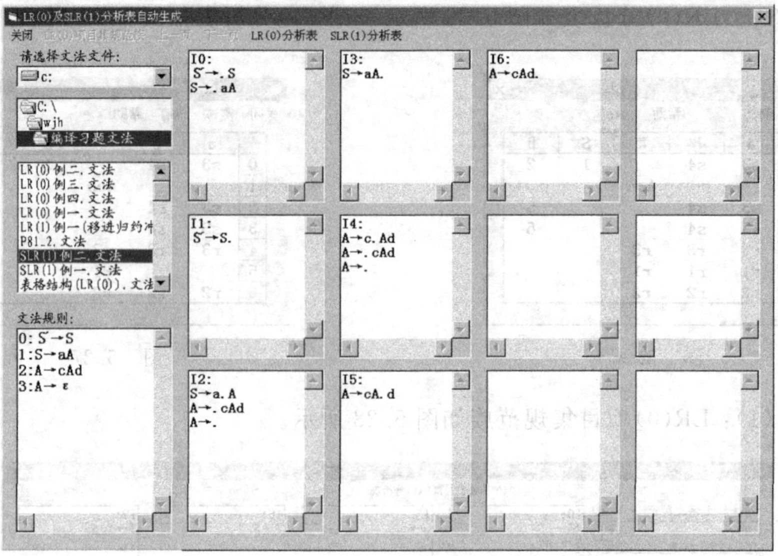

图　5.31

解(2),(3):按 LR(0)方法构造的分析表如图 5.32 所示,SLR(1)分析表如图 5.33 所示。

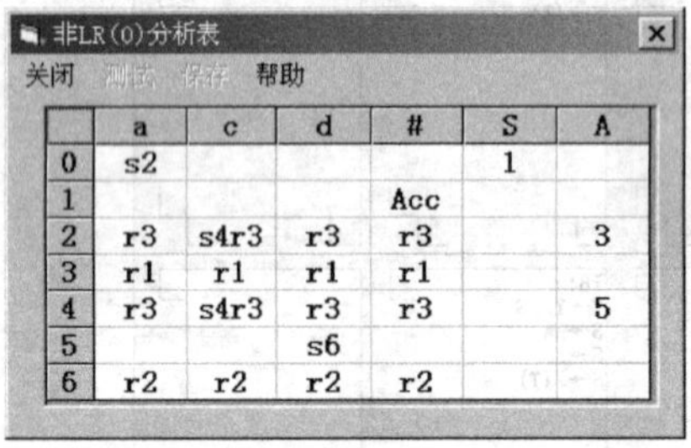

非LR(0)分析表

关闭　测试　保存　帮助

	a	c	d	#	S	A
0	s2				1	
1				Acc		
2	r3	s4r3	r3	r3		3
3	r1	r1	r1	r1		
4	r3	s4r3	r3	r3		5
5			s6			
6	r2	r2	r2	r2		

图　5.32

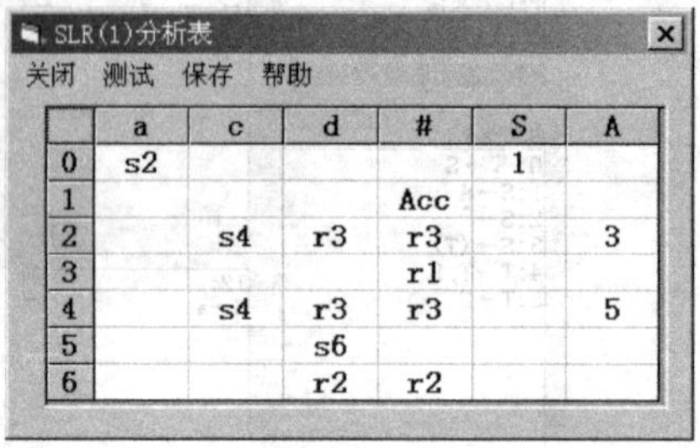

SLR(1)分析表

关闭　测试　保存　帮助

	a	c	d	#	S	A
0	s2				1	
1				Acc		
2		s4	r3	r3		3
3				r1		
4		s4	r3	r3		5
5			s6			
6			r2	r2		

图　5.33

5-7　解:假设+优先于*,同级运算服从右结合,无二义等价文法 G'如下所示:

1　E→T*E|T

2　T→F+T|F

3　F→(E)|i

5-8　解:假设*优先于+,同级运算服从右结合,二义文法 G 的 SLR(1)分析表如表 5.7 所示。

表　5.7

状态/文法符号	+	*	(	)	i	#	E	状态/文法符号	+	*	(	)	i	#	E
0			s2		s3		1	5			s2		s3		8
1	s4	s5				Acc		6	s4	s5		s9			
2			s2		s3		6	7	s4	s5		r1		r1	
3	r4	r4		r4		r4		8	r2	s5		r2		r2	
4			s2		s3		7	9	r3	r3		r3		r3	

5-9　解(1)：LR(0)项目集规范族如图 5.34、图 5.35 所示，共有 14 个项目集($I_0 \sim I_{13}$)。

① $I_0 \sim I_{11}$。

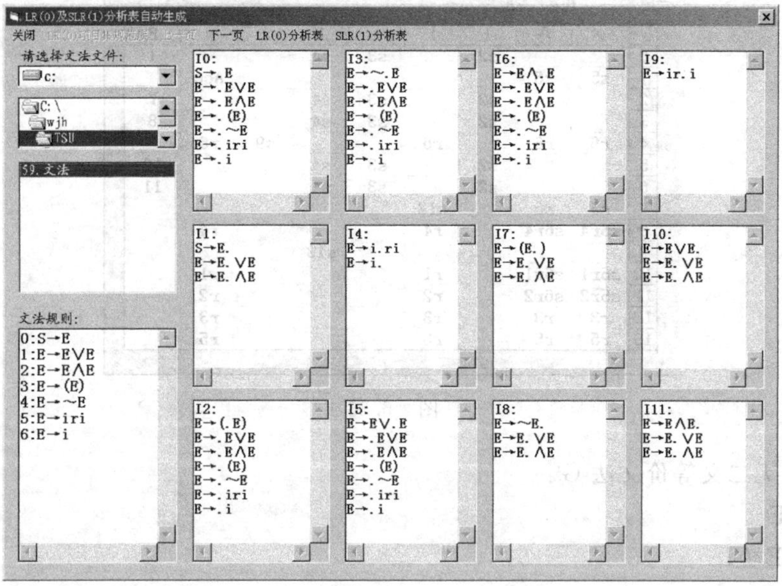

图　5.34

② $I_{12} \sim I_{13}$。

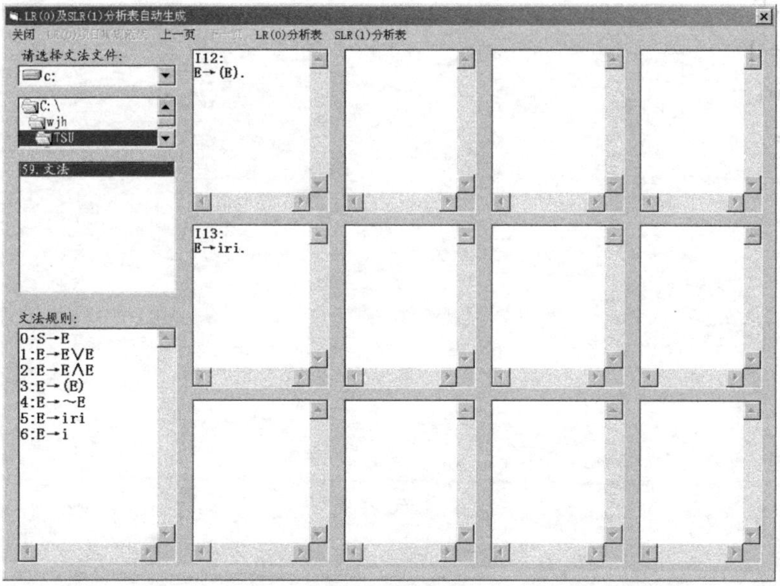

图　5.35

解(2)：按 SLR(1)方法构造的分析表如图 5.36 所示。

解(3)：根据布尔运算符的优先性和结合性，消除图 5.36 所示分析表的多重定义。

$$M[8,'\vee']=r4, M[8,'\wedge']=r4$$

$$M[10,'\vee']=r1, M[10,'\wedge']=s6$$

M[11,'∨']=r2,M[11,'∧']=r2

非SLR(1)分析表

关闭　测试　保存　帮助

	∨	∧	(	)	~	i	r	#	E
0			s2		s3	s4			1
1	s5	s6						Acc	
2			s2		s3	s4			7
3			s2		s3	s4			8
4	r6	r6		r6			s9	r6	
5			s2		s3	s4			10
6			s2		s3	s4			11
7	s5	s6		s12					
8	s5r4	s6r4		r4				r4	
9						s13			
10	s5r1	s6r1		r1				r1	
11	s5r2	s6r2		r2				r2	
12	r3	r3		r3				r3	
13	r5	r5		r5				r5	

图　5.36

解(4)：无二义等价文法 G'：

0　S→E

1　E→E∨T

2　E→T

3　T→T∧F

4　F→F

5　F→(E)

6　F→~F

7　F→iri

8　F→i

第6章 语法制导翻译和中间代码生成

任何编译程序都可视作这样一种翻译程序，它将用某种源语言书写的程序(源程序)变换成等价的用某种目标语言书写的程序(目标程序)，其中目标语言可以是机器语言或汇编语言，也可以是某种形式的中间语言。有些快速编译程序几乎没有生成中间代码这一阶段，如果有，这种中间代码的级别也是非常低的，十分接近目标机器指令。但是，为了使编译程序的逻辑结构更为清晰，目标代码的优化比较容易实现，许多编译程序都使用了复杂性介于程序设计语言和机器语言之间的中间语言，这种中间语言与目标机器无任何关系。在编译过程中，首先把源程序翻译成中间语言程序，然后再把中间语言程序翻译成目标语言程序，比较常见的中间代码有三元式和四元式。

如何把源程序的单词二元序列翻译成中间代码或目标代码呢？对于词法分析和语法分析来说，已经有了相当成熟的理论和算法。而对于中间代码或目标代码的生成，目前还没有一种公认的形式系统，因此这部分工作目前还处于手工经验阶段。其主要原因是，语义的形式化要比语法的形式化难得多。目前许多编译程序普遍采用了一种语法制导翻译方法，虽然这仍不是一个形式系统，但是比较接近于形式化。所谓语法制导翻译，就是为每个产生式配一个翻译子程序(也可称作语义动作或语义子程序)。在语法分析过程中，当一个产生式获得匹配(自上而下分析)或用于归约(自下而上分析)时，产生式的语义子程序就进入工作，完成既定的翻译任务。由于LR分析法使用的广泛性，在本章中主要以LR分析法为工具来说明语法制导翻译的原理和实现方法。为了完整，在6.11节简略讨论了自上而下分析制导翻译技术。

文法仅仅描述了语言的语法结构，规定了文法符号在程序中的语法作用，并没有规定文法符号在程序中的语义。产生式只能产生文法符号串，而产生式的语义子程序则规定了文法符号和产生式的语义。作为语义子程序的执行结果，它既可以是与源程序等价的中间代码(编译方式)，也可以直接执行源程序所蕴含的操作(解释方式)。

例如，定义算术表达式的文法G：

1 $E \rightarrow E^{(1)} + T$

2 $E \rightarrow T$

3 $T \rightarrow T^{(1)} * F$

4 $T \rightarrow F$

5 $F \rightarrow (E)$

6 $F \rightarrow i$

7 $F \rightarrow x$

8 $F \rightarrow y$

1. i

语法分析认为i是一个终结符，代表标识符。而语义分析认为它不仅是一个标识符，还具有标识符名、种属和类型等。i可能是一个简单变量，也可能是一个标号。标识符名由单词二元式中的值给出,种属和类型可从符号表获取(稍后再做解释)。

2. x

语法分析认为x是一个终结符,代表无符号整数。而语义分析认为它不仅是一个无符号整数,还具有值,值由单词二元式中的值给出(字符串形式)。

3. y

语法分析认为y是一个终结符,代表无符号实数。而语义分析认为它不仅是一个无符号实数,还具有值,值由单词二元式中的值给出(字符串形式)。

4. F

语法分析认为F是一个非终结符,代表语法单位<因子>,F由i、x、y或(E)归约而得。而语义分析认为F还具有值、类型等,为了保存值和类型,引入语义变量F. val、F. type。

5. T

语法分析认为T是一个非终结符,代表语法单位<项>,由F或T * F归约而得。而语义分析认为T还具有值、类型等,为了保存值和类型,引入语义变量T. val、T. type。

6. E

语法分析认为E是一个非终结符,代表语法单位<算术表达式>,由T或E+T归约而得。而语义分析认为E还具有值、类型等,为了保存值和类型,引入语义变量E. val、E. type。

7. +

语法分析认为它是一个终结符,代表算术加。而语义分析认为它可能是一个实数加运算符,也可能是一个整数加运算符,视运算对象而定。

8. *

语法分析认为它是一个终结符,代表算术乘。而语义分析认为它可能是一个实数乘运算符,也可能是一个整数乘运算符,视运算对象而定。

9. $E \rightarrow E^{(1)} + T$

在语法分析时认为它是一个<算术表达式>的产生式,而在语义分析时认为:应将$E^{(1)}$的值(用$E^{(1)}$. val表示)加上T的值(用T. val表示),结果放在E. val中。若数据类型有实型和整型之分,在运算前还需检查它们的类型。若类型不同,根据语言的语义,或者拒绝运算,或者将它们转换成相同类型(例如实型),然后再进行加法运算。

10. $T \rightarrow T^{(1)} * F$

在语法分析时认为它是一个<项>的产生式,而在语义分析时认为:应将$T^{(1)}$的值(用$T^{(1)}$. val表示)乘上F的值(用F. val表示),结果放在T. val中。若数据类型有实型和整型之分,在运算前还需检查它们的类型。若类型不同,根据语言的语义,或者拒绝运算,或者将它们转换成相同类型(例如实型),然后再进行乘法运算。

6.1 语法制导翻译概述

一个语义子程序描述了一个产生式所对应的翻译工作,这些翻译工作在很大程度上取决于中间代码采用什么形式。除此以外,翻译工作还包括符号表和常数表的建立,诊察和报告源程序中的语义错误等。随着语义分析的展开，与源程序等价的中间代码也逐步形成。事实上，语法制导翻译方法既可以用来产生各种中间代码，也可以用来直接产生机器指令，甚至还可用来对源程序进行解释执行。

在描述语义动作时，需要赋予每个文法符号 $X(X\in V_T\cup V_N)$ 各种不同的语义属性，例如数值、类型、地址等，它们分别用记号 X. val、X. type、X. addr 等来表示。

用于语法分析的 LR 分析器是由工作栈(状态栈和符号栈)、分析表和控制程序三部分构成的，只要适当修改工作栈和控制程序，就可将 LR 分析器用于语义分析。

(1) 分析表不变。

(2) 改造工作栈。

为了保存语义信息，在状态栈和符号栈的基础上，增加了单词值(wval)栈和语义(semantic)栈。单词值栈用于存放字符串形式的单词值，语义栈用于记录数值(val)、地址(addr)、类型(type)等语义信息，语义栈的内容一般用数值表示。符号栈用于保存文法符号，在分析过程中，符号栈中的文法符号构成活前缀。符号栈的设置是为了便于说明，在实际编译程序中没有设置的必要。经改造后，工作栈如表 6.1 所示。

表 6.1

state	symbol	wval	. val	. addr	. type	…
s_n	X	…	X. val	X. addr	X. type	…
s_{n-1}	Y	…	Y. val	Y. addr	Y. type	…
…	…	…	…	…	…	…
…	…	…	…	…	…	…
s_0	#	"NUL"				…

表 6.1 可用 C/C++ 语言定义如下：

```
const short WordLen=20;
const short StackLen=50;
short state[StackLen];                //状态栈
char symbol[StackLen];                //符号栈
char wval[StackLen][WordLen+1];       //单词值栈,存放单词值(字符串)
struct{
    short val;                        //解释执行源程序时使用,存放数值
    void * addr;                      //生成中间代码时使用,存放符号表入口或常数地址
    unsigned type:1;                  //0 表示整型,1 表示实型
     … …
}semantic[StackLen];
```

(3) 修改控制程序。

① 在移进时，除移进状态和单词的种别外，还需移进单词的值(字符串形式)。

② 在用某个产生式进行归约时，除需完成约定的归约动作外，还需执行相应的语义子程序。用伪代码描述如下：

```
switch action do
case Acc: {相应于 r0 语义动作}
case r1: {相应于 r1 语义动作}
case r2: {相应于 r2 语义动作}
...  ...
case rk: {相应于 rk 语义动作}
end switch
```

作为一个例子,考虑下面的文法 G 的语义子程序:

```
0  S→E              {output E.val}
1  E→E(1)+E(2)      {E.val←E(1).val+E(2).val}
2  E→E(1)*E(2)      {E.val←E(1).val*E(2).val}
3  E→(E(1))         {E.val←E(1).val}
4  E→x              {E.val←atoi(val)}
```

文法 G 的 SLR(1)分析表如表 6.2 所示,因为 E 在同一个产生式出现多次,用添加上标来区分它们。atoi(val)的作用为:将字符串形式的整数转换成数值形式,val 为单词的值。由于运算对象限定为无符号整数,故没有必要使用语义变量.type。假定语义动作是紧接着归约之后执行的,语义子程序可改写为如下形式:

```
0  S→E              {output semantic[top].val}
1  E→E(1)+E(2)      {semantic[top].val←semantic[top].val+semantic[top+2].val}
2  E→E(1)*E(2)      {semantic[top].val←semantic[top].val*semantic[top+2].val}
3  E→(E(1))         {semantic[top].val←semantic[top+1].val}
4  E→x              {semantic[top].val←atoi(wval[top])}
```

表 6.2

状态/文法符号	+	*	(	)	x	#	E	状态/文法符号	+	*	(	)	x	#	E
0			s2		s3		1	5			s2		s3		8
1	s4	s5				Acc		6	s4	s5		s9			
2			s2		s3		6	7	r1	s5		r1		r1	
3	r4	r4		r4		r4		8	r2	r2		r2		r2	
4			s2		s3		7	9	r3	r3		r3		r3	

设源程序为:

7+9*5

经词法分析,它的单词二元式序列为:

(x,"7")(+,"NUL")(x,"9")(*,"NUL")(x,"5")(#,"NUL")

语法制导解释过程如下所示(考虑"NUL"字符数较多,改用"—"表示):

step	state 栈	symbol 栈	wval 栈	.val 栈	输入串
0)	0	#	-	-	(x,"7")(+,"NUL")…
1)	03	#x	-7	--	(+,"NUL")(x,"9")…

2)	01	#E	--	-7	(+,"NUL")(x,"9")…
3)	014	#E+	---	-7-	(x,"9")(*,"NUL")…
4)	0143	#E+x	---9	-7--	(*,"NUL")(x,"5")…
5)	0147	#E+E	----	-7-9	(*,"NUL")(x,"5")…
6)	01475	#E+E*	-----	-7-9-	(x,"5")(#,"NUL")
7)	014753	#E+E*x	-----5	-7-9--	(#,"NUL")
8)	014758	#E+E*E	------	-7-9-5	(#,"NUL")
9)	0147	#E+E	----	-7-45	(#,"NUL")
10)	01	#E	--	-52	(#,"NUL")
	Acc			output 52	

如果把文法 G 的语义子程序改为产生中间代码，那么就能在语法分析的制导下，随着翻译进展逐步生成与源程序等价的中间代码序列。

语法分析的基本原理和方法在前面两章已经做了充分的讨论和说明，为了着重讨论和解释语义分析中的难点和方法，在后面章节中对语法制导翻译的语法分析部分做了简化。将分析表和状态栈略去，在移进归约过程中，用人工来判断符号栈是否存在句柄，而不是根据分析表。

6.2　符号表和常数表

在讨论中间代码生成之前，先介绍符号表和常数表。在编译过程中，编译程序需要不断汇集和反复查证出现在源程序中的各种符号名，以及符号名的属性，这些信息通常记录在符号表和常数表中。

在计算机使用初期，程序是用机器语言编写的，在机器语言指令中含有计算机内存的绝对地址。在程序运行时，机器语言程序存放在内存的低地址区域，并约定计算机执行程序的起始地址，而数据通常存放在内存的高地址区域。在机器语言程序中，增加或减少一条指令，将会引起指令修改的连锁反应。在汇编语言和高级语言中，引进了符号名，用于定义变量、标号等。符号名的引入，使得程序中所用的数据存储单元和指令转移目标与内存绝对地址无关，支持这一软件技术的就是符号表的使用。更有意义的是，符号表的引入使得目标代码生成和内存地址分配无关，可在机器码最终定位阶段，甚至在程序运行过程中，对变量进行内存地址分配。在对变量进行内存地址分配时，符号表就是地址分配的依据。

在说明语句的翻译过程中，每当识别出一个标识符，就在符号表中为该标识符建立一条记录，并填入标识符名、种属、类型等语义信息。若标识符在符号表中已有记录，说明标识符被重复定义，通常处理为报错，除非语言允许重定义。

在非说明语句的翻译过程中，每当识别出一个标识符，就根据标识符名去查符号表，并由此获得该标识符在符号表中的入口。若标识符在符号表中不存在，则根据语言的规定进行处理。如果标识符名是一个变量名，则报错；如果标识符名是一个标号名，则在符号表中创建一个记录，将标识符名等信息填入符号表。

每当识别出一个常数，就把字符串形式的常数转换成数值后填入常数表，并由此获得该常数在常数表中的地址。若常数在常数表中已存在,则可直接获得地址,无须重复填入。可只设置一张常数表,同时记录各种类型的常数;也可按类型设置多张常数表,按常数类型分表记录。

符号表由记录构成,相当于一个结构数组,可用 C/C++ 语言定义如下:

```
const short TableLen=64;
struct{
    void * addr;            //保存标号或变量的地址(2 字节)
    char id[5];             //标识符名,最多允许 5 个字符
    unsigned cat:1;         //0 表示简单变量 var,1 表示标号 lab
    unsigned type:1;        //0: int 或 undef(lab 未定义),1: real 或 def(lab 已定义)
    unsigned dummy:6        //已使用 2 个二进制位,还有 6 个二进位暂未使用
}sym_table[TableLen];
```

上述符号表的每一个记录由 8 个字节构成,包含三个部分,它们是:内存地址、标识符名以及标识符的相关信息。

第一部分是内存地址(2 字节),地址标识范围为 0~65535。变量的值并不存放在符号表中,而是存储在内存的另外一个区域,通过该地址指示,它的值是在内存地址分配时填入。由于在结构定义中安排 addr 为结构的第 1 分量,所以结构的地址(&sym_table[i])和结构的第 1 分量地址(&sym_table[i].addr)可以认为相等,结构地址通常称为符号表入口。在中间代码生成时,若操作数是变量,则应在操作数位置上填入变量在符号表中的入口。根据中间代码生成的目标代码,是通过间址寻址方式对变量进行存取。借助间址寻址,使得指令代码中所使用的地址和实际存放数据的地址相互独立。

第二部分是标识符名(5 字节),标识符最多可由 5 个字符构成。

第三部分记录标识符相关信息,一般是指种属(如简单变量、标号、数组、函数、……)和类型(如整型、实型、布尔型、……)等,这些信息用于语义检查和产生中间代码。当 sym_table[i].cat 的值为 0,则表示 sym_table[i].id 是源程序中的一个简单变量(var),是整型(interger)还是实型(real),则由 sym_table[i].type 的值 0 或 1 表示。当 sym_table[i].cat 的值为 1,则表示 sym_table[i].id 是源程序中的一个标号(lab)。若 sym_table[i].type 值为 0,表示标号未定义(undef);若 sym_table[i].type 值为 1,表示标号已定义(def)。

接符号表定义,整常数表和实常数表用 C/C++ 语言定义如下:

```
short int_table[TableLen];          //无符号整数为 2 字节
float real_table[TableLen];         //无符号实数为 4 字节
```

在中间代码生成时,若操作数是常数,则应在操作数位置上填入常数在常数表中的地址(& int_table[i] 或 & real_table[i])。目标代码运行时,根据该地址可直接获得常数值,无须间址访问。目标代码生成器可根据地址范围来区分是符号表地址还是常数表地址,从而使用不同的寻址方式。

6.3 中间代码

在本节中将介绍常用的中间代码,它们是三元式和四元式。

6.3.1　三元式

三元式的 3 个组成部分是：算符 OP、第一操作数 ARG1 和第二操作数 ARG2。例如，算术表达式 a＋b＊2 可表示为：

(1) ＊　&b　&2

(2) ＋　&a　(1)

其中，(1)代表 b＊2 的计算结果，(2)代表 a＋b＊2 的计算结果。&b 表示变量 b 在符号表中的入口，而 &2 表示常数 2 在常数表中的地址。

三元式相当于二地址指令，计算结果用三元式的序号来表示，它的主要优点是无须引进临时变量。对于二地址计算机指令来说，第一操作数通常为寄存器，在指令执行前存放第一操作数，指令执行后存放运算结果。在中间代码优化过程中，常常需要调整中间代码的先后次序，包括中间代码的增减。对于三元式而言，这种调整是相当困难的，有时几乎是不可能的，因为三元式的运算结果是用三元式的序号来指示的。

设源程序为：

x＝(a＋b)＊c；y＝－d

它的三元式代码为：

(1) ＋　&a　&b

(2) ＊　(1)　&c

(3) ＝　&x　(2)

(4) －　&d

(5) ＝　&y　(4)

第(4)个三元式中的一元负运算只有一个运算对象，ARG2 不使用。若将上述源程序中的两条语句互换，改为：

y＝－d；x＝(a＋b)＊c

它的三元式代码不是简单交换原两条语句相应的三元式，还需修改三元式中一系列指示器的值，如下所示：

(1) －　&d

(2) ＝　&y　(1)

(3) ＋　&a　&b

(4) ＊　(3)　&c

(5) ＝　&x　(4)

6.3.2　四元式

四元式由 4 个部分组成，它们是：算符 OP、第一操作数 ARG1、第二操作数 ARG2 和运算结果 RESULT。例如，表达式 a＋b＊2 可表示为：

(1) ＊　&b　&2　&T1

(2) ＋　&a　&T1　&T2

其中,T1、T2 是临时变量,&T1、&T2 表示 T1、T2 在临时变量表中的入口。

在形成四元式时,考虑代码生成方便,不加限制地引进临时变量 Ti(i=1,2,…)。在代码优化和目标代码生成阶段,可将它们的数量压缩到最低。临时变量 Ti 有两种处理方法:

(1) 将 Ti 作为标识符存入符号表,通过符号表入口对它们进行引用。由于不加限制地引进临时变量,在随后进行的代码优化和目标代码生成中,有部分临时变量有可能被删除,采用此方法不是最合适。

(2) 临时变量用于记录运算过程中的中间结果,必然是简单变量。可另外设置临时变量表(无须设置种属一栏),将 Ti 存入临时变量表,而不是存入符号表。由于地址范围不同,目标代码生成器能够将临时变量表的入口和符号表入口区别开来。在以后的讨论中,按第 2 种方案处理临时变量。

ARG1、ARG2 及 RESULT 均为指示器,或者指向常数表,或者是符号表、临时变量表的入口。四元式主要缺点是:在生成中间代码时,需引进大量临时变量;主要优点是:代码生成容易,调整方便。在本章以后讨论中,中间代码采用四元式形式。

设源程序为:

x=(a+b) * c;y=-d

它的四元式代码为:

```
(1) +   &a    &b    &T1
(2) *   &T1   &c    &T2
(3) =   &T2         &x
(4) -   &d          &T3
(5) =   &T3         &y
```

第(4)个四元式中的一元负运算只有一个运算对象,ARG2 不使用。若将源程序中的两条语句互换,改为:

y=-d;x=(a+b) * c

它的四元式代码只要简单交换原两条语句相应的四元式即可,无须再做任何修改。

```
(1) -   &d    -     &T3
(2) =   &T3   -     &y
(3) +   &a    &b    &T1
(4) *   &T1   &c    &T2
(5) =   &T2   -     &x
```

在目标代码生成时,需将四元式变换为汇编语言。有些四元式不使用 ARG2,例如一元负运算。考虑符号表入口、临时变量表入口和常数地址通常为非 0,为了输入和处理方便,将不使用的 ARG2 标记为 0。上述语句的四元式代码重新描述如下:

```
(1) -   &d    0     &T3
(2) =   &T3   0     &y
(3) +   &a    &b    &T1
(4) *   &T1   &c    &T2
(5) =   &T2   0     &x
```

6.4　说明语句(简单变量)的翻译

首先讨论说明语句的翻译,说明语句是用来定义程序中所使用的变量的,绝大多数高级语言都要求先定义变量,然后再使用变量,这里仅仅限于简单变量说明语句的讨论。说明语句的翻译并不产生中间代码,而是将变量的名字、种属、类型等信息填入符号表。说明语句的文法如下所示:

1	<语句>→integer<标识符串>	S→aV
2	<语句>→real<标识符串>	S→cV
3	<标识符串>→<标识符串>,标识符	V→V,i
4	<标识符串>→标识符	V→i

用这个文法来制导翻译存在一个问题,只有把所有标识符归约成<标识符串>,才能把变量名、种属、类型等信息填入符号表,这就意味着必须使用一个队列来保存这些变量名,为了避免使用队列,可将文法修改如下:

1	<语句>→<说明>	S→V
2	<说明>→<说明>,标识符	V→V,i
3	<说明>→integer 标识符	V→ai
4	<说明>→real 标识符	V→ci

这样每当读进一个标识符,就可把它的变量名及其性质填入符号表,没有必要集中起来成批处理。

当 ai 归约为 V,ai 所蕴含的语义信息(整型、简单变量)随之消失。由于在一个说明语句中可定义多个变量,此时应通过 V 的语义变量 V.cat 和 V.type 保存 ai 的语义信息。当将 $V^{(1)}$,i 归约为 V 时,i 将继承 $V^{(1)}$ 的语义信息。

```
V→ai{                                      //a为 integer 的单词种别,i 为标识符的单词种别
   fill_sym(wval,var,int)                  //fill_sym(单词值,种属,类型)
   V.cat←var                               //var 表示简单变量
   V.type←int                              //int 表示整型
}
V→ci{                                      //c为 real 的单词种别,i 为标识符的单词种别
   fill_sym(wval,var,real)                 //fill_sym(单词值,种属,类型)
   V.cat←var                               //var 表示简单变量
   V.type←real                             //real 表示实型
}
V→V(1),i{
   fill_sym(wval, V(1).cat, V(1).type)     //i 继承 V(1) 的语义信息
   V.cat←V(1).cat
   V.type←V(1).type
}
S→V{}                                      //暂时可认为是空
```

语义子程序中的 fill_sym 为填表函数,无返回值。在本书讨论的模型语言中,变量的种属只有“简单变量”和“标号”两种,函数 fill_sym 四种入口参数组合如下所示:

```
fill_sym(标识符,var,int)            //简单变量,整型
fill_sym(标识符,var,real)           //简单变量,实型
fill_sym(标识符,lab,def)            //标号,标号地址已确定(或已定义)
fill_sym(标识符,lab,undef)          //标号,标号地址未确定(或未定义)
```

函数 fill_sym 首先根据标识符名查表,若该标识符名在符号表中不存在,则为其创建一个记录,将标识符名、种属及类型信息填入符号表;若标识符名在符号表中已存在,则说明该标识符被重复定义,通常处理为报错。

设源程序说明语句为:

```
interger red,green
```

经词法分析,它的单词二元式序列为:

(a,"NUL")(i,"red")(,,"NUL")(i,"green")(#,"NUL")

语法制导翻译过程如下所示(考虑“NUL”字符数较多,改用“-”表示):

step	symbol 栈	wval 栈	.cat 栈	.type 栈	输入串
0)	#	-	-	-	(a,"NUL")…
1)	#a	--	--	--	(i,"red")…
2)	#ai	--red	---	---	(,,"NUL")…
3)	#V	--	-var	-int	(,,"NUL")…
4)	#V,	---	-var-	-int-	(i,"green")…
5)	#V,i	---green	-var--	-int--	(#,"NUL")
6)	#V	--	-var	-int	(#,"NUL")
7)	#S	--	--	--	(#,"NUL")
	Acc				

符号表内容如表 6.3 所示。

表 6.3

内存地址 (2 Byte)	标识符名 (5 Byte)	种属 (1 Bit)	类型 (1 Bit)	Dummy (6 Bit)
未分配	red	var	int	
未分配	green	var	int	

6.5 整型算术表达式及赋值语句的翻译

从本节开始,对语法单位的表示稍做调整,用 X 表示＜算术表达式＞,用 Y 表示＜项＞,用 Z 表示＜因子＞,E、T、F 在 6.7 章节中另有他用。整型算术表达式和赋值语句

的文法如下所示：

1	＜语句＞→标识符＝＜整型算术表达式＞	S→i＝X
2	＜整型算术表达式＞→＜整型算术表达式＞＋＜项＞	X→X＋Y
3	＜整型算术表达式＞→＜项＞	X→Y
4	＜项＞→＜项＞＊＜因子＞	Y→Y＊Z
5	＜项＞→＜因子＞	Y→Z
6	＜因子＞→(＜整型算术表达式＞)	Z→(X)
7	＜因子＞→－＜因子＞	Z→－Z
8	＜因子＞→标识符	Z→i
9	＜因子＞→无符号整数	Z→x

语义子程序描述如下：

```
S→i=X{
    p←sym_entry(wval)
    gen_code(=,X.addr,0,p)                    //产生四元式
}
X→X^(1)+Y{
    X.addr←get_tmpvar(int)                    //申请整型临时变量
    gen_code(+,X^(1).addr, Y.addr, X.addr)    //产生四元式
}
X→Y{
    X.addr←Y.addr                             //传递
}
Y→Y^(1) * Z{
    Y.addr←get_tmpvar(int)                    //申请整型临时变量
    gen_code(*,Y^(1).addr, Z.addr, Y.addr)    //产生四元式
}
Y→Z{
    Y.addr←Z.addr                             //传递
}
Z→(X){
    Z.addr←X.addr                             //传递
}
Z→-Z^(1){
    Z.addr←get_tmpvar(int)                    //申请整型临时变量
    gen_code(-,Z^(1).addr,0,Z.addr)           //产生四元式
}
Z→i{
    Z.addr←sym_entry(wval)                    //wval 表示单词的值
}
Z→x{
    Z.addr←int_entry(atoi(wval))              //wval 表示单词的值
}
```

语义子程序中的函数说明如下。

1. get_tmpvar 函数

get_tmpvar(int)表示申请一个整型临时变量,get_tmpvar(real)表示申请一个实型临时变量。每调用一次,可获得一个新的临时变量,并将它在临时变量表中的入口作为返回值。临时变量名依次为 T1、T2、…,相应地址依次为 &T1、&T2、…。

2. sym_entry 函数

根据单词值(标识符名)查符号表。若找到,则返回它在符号表中的入口;若符号表中无该标识符名的记录,则返回 0。

3. gen_code 函数

根据参数产生四元式(OP,ARG1,ARG2,RESULT),并将它填入四元式表,函数无返回值。初始时四元式表空,指示器指向表的第 1 个空白位置。算符 OP 有时由多个字符构成,例如 jmp、itr 等,故算符 OP 用字符串来表示。

4. int_entry 函数

首先利用函数 atoi,将字符串形式单词值转换成整数,然后查整常数表。若找到,则直接返回它在表中的地址;若表中无此整数,则在表中创建该整数的记录,然后返回它在表中的地址。

通过一个例子来说明上述语义子程序。设源程序为:

$$a=-b*(c+2)$$

经词法分析,它的单词二元式序列为:

(i,"a")(=,"NUL")(－,"NUL")(i,"b")(*,"NUL")((,"NUL")(i,"c")(+,"NUL")(x,"2")(),"NUL")(#,"NUL")

语法制导翻译过程如下所示(考虑“NUL”字符数较多,改用“－”表示):

step	symbol 栈	wval 栈	.addr 栈	输入串	
0)	#	-	-	(i,"a")…	
1)	#i	-a	--	(=, "NUL")…	
2)	#i=	-a-	---	(－,"NUL")…	
3)	#i=-	-a--	----	(i,"b")…	
4)	#i=-i	-a--b	-----	(*,"NUL")…	
5)	#i=-Z	-a---	----&b	(*,"NUL")…	
6)	#i=Z	-a--	---&T1	(*,"NUL")…	(1) (-,&b,0,&T1)
7)	#i=Y	-a--	---&T1	(*,"NUL")…	
8)	#i=Y*	-a---	---&T1-	((, "NUL")…	
9)	#i=Y*(	-a----	---&T1--	(i,"c")…	
10)	#i=Y*(i	-a----c	---&T1---	(+, "NUL")…	
11)	#i=Y*(Z	-a-----	---&T1--&c	(+, "NUL")…	
12)	#i=Y*(Y	-a-----	---&T1--&c	(+, "NUL")…	
13)	#i=Y*(X	-a-----	---&T1--&c	(+, "NUL")…	
14)	#i=Y*(X+	-a------	---&T1--&c-	(x,"2")…	
15)	#i=Y*(X+x	-a------2	---&T1--&c--	(),"NUL")…	

16)	#i=Y*(X+Z	-a-------	---&T1--&c-&2	(),"NUL")…	
17)	#i=Y*(X+Y	-a-------	---&T1--&c-&2	(),"NUL")…	
18)	#i=Y*(X	-a-----	---&T1--&T2	(),"NUL")…	(2) (+,&c,&2,&T2)
19)	#i=Y*(X)	-a------	---&T1--&T2-	(#,"NUL")	
20)	#i=Y*Z	-a----	---&T1-&T2	(#,"NUL")	
21)	#i=Y	-a--	---&T3	(#,"NUL")	(3) (*,&T1,&T2,&T3)
22)	#i=X	-a--	---&T3	(#,"NUL")	
23)	#S	-a	---&T3	(#,"NUL")	(4) (=,&T3,0,&a)
	Acc				

6.6　混合型算术表达式及赋值语句的翻译

在 6.5 节中，假定所有的运算对象都是同一类型(整型)。实际上，在一个表达式中可能出现不同类型的变量和常数，编译程序必须根据语言的语义，按不同情况进行处理。或者拒绝接受混合运算；或者允许混合运算，生成类型转换中间代码，在运算前将它们转换成同一类型。在表达式中，可能出现的情况如下所示：

(1) real op real、interger op interger

无须转换。

(2) interger op real、real op interger

将 interger 型转换成 real 型，然后按 real op real 进行运算。

(3) interger←interger、real←real

无须转换。

(4) real←interger

将 interger 型换成 real 型，按 real←real 进行赋值。

(5) interger←real

或者报错(例如 Pascal 语言)，或者将 real 型转换成 interger 型，按 interger←interger 进行赋值(例如 C 语言)。

设源程序为：

```
1  integer a,b;
2  real c,d;
3  c=d+a*b
```

它的中间代码序列为：

```
(1) (*^i,&a,&b,&T1)                    //上标 i 表示整型运算
(2) (itr,&T1,0,&T2)
(3) (+^r,&d,&T2,&T3)                   //上标 r 表示实型运算
(4) (=^r,&T3,0,&c)
```

四元式(2)是类型转换四元式,它将整型量转换成实型量。混合型算术表达式及赋值语句的文法如下所示:

1	＜语句＞→标识符=＜算术表达式＞	S→i=X
2	＜算术表达式＞→＜算术表达式＞+＜项＞	X→X+Y
3	＜算术表达式＞→＜项＞	X→Y
4	＜项＞→＜项＞*＜因子＞	Y→Y*Z
5	＜项＞→＜因子＞	Y→Z
6	＜因子＞→(＜算术表达式＞)	Z→(X)
7	＜因子＞→-＜因子＞	Z→-Z
8	＜因子＞→标识符	Z→i
9	＜因子＞→无符号整数	Z→x
10	＜因子＞→无符号实数	Z→y

语义子程序描述如下:

```
S→i=X{
   p←sym_entry(wval)                                      //标识符入口
   j←(p-sym_table)/8            //sym_table表示符号表首址(和C语言一致),每项8字节
   if sym_table[j].type=X.type then                        //类型相同
      if X.type=int then gen_code(=^i,X.addr,0,p)   //interger←interger
      else  gen_code(=^r,X.addr,0,p)                 //real←real
      end if
   else                                                    //类型不相同
      if X.type=int then                                   //real←interger
         t←get_tmpvar(real)                   //申请一个临时实型变量,用于类型转换
         gen_code(itr,X.addr,0,t)                          //将int转换为real
         gen_code(=^r,t,0,p)
      else                                                 //interger←real
         output "Err ";exit                                //报错,终止运行。
      end if
   end if
}
X→X^(1)+Y{
   if X^(1).type=Y.type then                               //类型相同
      if X^(1).type=int then                               //interger op interger
         X.addr←get_tmpvar(int)
         gen_code(+^i,X^(1).addr,Y.addr,X.addr)            //产生四元式
         X.type←int
      else                                                 //real op real
         X.addr←get_tmpvar(real)
         gen_code(+^r,X^(1).addr,Y.addr,X.addr)            //产生四元式
         X.type←real
      end if
   else                                                    //类型不相同
         t←get_tmpvar(real)                   //申请一个临时实型变量,用于类型转换
```

```
        X.addr←get_tmpvar(real);X.type←real              //结果类型均为实型
        if X(1).type=int then                            //interger op real
                gen_code(itr,X(1).addr,0,t)
                gen_code(+r,t,Y.addr,X.addr)
        else                                             //real op interger
                gen_code(itr,Y.addr,0,t)
                gen_code(+r,X(1).addr,t,X.addr)
        end if
    end if
}
X→Y{
    X.addr←Y.addr;X.type←Y.type                          //传递
}
Y→Y(1)*Z{…}                                              //略,参考 X→X(1)+Y 的语义子程序
Y→Z{
    Y.addr←Z.addr;Y.type←Z.type                          //传递
}
Z→(X){
    Z.addr←X.addr;Z.type←X.type                          //传递
}
Z→-Z(1){
    if Z(1).type=int then                                //interger
        Z.addr←get_tmpvar(int)
        gen_code(-i,Z(1).addr,0,Z.addr)                  //产生四元式
        Z.type←int
    else                                                 //real
        Z.addr←get_tmpvar(real)
        gen_code(-r,Z(1).addr,0,Z.addr)                  //产生四元式
        Z.type←real
    end if
}
Z→i{
    p←sym_entry(wval)                                    //标识符入口
    j←(p-sym_table)/8             //sym_table表示符号表首址(和C语言一致),每项8字节
    Z.type←sym_table[j].type
    Z.addr←p
}
Z→x{
    Z.addr←int_entry(atoi(wval))                         //wval表示单词的值
    Z.type←int
}
Z→y{
    Z.addr←real_entry(atof(wval))                        //wval表示单词的值
    Z.type←real
}
```

语义子程序中的 real_entry 函数说明如下：首先利用函数 atof，将字符串形式单词值转换成实数，然后查实常数表。若找到，则直接返回它在表中的地址；若表中无此实数，则在表中创建该实数的记录，然后返回它在表中的地址。

为了方便目标代码生成，在中间代码生成中，除引入算符“itr”外，还引入运算符“$+^r$”、“$+^i$”等，分别表示实数加、整数加等。若算符 OP 采用整数编码，“$+^r$”和“$+^i$”可用不同的整数码来表示，这些运算符在源程序中是不存在的。在目标机器指令集中，可能存在和它们对应的机器指令，也可能没有，在后一种情况下可以用若干条机器指令的组合来替代。

6.7 布尔表达式的翻译

布尔表达式在高级语言中有两个作用，一是用于控制语句的条件，二是用于计算逻辑值。布尔表达式是由布尔运算符(∧、∨、～)作用于关系表达式而形成的，关系表达式的形式为 XRX，R 代表关系运算符，X 代表算术表达式。

定义布尔表达式的文法 G 如下所示：

1 <布尔表达式>→<布尔表达式>∨<布尔表达式项> E→E∨T
2 <布尔表达式>→<布尔表达式项> E→T
3 <布尔表达式项>→<布尔表达式项>∧<布尔表达式因子> T→T∧F
4 <布尔表达式项>→<布尔表达式因子> T→F
5 <布尔表达式因子>→～<布尔表达式因子> F→～F
6 <布尔表达式因子>→(<布尔表达式>) F→(E)
7 <布尔表达式因子>→<算术表达式><关系运算符><算术表达式> F→XRX
8 <关系运算符>→>|≥|<|≤|=|≠ R→>|≥|<|≤|=|≠
9 <算术表达式>→<算术表达式>+<算术表达式项> X→X+Y
10 <算术表达式>→<算术表达式>−<算术表达式项> X→X−Y
11 <算术表达式>→<算术表达式项> X→Y
12 <算术表达式项>→<算术表达式项>*<算术表达式因子> Y→Y*Z
13 <算术表达式项>→<算术表达式项>/<算术表达式因子> Y→Y/Z
14 <算术表达式项>→<算术表达式因子> Y→Z
15 <算术表达式因子>→−<算术表达式因子> Z→−Z
16 <算术表达式因子>→+<算术表达式因子> Z→+Z
17 <算术表达式因子>→(<算术表达式>) Z→(X)
18 <算术表达式因子>→标识符 Z→i
19 <算术表达式因子>→无符号整数 Z→x
20 <算术表达式因子>→无符号实数 Z→y

在上述文法中，规定算术表达式优先于关系表达式，关系表达式优先于布尔表达式，和 C 语言有所不同。在算术表达式中，一元正(负)优先于乘除，乘除优先于加减。由于关系运算符不相邻，故没有必要考虑关系运算符之间的结合性和优先性。在布尔表达式中，一元反(～)优先于与运算(∧)，与运算优先于或运算(∨)。同级单目运算服从右结合，同级双目运算服从左结合。

考虑下述文法 G'定义的布尔表达式：

1　E→E∨E|E∧E|(E)|～E|XRX

2　R→>|≥|<|≤|=|≠

3　X→X+X|X−X|X*X|X/X|(X)|+X|−X|i|x|y

文法 G'是一个二义文法，和文法 G 等价，E 表示布尔表达式，X 表示算术表达式。为了讨论方便，对文法 G'做了适当改动，如下所示：

1　E→E∨E|E∧E|(E)|～E|XrX|X

2　X→X+X|X*X|(X)|−X|i|x

r 是终结符，是关系运算符(>、≥、<、≤、=、≠)的抽象。在文法中增加了布尔表达式可为算术表达式定义，在最简单情况下布尔表达式可以是变量或常数。去除无符号实数，并约定变量的类型仅为整型。因加和减、乘和除、一元负和一元正运算的语法语义特性基本相同，故文法略去了减、除和一元正运算。可根据上述文法构造 SLR(1)分析表，利用运算符的优先性和结合性，不难消除分析表的多重定义，详见第 5 章习题 5-9。

计算布尔表达式通常有两种方法。第 1 种方法如同计算算术表达式一样，按照布尔运算符的优先性和结合性计算出布尔表达式的值。用数值 1 代表 true，用数值 0 代表 false，那么布尔表达式 1∨～0∧0∨0 的计算过程如下所示：

```
1∨～0∧0∨0          //∨的优先级低于～，～的优先级高于∧，先计算～
=1∨1∧0∨0           //∨的优先级低于∧，先计算∧
=1∨0∨0             //∨服从左结合，先计算 1∨0
=1∨0
=1
```

第 2 种方法是采取某种优化措施。例如计算 a∨b，如果 a 的值为 true，则无须再计算 b。因为不管 b 的计算结果如何，a∨b 的值都为 true。同理，在计算 a∧b 时，若发现 a 的布尔值为 false，则 b 的布尔值无须再计算。可以用 if-then-else 来解释∨、∧和～的计算。

- a∨b 解释为：if a then ture else b；
- a∧b 解释为：if a then b else false；
- ～a 解释为：if a then false else ture。

在后一种方法中，有可能不计算 b，所以两种计算方法在某种情况下未必等价。因为 b 可以是一个布尔量，也可以是一个返回值是布尔量的函数，在函数中可以修改全程量和参数传递的量。

对应于布尔表达式的两种计算方法，布尔表达式有两种不同的翻译方法，目前广泛使用的 C/C++ 语言是按后一种方法翻译的。

第 1 种翻译法基本同算术表达式的翻译，这种翻译方法我们已经相当熟悉。例如，布尔式 a∨b∧～c>2 可译成如下四元式：

```
(1) (>,&c,&2,&T1)      //∧优先于∨，～优先于∧，关系表达式优先于布尔表达式
(2) (～,&T1,0,&T2)     //∧优先于∨，～优先于∧
(3) (∧,&b,&T2,&T3)    //∧优先于∨
(4) (∨,&a,&T3,&T4)
```

第 2 种翻译法和控制语句有密切关系，例如：

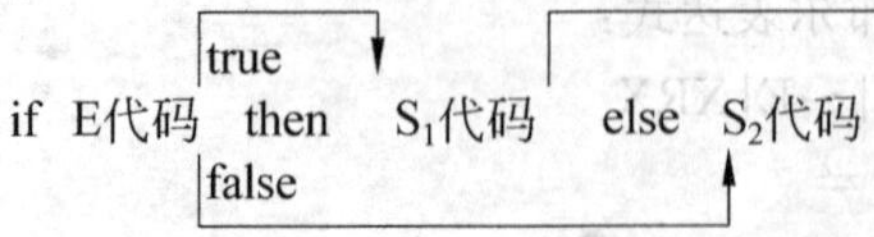

条件语句中布尔表达式 E 的作用在于控制对语句 S_1 和 S_2 的选择，只要能够完成这一使命，布尔表达式 E 的值无须保留在某个临时单元中。因此，作为转移条件的布尔表达式 E，可以赋予它两个“出口”。一个是“真出口”，转向语句 S_1；另一个是“假出口”，转向语句 S_2。语句 S_1 执行完毕后，应跳过 S_2 的代码，转移至语句 S_2 之后。控制语句中的布尔表达式 E，可译成仅包含下述三种四元式的代码序列：

(1) (jnz,&a,0,p)：若 a 为非 0 转移至四元式 p，否则顺序执行。

(2) (jr,&a,&b,p)：若 arb 为真(r 为关系运算符)转移至四元式 p，否则顺序执行。

(3) (jmp,0,0,p)：无条件转移至四元式 p。

例如，可以把条件语句：

$$\text{if}\quad a \vee b < c \quad \text{then}\quad S_1 \quad \text{else}\quad S_2$$

翻译成如下四元式序列：

(1)	(jnz,&a,0,5)	//对应于 a
(2)	(jmp,0,0,3)	//对应于 a
(3)	(j<,&b,&c,5)	//对应于 b<c
(4)	(jmp,0,0,m+1)	//对应于 b<c
(5)	语句 S_1 第 1 个四元式	
…	…	
(m−1)	语句 S_1 最后一个四元式	
(m)	(jmp,0,0,n+1)	
(m+1)	语句 S_2 第 1 个四元式	
…	…	
(n)	语句 S_2 最后一个四元式	
(n+1)	…	
…	…	

在布尔表达式翻译过程中，让每个布尔变量或关系表达式对应两个四元式。四元式(1)(2)对应于布尔变量 a，四元式(3)(4)对应于关系表达式 b<c。其中，第 1 个是条件转移四元式，第 2 个是无条件转移四元式，原有布尔运算消失了。布尔变量 a 的“真出口”是(5)，(5)同时也是整个布尔表达式的“真出口”；布尔变量 a 的“假出口”是(3)，它是关系表达式 b<c 的第 1 个四元式地址。而 b<c 的“真出口”和“假出口”分别是(5)和(m+1)，同时也是整个布尔表达式的真假出口。

四元式(1)至(4)中显然含有多余的四元式，如四元式(2)是不需要的，四元式(3)和(4)也不难合并为一个，这些是以后目标代码优化要讨论的问题，这里仅仅考虑翻译的正确性。

如何确定一个布尔表达式 E 的真假出口呢？设 $E=E^{(1)} \vee E^{(2)}$，若 $E^{(1)}$ 为真，立即可得 E 为真，因此 $E^{(1)}$ 的真出口应该是 E 的真出口。若 $E^{(1)}$ 为假，此时需计算 $E^{(2)}$，$E^{(2)}$ 的第 1 个四

元式应该是 $E^{(1)}$ 的假出口。当然，$E^{(2)}$ 的真假出口是 E 的真假出口。

类似地考虑 $E=E^{(1)} \wedge E^{(2)}$ 的翻译。若 $E^{(1)}$ 为假，立即可知 E 为假，因此 $E^{(1)}$ 的假出口应该是 E 的假出口。若 $E^{(1)}$ 为真，此时需计算 $E^{(2)}$，$E^{(2)}$ 的第 1 个四元式应该是 $E^{(1)}$ 的真出口。同样，$E^{(2)}$ 的真假出口是 E 的真假出口。

若 $E=\sim E^{(1)}$，则 E 的翻译特别容易，只需互换 $E^{(1)}$ 的真假出口，就可得到 E 的真假出口。

在自下而上的分析过程中，语法分析器是自左至右扫描输入符号串"a∨b<c"，一个布尔表达式的真假出口往往不能在产生四元式的同时填入。接上例，首先将 i 归约为 X，X.addr 存放变量 a 在符号表中的入口。然后将 X 归约为 E 时，产生两个四元式：

(1) (jnz,&a,0,?)

(2) (jmp,0,0,?)

由于 a 之后的输入符号尚未处理，故无法填入四元式的转移地址。若后继输入符号为"∧"，则可将(1)式的第 4 项置为(3)；若后继输入符号为"∨"，可将(2)式的第 4 项置为(3)，另外一个未填转移地址的四元式，只能将它的地址（四元式编号）作为语义值保存下来。当整个布尔表达式处理完毕，再来回填它的真出口；当 S_1 处理完毕，再回填它的假出口。

在语法制导翻译过程中，当扫描到"∧"或"∨"，为了能及时回填一些已明确了的转移目标，把文法：

1　E→E∨E|E∧E|～E|(E)|XrX|X

2　X→X+X|X*X|(X)|-X|i|x

改写为：

1　$E\to E^{O}E|E^{A}E|\sim E|(E)|XrX|X$

2　$E^{O}\to E\vee$　　　　//O 表示 or

3　$E^{A}\to E\wedge$　　　　//A 表示 and

4　X→X+X|X*X|(X)|-X|i|x

当 E∨ 归约为 E^{O} 时，可填写假出口，假出口为下一个四元式地址，而真出口无法填写。当 E∧ 归约为 E^{A} 时，可填写真出口，真出口为下一个四元式地址，而假出口无法填写。通过文法的修改，解决了一半问题，还有一半四元式不能及时填上转移地址，而这些四元式本身的地址是可以记录下来的，在适当的时候予以回填。

控制语句的布尔表达式由若干子表达式构成，转移目标地址只有两个，或者是真出口或者是假出口。为了记录和回填方便，利用四元式的第 4 项（有时将其称为 next）构成两条单向链。对于非终结符 E、E^{A} 和 E^{O}，赋予它们另外两个语义值.tc 和.fc，分别记录需回填真假出口单向链的链首。例如，假定布尔表达式 E 的四元式中需回填真出口的有 p、q 和 r 三个四元式，这三个四元式可构成一单向链，链首由 E.tc 指出。

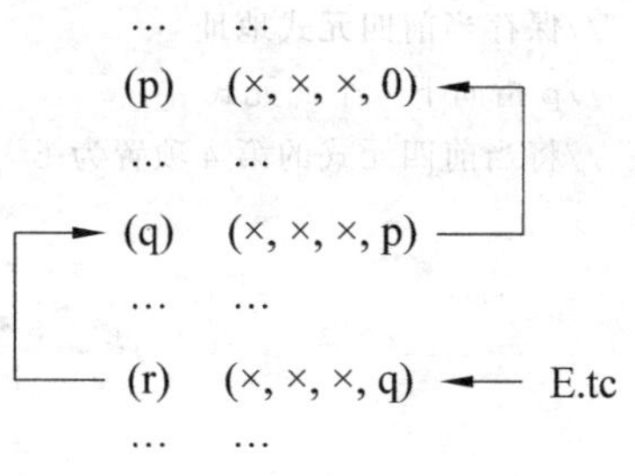

当 X 或 XrX 归约为 E 时，将产生两个四元式，用 E. tc 指向第 1 个四元式，用 E. fc 指向第 2 个四元式，并将四元式的第 4 项置为 0，表示链尾。如下所示：

(i)　(jnz,&x,0,0)←E. tc=i

(i+1)　(jmp,0,0,0)　←E. fc=i+1

在分析过程中，利用语义值传递和合并链的方法最终完成两条真假出口链的构造。在 if-then-else 语句中，当翻译完布尔表达式，就可找到真出口，利用单向链首址 E. tc 进行回填。当翻译完语句 S_1，就可知道假出口，利用单向链首址 E. fc 进行回填。为了处理 E. tc 和 E. fc 这两项语义值，需要下面的变量和函数。

1. nxq 指示器

nxq 指向下一个将要形成但尚未形成的地址(四元式编号)。nxq 的初值为 1，每当执行一次函数 gen_code，即生成一个四元式之后，nxq 自动增 1。

2. 链合并函数 merg(p1,p2)

链合并函数 merg(p1,p2)的作用是：将以 p1 和 p2 为链首的两条单向链合并为一条，并且将合并后的链首作为返回值。用 C/C++ 语言描述如下：

```
void *merge(void *p1,void *p2)
{
  if(!p2)                   //若 p2 空
    return p1;
  else{                     //若 p2 非空
    void *p=p2;
    while((*p).next)        //找到 p2 的尾
      p=(*p).next;
    (*p).next=p1;           //将 p1 接在 p2 后面
      return p2;
  }
}
```

3. 回填函数 backpatch(p,t)

回填函数 backpatch(p,t)的作用是：把 p 为链首的单向链中每个四元式的第 4 项(next)置为 t。用 C/C++ 语言描述如下：

```
void backpatch(void *p,void *t)          //t 为真出口或假出口，即四元式地址
{
  void *q;
  while(p){
    q=p;                    //保存当前四元式地址
    p=(*p).next;            //p 指向下一个四元式
    (*q).next=t;            //将当前四元式的第 4 项置为 t
  }
}
```

例 6.1　a∨b<c∨d

解：第 1 步：a∨

```
(1) (jnz,&a,0,0)       .tc=1
(2) (jmp,0,0,3)                          //已填假出口,语义变量.fc无作用
```

第 2 步：b<c∨

```
┌►(1) (jnz,&a,0,0)       .tc=1 ┐
│ (2) (jmp,0,0,3)              ├ .tc=merge(1,3)=3
└─(3) (j<,&b,&c,1)     .tc=3 ┘
  (4) (jmp,0,0,5)                        //已填假出口,语义变量.fc无作用
```

第 3 步：d

```
┌►(1) (jnz,&a,0,0)
│ (2) (jmp,0,0,3)
└─(3) (j<,&b,&c,1)     .tc=3 ┐
┌►                             │
│ (4) (jmp,0,0,5)              ├ .tc=merge(3,5)=5
└─(5) (jnz,&d,0,3)     .tc=5 ┘
  (6) (jmp,0,0,0)      .fc=6
```

第 4 步：布尔表达式处理完，回填真出口，语义动作在控制语句中实现。

```
(1) (jnz,&a,0,7)             ┐
(2) (jmp,0,0,3)              │
(3) (j<,&b,&c,7)             ├ backpatch(5,7)
(4) (jmp,0,0,5)              │
(5) (jnz,&d,0,7)     .tc=5 ┘
(6) (jmp,0,0,0)      .fc=6
(7)
```

因(1)、(3)和(5)式转移地址相同，故由 3 个四元式构成真出口链，链首由语义变量.tc 指出，当布尔表达式 E 处理完(开始处理 then 后面语句 S_1 前)，即可回填真出口。假出口链由(6)式单独构成，链首由语义变量.fc 指出，当处理到 else 后面语句 S_2 时才可以回填假出口。

例 6.2 a∧b<c∧d

解：第 1 步：a∧

```
(1) (jnz,&a,0,3)                         //已填真出口,语义变量.tc无作用
(2) (jmp,0,0,0)      .fc=2
```

第 2 步：b<c∧

```
  (1) (jnz,&a,0,3)
┌►(2) (jmp,0,0,0)      .fc=2 ┐
│ (3) (j<,&b,&c,5)             ├ .fc=merge(2,4)=4   //同(1)注
└─(4) (jmp,0,0,2)      .fc=4 ┘
```

第 3 步：d

```
(1) (jnz,&a,0,3)
```

(2) (jmp,0,0,0)

(3) (j<,&b,&c,5)

(4) (jmp,0,0,2) .fc=4

(5) (jnz,&d,0,0) .tc=5 } .fc=merge(4,6)=6

(6) (jmp,0,0,4) .fc=6

第 4 步：布尔表达式处理完，回填真出口，语义动作在控制语句中实现。

(1) (jnz,&a,0,3)

(2) (jmp,0,0,0)

(3) (j<,&b,&c,5)

(4) (jmp,0,0,2)

(5) (jnz,&d,0,7) .tc=5 backpatch(5,7)

(6) (jmp,0,0,4) .fc=6

(7)

因(2)、(4)和(6)式转移地址相同，故由 3 个四元式构成假出口链，链首由语义变量.fc 指出，当处理到 else 后面语句 S_2 时才可以回填假出口。真出口链由(5)式单独构成，链首由语义变量.tc 指出，当处理完布尔表达式 E(开始处理 then 后面语句 S_1 前)，即可回填真出口。下面给出每个产生式的语义子程序：

```
E→X{
   E.tc←nxq
   gen_code(jnz,X.addr,0,0)
   E.fc←nxq
   gen_code(jmp,0,0,0)
}
Er→XrX^(1){
    E.tc←nxq
    E.tc←nxq+1
    gen_code(jr,X.addr, X^(1).addr,0)
    gen_code(jmp,0,0,0)
}
E→~E^(1){                              //真假出口链链首互换
   E.tc←E^(1).fc;E.fc←E^(1).tc
}
E→(E^(1)){                             //传递真假出口链链首
   E.tc←E^(1).tc;E.fc←E^(1).fc
}
E^o→E^(1) ∨{
    E^o.tc←E^(1).tc                    //传递真出口链链首
    backpatch(E^(1).fc,nxq)            //可填假出口(下一个四元式地址)
}
E→E^o E^(2){
   E.tc←merge(E^o.tc,E^(2).tc)         //合并真出口链
   E.fc←E^(2).fc                       //传递假出口链链首
```

```
}
E^→E∧{
    backpatch(E.tc,nxq)                //可填真出口(下一个四元式地址)
    E^.fc←E.fc                         //传递假出口链链首
}
E→E^E(2){
   E.tc←E(2).tc                        //传递真出口链链首
   E.fc←merge(E^.fc,E(2).fc)           //合并假出口链
}
X→X(1)+X(2)   {...}                    //略
X→X(1) * X(2) {...}                    //略
X→(X(1))      {...}                    //略
X→-X(1)       {...}                    //略
X→i{
   X.addr←sym_entry(wval)              //wval 表示单词的值
}
X→x{
   X.addr←int_entry(atoi(wval))        //wval 表示单词的值
}
```

设源程序为：

$$a \vee b \vee c$$

经词法分析，它的单词二元式序列为：

(i,"a")(∨,"NUL")(i,"b")(∨,"NUL")(i,"c")(#,"NUL")

语法制导翻译过程如下所示(考虑"NUL"字符数较多，改用"－"表示)：

step	symbol	wval	.addr	.tc	.fc	输入串	nxq=1
0)	#	-	-	-	-	(i,"a")…	
1)	#i	-a	--	--	--	(∨,"NUL")…	
2)	#X	--	-&a	--	--	(∨,"NUL")…	
3)	#E	--	--	-1	-2	(∨,"NUL")…	
							(1)(jnz,&a,0,0)
							(2)(jmp,0,0,3)　nxq=3
4)	#E∨	---	---	-1-	-2-	(i,"b")…	
5)	#E^{O}	--	--	-1	--	(i,"b")…	修改(2)式第 4 项，将 0 改为 3。
6)	#E^{O}i	--b	---	-1-	---	(∨,"NUL")…	
7)	#E^{O}X	---	--&b	-1-	---	(∨,"NUL")…	
8)	#E^{O}E	---	---	-13	--4	(∨,"NUL")…	
							(3)(jnz,&b,0,1)
							(4)(jmp,0,0,5)　nxq=5
9)	#E	--	--	-3	-4	(∨,"NUL")…	修改(3)式第 4 项，将 0 改为 1。
10)	#E∨	---	---	-3-	-4-	(i,"c")…	
11)	#E^{O}	--	--	-3	--	(i,"c")…	修改(4)式第 4 项，将 0 改为 5。

12)	＃E^oi	--c	---	-3-	---	(＃,"NUL")	
13)	＃E^oX	---	--&c	-3-	---	(＃,"NUL")	
14)	＃E^oE	---	---	-35	--6	(＃,"NUL")	(5)(jnz,&c,0,0,3) (6)(jmp,0,0,0)　nxq=7
15)	＃E	--	--	-5	--6	(＃,"NUL")	修改(5)式第4项,将0改为3。
	Acc						E.tc=5　E.fc=6

6.8　标号和无条件转移语句的翻译

标号和变量不同,大多数程序设计语言的标号不是通过说明语句来定义的,而是用

L99：…

的形式来定义的,这种定义方式决定了标号的使用范围是局部的,只有少数程序设计语言(例如Pascal语言)是用说明语句来定义的。考虑前者,标号既可以先定义后使用(向后转移),也可以先使用后定义(向前转移),无条件转移语句是以

goto L99

的形式来使用的。

1. 向后转移(程序首部方向)

```
1    begin
2      …
…    L99: …
…      …
…      goto L99                    //当处理到goto,标号L99已定义
…      …
n    end
```

2. 向前转移(程序尾部方向)

```
1    begin
2      …
…        goto L99                  //当处理到goto 99,标号L99尚未定义
…      …
…    L99: …
…          …
n    end
```

标号用于标领一个语句,例如:

L99：x=x+1

当这种语句被处理之后,则称标号L99是"定位"了的。也就是说,标号L99在符号表中的语义值addr为赋值语句x=x+1的第1个四元式地址。

如果goto L99是一个向后转移语句,那么当编译程序遇到goto语句时,L99已定位。

通过查符号表，就可获得它的定位地址 p(四元式编号)，编译程序可立即产生这个无条件转移语句四元式(jmp,0,0,p)。

如果 goto L99 是一个向前转移语句，那么当编译程序遇到 goto 语句时，L99 尚未定位。如果 L99 是第 1 次出现，则应把它填进符号表，此时需调用填表函数：

fill_sym ("L99",lab,undef)

其中，lab 表示标号，undef 表示未定位。由于转移地址未知，只能产生一个不完全的四元式，利用符号表的地址栏把该四元式的地址记录下来。将 nxq 作为链首填入 L99 的地址栏(.addr)，然后产生一条四元式：

(jmp,0,0,0)

其中第 4 项的 0 表示链尾。如果向前转移语句中的标号 L99 在符号表中已出现(但未定位)，说明以标号 L99 为目标的向前转移语句不止一个，此时可利用四元式的第 4 项构成一单向链。把 L99 的地址栏中的四元式编号(记为 q)取出，把 nxq 填入地址栏作为新的链首，然后产生四元式(jmp,0,0,q)，如图 6.1 所示。

符号表：

内存地址 addr	标识符名 id	种属 cat	类型 type	…
…	…	…	…	
r	L99	lab	undef	
…	…	…	…	

四元式：

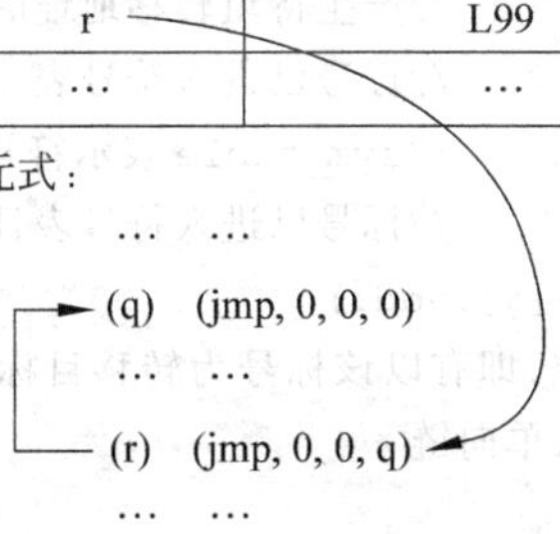

图　6.1

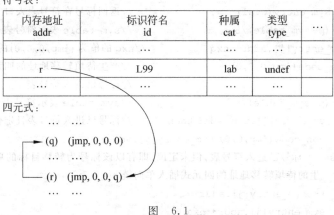

对于向前转移语句处理，采用类似于布尔表达式的真假出口处理方法，将所有以某一地址(标号)为转移目标的四元式构成一条单向链，链首由该标号在符号表中的地址栏(addr)指出。一旦该标号定位，就根据这条单向链回填那些待填转移目标的四元式。

可用下述文法来描述标号和无条件转移语句：

1　＜语句＞→标识符：＜语句＞　　S→i：S

2　＜语句＞→goto 标识符　　S→gi

为了能及时填写标号的地址，将文法修改如下：

1　＜语句＞→＜标号＞＜语句＞　　S→FS

2　＜标号＞→标识符：　　F→i：

3　＜语句＞→goto 标识符　　S→gi

产生式相应的语义子程序如下所示(暂不考虑出错情况)：

```
F→i:{
    p←sym_entry(wval)                    //返回标号在符号表入口
    if p=0 then                          //标号未进入符号表,属先定位后使用
```

```
        fill_sym_table(wval,lab,def)   //将标号名填入符号表且标记已定位
          p←sym_entry(wval)            //返回标号在符号表入口
          j←(p-sym_table)/8            //sym_table表示符号表首址,每项8字节
          sym_entry[j].addr←nxq        //nxq为标号i标领的语句第1个四元式地址
      else                             //标号已进入符号表,属先使用后定位,此时应回填
          j←(p-sym_table)/8            //sym_table表示符号表首址,每项8字节
          backpatch(sym_entry[j].addr,nxq) //回填
          sym_entry[j].addr←nxq
          sym_entry[j].type←def        //标号已定位
      end if
  }
  S→gi{
      p←sym_entry(wval)
      if p=0 then /*标号未进入符号表,属先使用后定位,并且是第1个向前转移语句。创建单
                    向链,链中仅有一个四元式*/
         fill_sym(wval,lab,undef)      //将标号名填入符号表且标记为未定位
         p←sym_entry(wval)             //返回标号在符号表入口
         j←(p-sym_table)/8             //sym_table表示符号表首址,每项8字节
         sym_entry[j].addr←nxq         //nxq的值为(jmp,0,0,0)的地址(四元式编号)
         gen_code(jmp,0,0,0)           //产生待填转移地址的四元式
      else                             //标号已进入符号表
         j←(p-sym_table)/8             //sym_table表示符号表首址,每项8字节
         if sym_entry[j].type=def then //标号已进入符号表且定位,直接产生四元式
            gen_code(jmp,0,0, sym_entry[j].addr)
         else /*标号已进入符号表,但未定位,即有以该标号为转移目标的单向链存在,将新产
               生的待填转移地址的四元式插入单向链*/
            t←sym_entry[j].addr
            sym_entry[j].addr←nxq
            gen_code(jmp,0,0,t)
         end if
      end if
  }
  S→FS{}                               //暂时为空
```

6.9 控制语句的翻译

作为一个例子,考虑下面产生式所定义的语句。在说明语句、赋值语句和无条件转移语句的基础上增加了条件语句、循环语句和复合语句。

1　<语句>→if<布尔表达式>then<语句>endif　　S→fEtSj

2　<语句>→if<布尔表达式>then<语句>else<语句>　　S→fEtSeS

3　<语句>→while<布尔表达式>do<语句>　　S→wEdS

4　<语句>→begin<语句串>end　　S→{L}

5　<语句串>→<语句串>;<语句>　　　　　　　　L→L;S

6　<语句串>→<语句>　　　　　　　　　　　　　L→S

显然上述文法是不完全的,但对于解释控制语句的翻译来说已经足够了。

布尔表达式 E 具有两个语义值 E.tc 和 E.fc,它们分别指出尚待回填的真假出口的四元式。例如,条件语句:

$$\text{if}\quad E\quad \text{then}\quad S_1\quad \text{else}\quad S_2$$

E 的真出口只有扫描到 then 才明了,而 E 的假出口需处理完 S_1 并且到达 else 才可进行回填。这就是说必须把 E.fc 传递下去,以便到达 else 时回填。另外,当 S_1 语句执行完,则意味着整个 if-then-else 语句执行完毕。因此,在 S_1 的编码之后应产生一条无条件转移指令,这条转移指令将导致程序控制离开整个 if-then-else 语句。但是,在完成 S_2 的翻译之前,这一无条件转移指令的转移目标是不知道的。甚至在翻译完 S_2,这一转移指令的转移目标仍有可能无法确定,这种情况是由于语句的嵌套引起的。例如:

$$\cdots;\text{if}\quad E_1\quad \text{then}\quad \text{if}\quad E_2\quad \text{then}\quad S_1\quad \text{else}\quad S_2\quad \text{else}\quad S_3;\cdots$$

在 S_1 代码之后的那条无条件转移指令不仅要跨越 S_2,而且还要跨越 S_3。也就是说,转移目标的确定和语句所处的环境是密切相关的。因此,只能像布尔表达式那样,让非终结符 S 含有一项语义值.chain。把所有的要离开控制语句的四元式构成一条单向链,链首由 S.chain 指示。这些四元式期待在翻译完语句 S_3 之后回填转移目标,语句翻译完的标志就是看到分号";"。

6.9.1 if-then 语句的翻译

描述 if-then 语句的文法 G 如下所示,为了讨论方便,引入了赋值语句。

1　<语句>→if<布尔表达式>then<语句>endif　　　　$S\to fEtS^{(1)}j$

2　<语句>→标识符=<算术表达式>　　　　　　　　$S\to i=X$

为了能及时回填真出口,文法 G 修改如下:

1　C→if<布尔表达式>then　　　　　　　　　　　$C\to fEt$

2　<语句>→C<语句>endif　　　　　　　　　　　$S\to CS^{(1)}j$

3　<语句>→标识符=<算术表达式>　　　　　　　　$S\to i=X$

产生式的语义子程序如下所示:

```
C→fEt{
  backpatch(E.tc,nxq)                         //回填真出口
  C.chain←E.FC                                //假出口是离开 if-then 语句
}
S→CS(1) j{
  S.chain←merge(C.chain, S(1).chain)          //S(1) 中可能含有离开 if-then 的四元式
}
S→i =X{
   S.chain←0                  //在赋值语句的四元式代码中,不存在需回填转移目标的四元式
```

```
    p←sym_entry(wval)
    gen_code(=,X.addr,0,p)
}
```

设源程序为:

if a then b=d endif

经词法分析,它的单词二元式序列为:

(f,"NUL")(i,"a")(t,"NUL")(i,"b")(=,"NUL")(i,"d")(j,"NUL")(#,"NUL")

语法制导解释过程如下所示(考虑"NUL"字符数较多,改用"-"表示):

step	symbol	wval	.addr	.tc	.fc	.chain	输入串	nxq=1
0)	#	-	-	-	-	-	(f,"NUL")…	
1)	#f	--	--	--	--	--	(i,"a")…	
2)	#fi	--a	---	---	---	---	(t,"NUL")…	
3)	#fX	---	--&a	---	---	---	(t,"NUL")…	
4)	#fE	---	---	--1	--2	---	(t,"NUL")…	
							(1)(jnz,&a,0,3)	
							(2)(jmp,0,0,0)	nxq=3
5)	#fEt	---	---	--1	--2	---	(i,"b")…	
6)	#C	--	--	--	--	-2	(i,"b")…	修改(1)式
7)	#Ci	--b	---	---	---	-2-	(=,"NUL")…	
8)	#Ci=	--b-	----	----	----	-2--	(i,"d")…	
9)	#Ci=i	--b-d	-----	-----	-----	-2---	(j,"NUL)…	
10)	#Ci=X	--b--	----&d	-----	-----	-2---	(j,"NUL)…	
11)	#CS	---	---	---	---	-20	(j,"NUL)…	
							(3)(=,&d,0,&b)	nxq=4
12)	#CSj	----	----	----	----	-20-	(#,"NUL)	
13)	#S	--	--	--	--	-2		
	Acc						S.chain=2	

6.9.2 if-then-else 语句的翻译

在上述文法的基础上,进一步添加 if-then-else 语句。当扫描到 then 可填真出口,当扫描到 else 可填假出口,当 $S^{(1)}$ 执行完毕,应离开 if-then-else 语句。为了能及时回填真假出口,if-then-else 语句的产生式:

<语句>→if<布尔表达式>then<语句>else<语句>　　$S \to fEtS^{(1)}eS^{(2)}$

修改如下:

1　<语句>→T^P<语句>　　$S \to T^P S^{(2)}$

2　T^P→C<语句>else　　$T^P \to CS^{(1)}e$

3　C→if<布尔表达式>then　　$C \to fEt$

产生式相应的语义子程序如下所示：

```
Tᴾ→CS⁽¹⁾e{                      // Tᴾ 可理解为 then-processed
    t←nxq                        //t 保存(jmp,0,0,0)的地址(四元式编号)
    gen_code(jmp,0,0,0)          //执行完 S⁽¹⁾后,离开 if-then-else 语句
    backpatch(C.chain, nxq)            //回填假出口,这里 C.chain 相当于 E.FC,此时 nxq=t+1
    Tᴾ.chain←merge(S⁽¹⁾.chain,t)    //S⁽¹⁾中可能含有离开 if-then-else 的四元式
}
S→TᴾS⁽²⁾{
   S.chain←merge(Tᴾ.chain,S⁽²⁾.chain)   //S⁽²⁾中可能含有离开 if-then-else 的四元式
}
C→fEt{                          //同 6.9.1 小节
   backpatch(E.tc,nxq)          //回填真出口
   C.chain←E.FC                 //假出口是离开 if-then 语句
}
```

设源程序为：

if a then b=c else b=d

经词法分析，它的单词二元式序列为：

(f,"NUL") (i,"a") (t,"NUL") (i,"b") (=,"NUL") (i,"c") (e,"NUL")(i,"b") (=,"NUL") (i,"d") (#,"NUL")

语法制导解释过程如下所示（考虑"NUL"字符数较多，改用"—"表示）：

step	symbol	wval	.addr	.tc	.fc	.chain	输入串	nxq=1
0)	#	-	-	-	-	-	(f,"NUL")…	
1)	#f	--	--	--	--	--	(i,"a")…	
2)	#fi	--a	---	---	---	---	(t,"NUL")…	
3)	#fX	---	--&a	---	---	---	(t,"NUL")…	
4)	#fE	---	---	--1	--2	---	(t,"NUL")…	
							(1)(jnz,&a,0,3)	
							(2)(jmp,0,0,5)	nxq=3
5)	#fEt	----	----	--1-	--2-	----	(i,"b")…	
6)	#C	--	--	--	--	-2	(i,"b")…	修改(1)式第 4 项，将 0 改为 3
7)	#Ci	--b	---	---	---	-2-	(=,"NUL")…	
8)	#Ci=	--b-	----	----	----	-2--	(i,"c")…	
9)	#Ci=i	--b-c	-----	-----	-----	-2---	(e,"NUL")…	
10)	#Ci=X	--b--	----&c	-----	-----	-2---	(e,"NUL")…	
11)	#CS	---	---	---	---	-20	(e,"NUL")…	
							(3)(=,&c,0,&b)	nxq=4
12)	#CSe	----	----	----	----	-20-	(i,"b")…	
13)	#T^P	--	--	--	--	-4	(i,"b")…	

							t=4 (4)(jmp,0,0,5)　nxq=5 修改(2)式
14)	#T^{P}i	--b	---	----	----	-4-	(=,"NUL")…
15)	#T^{P}i=	--b-	-----	----	-----	-4--	(i,"d")…
16)	#T^{P}i=i	--b-d	-----	-----	-----	-4---	(#,"NUL")
17)	#T^{P}i=X	--b--	----&d	-----	-----	-4---	(#,"NUL")
18)	#T^{P}S	---	---	---	----	-40	(#,"NUL") (5)(=,&d,0,&b)nxq=6
19)	#S	--	--	--	--	-4	(#,"NUL")
	Acc						S.chain=4

6.9.3　while-do 语句的翻译

考虑语句:

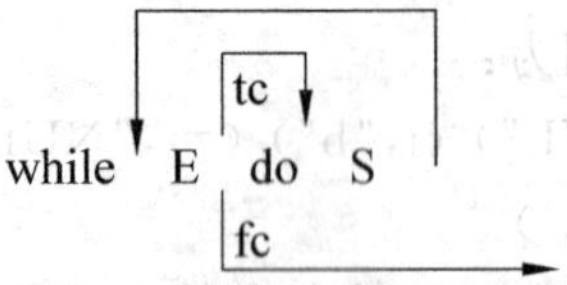

布尔表达式 E 的真出口为 S 的第 1 个四元式地址,E 的假出口导致程序控制离开 while-do 语句,然而这个转移目标地址在整个 while-do 语句翻译完也未必明确。将该四元式的地址作为 S 的语义值.chain 保存下来,以便在外层环境中伺机回填。在语句 S 的四元式代码的后面应有一条无条件转移四元式,转向测试布尔表达式 E,构成循环,故需引进新的语义变量.quad,用于记录 E 的第 1 个四元式地址。while-do 语句的产生式如下所示:

<语句>→<u>while</u><布尔表达式><u>do</u><语句>　　　　S→wEd$S^{(1)}$

为了便于语义分析,修改如下:

1　W→while　　　　W→w

2　W^{d}→W<布尔表达式><u>do</u>　　　　W^{d}→WEd

3　<语句>→W^{d}<语句>　　　　S→$W^{d}S^{(1)}$

产生式相应的语义子程序如下所示:

```
W→w{
   W.quad←nxq                  //记录 E 的第 1 个四元式编号
}
W^d→WEd{                       // W^d 可理解为 while-do
    backpatch(E.TC,nxq)        //回填真出口
    W^d.chain←E.fc             //传递假出口,即 while-do 的出口
    W^d.quad←W.quad            //传递 E 的第 1 个四元式地址
}
S→W^d S^(1) {
```

```
    backpatch(S(1).chain,Wd.quad)     /* 回填 S(1).chain 链,因 S(1) 可能是控制语句,离开 S(1)
                                         的转移目标是 E 的第 1 个四元式 */
    gen_code(jmp,0,0,Wd.quad)       //生成转向 E 首址的无条件转移指令
    S.chain←Wd.chain                //传递假出口,即 while-do 的出口
}
```

设源程序为:

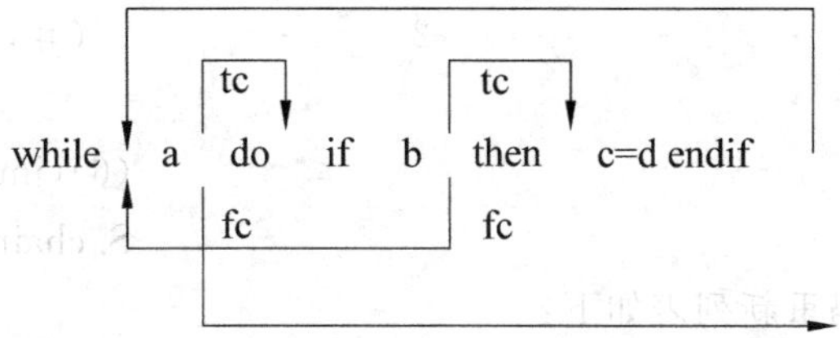

经词法分析,它的单词二元式序列为:

(w,"NUL") (i,"a") (d,"NUL") (f,"NUL") (i,"b") (t,"NUL") (i,"c") (=,"NUL") (i,"d") (j,"NUL") (#,"NUL")

语法制导解释过程如下所示(考虑"NUL"字符数较多,改用"—"表示):

step	symbol	wval	.addr	.tc	.fc	.chain	.quad	输入串	nxq=1
0)	#	-	-	-	-	-	-	(w,"NUL")…	
1)	#w	--	--	--	--	--	--	(i,"a")…	
2)	#W	--	--	--	--	--	-1	(i,"a")…	
3)	#Wi	--a	---	---	---	---	-1-	(d,"NUL")…	
4)	#WX	---	--&a	---	---	---	-1-	(d,"NUL")…	
5)	#WE	---	---	--1	--2	---	-1-	(d,"NUL")…	
								(1)(jnz,&a,0,3)	
								(2)(jmp,0,0,0)	nxq=3
6)	#WEd	----	----	-1-	-2-	----	-1--	(f,"NUL")…	
7)	#W^d	--	--	--	--	-2	-1	(f,"NUL")…	修改(1)式第 4 项,将 0 改为 3
8)	#W^df	---	---	---	---	-2-	-1-	(i,"b")…	
9)	#W^dfi	---b	----	----	----	-2--	-1--	(t,"NUL")…	
10)	#W^dfX	----	---&b	----	----	-2--	-1--	(t,"NUL")…	
11)	#W^dfE	----	---	---3	---4	-2--	-1--	(t,"NUL")…	
								(3)(jnz,&b,0,5)	
								(4)(jmp,0,0,1)	nxq=5
12)	#W^dfEt	-----	-----	-3-	-4-	-2---	-1	(t,"NUL")…	
13)	#W^dC	---	---	---	---	-24	-1-	(i,"c")…	修改(3)式第 4 项,将 0 改为 5
14)	#W^dCi	---c	----	----	----	-24-	-1--	(=,"NUL")…	
15)	#W^dCi=	---c-	-----	-----	-----	-24--	-1---	(i,"d")…	

16)	#W^dCi=i	---c-d	------	------	------	-24---	-1----	(j,"NUL")…
17)	#W^dCi=X	---c--	------&d	------	------	-24---	-1----	(j,"NUL")…
18)	#W^dCS	----	----	----	----	-240	-1--	(j,"NUL")… (5)(=,&d,0,&c) nxq=6
19)	#W^dCSj	-----	-----	-----	-----	-240-	-1---	(#,"NUL")
20)	#W^dS	---	---	---	---	-24	-1-	(#,"NUL")
21)	#S	--	--	--	--	-2	--	(#,"NUL") 修改(4)式第4项,将0改为1 (6)(jmp,0,0,1) nxq=7
	Acc							S. chain=2

为清晰起见,四元式代码重新列表如下:

(1) (jnz,&a,0,3)
(2) (jmp,0,0,0)←— S. chian
(3) (jnz,&b,0,5)
(4) (jmp,0,0,1)
(5) (=,&d,0,&c)
(6) (jmp,0,0,1)

显然和源程序:

```
while a do if b then c=d endif
```

语义上是等价的,将在 6.9.4 小节解决语义分析的最后一个难题 S. chian。

6.9.4 复合语句的翻译

作为实际应用程序,当条件成立,通常需执行若干条语句,此时应使用复合语句。复合语句可以是一个语句,也可以是多个语句,语句之间用分号";"隔开,用 begin 和 end 括起。在语法上,复合语句相当于单个语句。例如:

if E then begin $S^{(1)}$; $S^{(2)}$;… end endif

while E do begin $S^{(1)}$; $S^{(2)}$;… end

复合语句的文法描述如下:

1 <语句>→<u>begin</u><语句串><u>end</u>　　S→{L}
2 <语句串>→<语句串>;<语句>　　$L \to L^{(1)};S$
3 <语句串>→<语句>　　L→S

分号意味着一个语句的结束,当扫描到";",就可回填转移目标,需回填转移目标的四元式链的链首由.chain 指出。为了能及时回填 chain 链,文法修改如下:

1 <语句>→<u>begin</u><语句串><u>end</u>　　S→{L}
2 <语句串>→L^S<语句>　　$L \to L^S S$
3 L^S→<语句串>;　　$L^S \to L;$
4 <语句串>→<语句>　　L→S

产生式相应的语义子程序如下所示：

```
L→S{
   L.chain←S.chain                                    //传递
}
L^s→L;{
    backpatch(L.chain,nxq)                            //回填
}
L→L^s S{
   L.chain←S.chain    //L^s.chain已回填,当前语句S.chain尚未回填,故需传递
}
S→{L}{
   S.chain←L.chain                                    //传递
}
```

无论是单个语句，还是语句串，最终剩下最后一个语句 chain 链未回填。可把整个程序视为一个复合语句，相应的语义动作为填写最后一个语句的 chain 链，并产生停机指令。

```
P→{L}{
   backpatch(L.chain,nxq)                             //填写最后一个语句的chain链
   gen_code(halt,0,0,0)                               //产生停机指令
}
```

设源程序为：

```
begin
    if a then b=10 endif;
    while c>d do
    begin
        c=c-1;d=d+1
    end
end
```

根据上述语义子程序，其相应四元式序列为：

(1) (jnz,&a,0,3) //if
(2) (jmp,0,0,4)
(3) (=,&10,0,&b)
(4) (j>,&c,&d,6) //while
(5) (jmp,0,0,11)
(6) (−,&c,&1,&T1)
(7) (=,&T1,0,&c)
(8) (+,&d,&1,&T2)
(9) (=,&T2,0,&d)
(10) (jmp,0,0,4)
(11) (halt,0,0,0)

6.10 小结

综合以上各章所述,可将一个模型语言的文法归纳如下:

1　P→{L}

2　L→L^sS|S　　//L;S

3　L^s→L;

4　S→V|CSj|T^PS|W^dS|{L}|gi|FS|i=X

5　V→V,i|ai|ci　　//integer|real

6　C→fEt　　//if-then

7　T^P→CSe　　//if-then-else

8　W^d→WEd　　//while-do

9　W→w　　//while

10　F→i:　　//标号

11　E→E^AE|E^OE|~E|(E)|XRX|X　　//布尔表达式

12　E^A→E∧

13　E^O→E∨

14　R→>|≥|<|≤|=|≠

15　X→X+X|X−X|X∗X|X/X|(X)|−X|+X|i|x|y　//算术表达式

模型语言的语义子程序在以上各节已详述,至此完成了从源程序到四元式的翻译,在第7章将讨论从四元式到目标代码的翻译。

6.11 自上而下分析制导翻译概述

为了完整,将简略讨论一下自上而下分析制导翻译技术。通过下面的例子来说明如何将语义子程序嵌入递归下降分析器。

已消除左递归的算术表达式文法如下所示:

1　E→TE'

2　E'→+TE'|ε

3　T→FT'

4　T'→∗FT'|ε

5　F→(E)|x

它的递归下降分析器可参考4.6节,很容易将它发展成递归下降分析翻译器。修改及嵌入部分用下划线表示,出错处理略。

```
#include "fstream.h"
#include "stdlib.h"
int E(void);
```

```
int E1(int par);
int T(void);
int T1(int par);
int F(void);
const int WordLen=20;
struct code_val{
   char code;
   char val[WordLen+1];
 }t;
 ifstream cinf("lex_r.txt");
 void main(void)
 {
     cout<<"<单词二元式>"<<endl;
     cinf>>t.code>>t.val;
     cout<<'('<<t.code<<','<<t.val<<')'<<endl;
     int m=E();
     cout<<"表达式计算结果:"<<m<<endl;
 }
 int E(void){                   //E→TE'(E'用 E1 表示)
     int m;
     m=T(),m=E1(m);
     return m;
 }
 int E1(int par)                //E'→+TE'|ε(E'用 E1 表示)
 {
     if(t.code=='+'){
         int m;
         cinf>>t.code>>t.val;
         cout<<'('<<t.code<<','<<t.val<<')'<<endl;
         m=par+T(),m=E1(m);
         return m;
     }
     return par;                //ε
 }
 int T(void)                    //T→FT'(T'用 T1 表示)
 {
     int m;
     m=F(),m=T1(m);
     return m;
 }
 int T1(int par)                //T'→*FT'|ε(T'用 T1 表示)
 {
     if(t.code=='*'){
         int m;
         cinf>>t.code>>t.val;
```

```
            cout<<'('<<t.code<<','<<t.val<<')'<<endl;
            m=par*F(),m=T1(m);
            return m;
        }
        return par;             //ε
    }
    int F(void)                 //F→(E)|x
    {
        int m;
        if(t.code=='x'){
            m=atoi(t.val);
            cinf>>t.code>>t.val;
            cout<<'('<<t.code<<','<<t.val<<')'<<endl;
            return m;
        }
        else
            if(t.code=='('){
                cinf>>t.code>>t.val;
                cout<<'('<<t.code<<','<<t.val<<')'<<endl;
                m=E();
                if(t.code==')'){
                    cinf>>t.code>>t.val;
                    cout<<'('<<t.code<<','<<t.val<<')'<<endl;
                    return m;
                }
            }
    }
```

假设源程序为:

```
(9+2)*3+7
```

经词法分析,单词二元式序列为:

((,"NUL")(x,"9")(+,"NUL")(x,"2")(),"NUL")(*,"NUL")(x,"3")(+,"NUL")(x,"7")(#,"NUL")

递归下降分析翻译执行结果如图 6.2 所示。

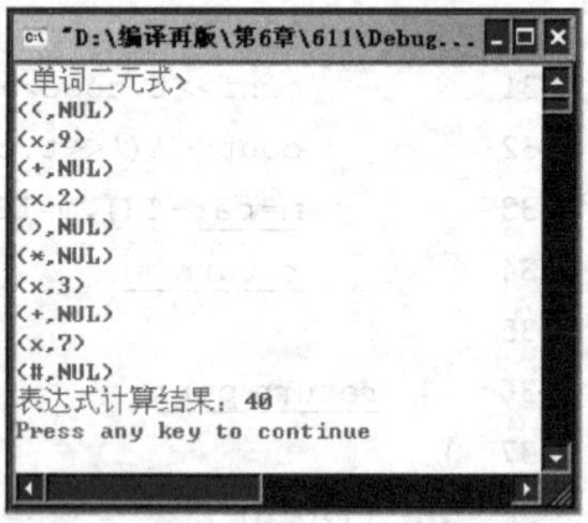

图 6.2

习 题

6-1 下列语法制导翻译是将 xyz 语言翻译成 123 语言,当输入串为"xxxxyzz"时,翻译的结果是什么?

1 S→xxW {output '1'}

2 S→y {output '2'}

3 W→Sz {output '3'}

6-2 将算术表达式

$$-(a+b)*(c+d)-(a+b+c)$$

译成等价的三元式和四元式序列。

6-3 写出赋值语句

$$a=b*(-c+d)$$

的自下而上语法制导翻译过程及所产生的四元式。

6-4 根据布尔表达第 1 种计算方法，为下述文法：

$$E \to E \vee E \mid E \wedge E \mid \sim E \mid (E) \mid iri \mid i$$

每一个产生式配一个产生中间代码（四元式）的语义子程序，假设变量均为整型。

6-5 写出布尔表达式

$$a \wedge b \wedge c$$

的自下而上语法制导翻译过程及所产生的四元式。

6-6 将布尔表达式

(1) $\sim(a \wedge b > 2)$

(2) $\sim a \vee \sim b > 2$

译成等价的四元式序列。

6-7 将语句

```
if a then if b then d=f endif endif
```

译成等价的四元式序列。

6-8 将语句

```
if a then b=c else if d then b=f endif
```

译成等价的四元式序列。

6-9 将语句

```
while a<b do if c>d then x=y+z endif
```

译成等价的四元式序列。

6-10 将下列程序译成四元式序列，建立符号表、临时变量表和常数表，在表中填入必要信息。

```
begin
  integer x,y,z;
  integer a,b,c;
  if a∨b then z=x*x endif;
  if a<b∧c then y=y+x*z else z=x-128;
  while ~c do x=x/-3
end
```

习题答案

6-1　解：翻译的结果是“23131”。

6-2　解：(1) 三元式序列

① (+,&a,&b)

② (−,(1),)

③ (+,&c,&d)

④ (*,(2),(3))

⑤ (+,&a,&b)

⑥ (+,(5),&c)

⑦ (−,(4),(6))

(2) 四元式序列

① (+,&a,&b,&T1)

② (−,&T1,0,&T2)

③ (+,&c,&d,&T3)

④ (*,&T2,&T3,&T4)

⑤ (+,&a,&b,&T5)

⑥ (+,&T5,&c,&T6)

⑦ (−,&T4,&T6,&T7)

6-3　解：a=b*(−c+d)的单词二元式序列为：

(i,"a")(=,"NUL")(i,"b")(*,"NUL")((,"NUL")(−,"NUL")(i,"c")(+,"NUL")(i,"d")(),"NUL")(#,"NUL")

语法制导解释过程如下所示(考虑“NUL”字符数较多,改用“−”表示)：

step	symbol 栈	wval 栈	.addr 栈	输入串	
0)	#	-	-	(i,"a")…	
1)	#i	-a	--	(=,"NUL")…	
2)	#i=	-a-	---	(i,"b")…	
3)	#i=i	-a-b	----	(*,"NUL")…	
4)	#i=Z	-a--	---&b	(*,"NUL")…	
5)	#i=Y	-a--	---&b	(*,"NUL")…	
6)	#i=Y*	-a---	---&b-	((,"NUL")…	
7)	#i=Y*(	-a----	---&b--	(-,"NUL")…	
8)	#i=Y*(-	-a-----	---&b---	(i,"c")…	
9)	#i=Y*(-i	-a-----c	---&b----	(+,"NUL")…	
10)	#i=Y*(-Z	-a------	---&b---&c	(+,"NUL")…	
11)	#i=Y*(Z	-a-----	---&b--&T1	(+,"NUL")…	(1)(-,&c,0,&T1)
12)	#i=Y*(Y	-a-----	---&b--&T1	(+,"NUL")…	

13)	#i=Y*(X	-a-----	---&b--&T1	(+,"NUL")…	
14)	#i=Y*(X+	-a------	---&b--&T1-	(i,"d")…	
15)	#i=Y*(X+i	-a------d	---&b--&T1--	( ),"NUL")…	
16)	#i=Y*(X+Z	-a-------	---&b--&T1-&d	( ),"NUL")…	
17)	#i=Y*(X+Y	-a-------	---&b--&T1-&d	( ),"NUL")…	
18)	#i=Y*(X	-a-----	---&b--&T2	( ),"NUL")…	(2)(+,&T1,&d,&T2)
19)	#i=Y*(X)	-a-----	---&b--&T2-	(#,"NUL")	
20)	#i=Y*Z	-a----	---&b-&T2	(#,"NUL")	
21)	#i=Y	-a--	---&T3	(#,"NUL")	(3)(*,&b,&T2,&T3)
22)	#i=X	-a--	---&T3	(#,"NUL")	
23)	#S	--	--	(#,"NUL")	(4)(=,&T3,0,&a)

Acc

6-4　解：

```
E→i{
   E.addr←sym_entry(wval)
}
E→i⁽¹⁾ri⁽²⁾{
   E.addr←get_tmpvar(int)
   p1←sym_entry(wval⁽¹⁾)
   p2←sym_entry(wval⁽²⁾)
   gen_code(r,p1,p2,E.addr)
}
E→(E⁽¹⁾){
   E.addr←E⁽¹⁾.addr
}
E→~E⁽¹⁾{
   E.addr←get_tmpvar(int)
   gen_code(~,E⁽¹⁾.addr,0,E.addr)
}
E→E⁽¹⁾∧E⁽²⁾{
   E.addr←get_tmpvar(int)
   gen_code(∧,E⁽¹⁾.addr,E⁽²⁾.addr,E.addr)
E→E⁽¹⁾∨E⁽²⁾{
   E.addr←get_tmpvar(int)
   gen_code(∨,E⁽¹⁾.addr, E⁽²⁾.addr,E.addr)
}
```

6-5　解：a∧b∧c 的单词二元式序列为：

(i,"a")(∧,"NUL")(i,"b")(∧,"NUL")(i,"c")(#,"NUL")

语法制导解释过程如下所示(考虑“NUL”字符数较多,改用“—”表示)：

step	symbol	wval	.addr	.tc	.fc	输入串	nxq=1
0)	#	-	-	-	-	(i,"a")…	

1)	#i	-a	--	--	--	(∧,"NUL")…	
2)	#X	--	-&a	--	--	(∧,"NUL")…	
3)	#E	--	--	-1	-2	(∧,"NUL")…	
							(1)(jnz,&a,0,3)
							(2)(jmp,0,0,0)　nxq=3
4)	#E∧	---	---	-1-	-2-	(i,"b")…	
5)	#E^	--	--	--	-2	(i,"b")…	修改(1)式第4项,将0改为3
6)	#E^i	--b	---	---	-2-	(∧,"NUL")…	
7)	#E^X	---	--&b	---	-2-	(∧,"NUL")…	
8)	#E^E	---	---	--3	-24	(∧,"NUL")…	
							(3)(jnz,&b,0,5)
							(4)(jmp,0,0,2)　nxq=5
9)	#E	--	--	-3	-4	(∧,"NUL")…	修改(4)式第4项,将0改为2
10)	#E∧	--	--	-3	-4	(i,"c")…	
11)	#E^	--	--	--	-4	(i,"c")…	修改(3)式第4项,将0改为5
12)	#E^i	--c	---	---	-4-	(#,"NUL")	
13)	#E^X	---	--&c	---	-4-	(#,"NUL")	
14)	#E^E	---	---	--5	-46	(#,"NUL")	
							(5)(jnz,&c,0,0)
							(6)(jmp,0,0,4)　nxq=7
15)	#E	--	--	-5	-6	(#,"NUL")	修改(6)式第4项,将0改为4
	Acc						E.tc=5　E.fc=6

6-6　解(1):

(1) (jnz,&a,0,3)
(2) (jmp,0,0,0)
(3) (j>,&b,&2,0)　E.tc=4
(4) (jmp,0,0,2)　E.fc=3

解(2):

(1) (jnz,&a,0,3)　E.tc
(2) (jmp,0,0,0)　E.fc　E.tc=merge(2,4)=4
(3) (j>,&b,&2,0)　E.tc
(4) (jmp,0,0,2)　E.fc=3

6-7　解:

(1) (jnz,&a,0,3)
(2) (jmp,0,0,0)
(3) (jnz,&b,0,5)
(4) (jmp,0,0,2) ←S.chain=4
(5) (=,&f,0,&d)

6-8　解：

(1) (jnz,&a,0,3)
(2) (jmp,0,0,5)
(3) (=,&c,0,&b)
(4) (jmp,0,0,0)
(5) (jnz,&d,0,7)
(6) (jmp,0,0,4)　←— S. chain=6
(7) (=,&f,0,&b)

6-9　解：

(1) (j<,&a,&b,3)
(2) (jmp,0,0,0)←— S. chain=2
(3) (j>,&c,&d,5)
(4) (jmp,0,0,1)
(5) (+,&y,&z,&T1)
(6) (=,&T1,0,&x)
(7) (jmp,0,0,1)

6-10　解：

(1) (jnz,&a,0,5)　　　　//if
(2) (jmp,0,0,3)
(3) (jnz,&b,0,5)
(4) (jmp,0,0,7)
(5) (*,&x,&x,&T1)　　　　//then
(6) (=,&T1,0,&z)
(7) (j<,&a,&b,9)　　　　//if
(8) (jmp,0,0,15)
(9) (jnz,&c,0,11)
(10) (jmp,0,0,15)
(11) (*,&x,&z,&T2)　　　　//then
(12) (+,&y,&T2,&T3)
(13) (=,&T3,0,&y)
(14) (jmp,0,0,17)
(15) (-,&x,&128,&T4)　　　　//else
(16) (=,&T4,0,&z)
(17) (jnz,&c,0,23)　　　　//while
(18) (jmp,0,0,19)
(19) (-,&3,0,&T5)　　　　//do
(20) (/,&x,&T5,&T6)
(21) (=,&T6,0,&x)
(22) (jmp,0,0,17)

(23) (halt,0,0,0)

符号表如表 6.4 所示。

表　6.4

内存地址	标识符名	种属	类型	内存地址	标识符名	种属	类型
未分配	x	var	int	未分配	a	var	int
未分配	y	var	int	未分配	b	var	int
未分配	z	var	int	未分配	c	var	int

临时变量表如表 6.5 所示。

表　6.5

内存地址	标识符名	未用	类型	内存地址	标识符名	未用	类型
未分配	T1		int	未分配	T4		int
未分配	T2		int	未分配	T5		int
未分配	T3		int	未分配	T6		int

整常数表如表 6.6 所示。

表　6.6

值
128
3

第7章 目标代码生成

目标代码生成是将语义分析所产生的中间代码变换成目标代码,从而实现了源程序的最后翻译,此阶段的工作也是最复杂的。它的复杂性在于翻译工作有赖于目标机器的系统结构,涉及内存的使用、指令的选择以及寄存器的调度。将四元式到机器码的翻译分为两步,首先讨论从汇编语言到机器码的翻译,将语法制导翻译应用于汇编程序的自动构造,然后再讨论从四元式到汇编语言的翻译。

7.1 目标计算机的虚拟实现

我们不准备涉及某台具体机器,而是从一台抽象的计算机出发来讨论汇编程序的自动构造,抽象计算机的虚拟硬件配置如下所述。

(1) 内存为256×256个单元,一个单元称为1个字,1个字有2个字节,地址为0~65535。内存单元可以存放指令,也可存放数据。若存放数据,则数值范围为－32768至＋32727或0~65535。若不考虑数据占用的内存单元,程序最大长度为256×256。

(2) 虚拟机具有4个通用寄存器(2字节)、一个标志寄存器FlagReg和一个堆栈寄存器TopReg。4个通用寄存器分别标记为R0、R1、R2和R3,除可用于存放操作数和计算结果外,R3还可用于变址寻址。标志寄存器FlagReg用于保存CMP指令比较结果,堆栈寄存器TopReg用作系统栈顶指针。

(3) 内存单元若存放指令,高4位(15~12位)为操作码、低12位(11~0位)用于描述地址。第11、10位表征第一地址,第一地址只能是寄存器。

00: 表示第一地址为R0

01: 表示第一地址为R1

10: 表示第一地址为R2

11: 表示第一地址为R3

第9、8位表征第二地址的寻址方式,第二地址可以是内存直接地址、寄存器或变址寻址,还可以是0~255范围内的直接数。

00: 表示直接地址寻址(M),第二操作数在内存低地址区域,地址范围为0~255,7~0位表示内存地址。

01: 表示寄存器寻址,3~0位的值可为0~3,分别表示R0~R3(实际上使用2个二进制位,第1、0位)。7~4位或为0、或为1(实际上使用1个二进制位,第4位),0表示寄存器直接寻址(Ri),第二操作数在寄存器Ri中;1表示寄存器间址寻址(@Ri),在寄存器Ri中存放的是第二操作数地址。

10: 表示直接数访问,即立即寻址(D)。7~0位表示直接数,数值范围为0~255。

11: 表示以C×256为基址、以R3为位移的变址寻址(C[R3]),7~0位表示C(0≤C≤

FFh)。C相当于页号,R3相当于页内位移。当R3用于变址寻址时,R3仅低8位有效,地址计算公式为:C×256+(R3&0x00ff)。

(4) 堆栈寄存器TopReg(2字节)的初始值为0,系统堆栈从内存地址66535始。执行CALL指令时,TopReg减1(0−1=65535),系统将断点存入TopReg所指的内存单元,转移地址由CALL指令的第二地址指定;当执行RET指令时,从TopReg所指的单元获取断点,系统将TopReg增1。

(5) 考虑直接地址寻址范围为0~255,CPU模拟器从地址256开始存放用户程序,并从该地址开始执行程序指令,用户编程仍为0地址空间。在编制用户程序时,应避免和数据存储区(包括堆栈存储区)发生冲突。

(6) 输入输出指令无第二地址,由于第一地址只能是寄存器,故输入输出指令只能对寄存器进行操作。JMP、JMPNEG、JMPPOS、JMPZERO和CALL指令无第一地址。因断点在堆栈中,故RET指令无地址。

(7) 对于某些指令,某些二进制位可能不使用,在编写机器语言程序时,统一将其置为0。

(8) 机器语言指令的操作码功能如表7.1所示。

表 7.1

操作码	功能说明
READ(0h)	从键盘读一个字到第一地址
WRITE(1h)	从第一地址写一个字到屏幕
LOAD(2h)	从第二地址将字装入第一地址
STORE(3h)	将第一地址中的字存放到第二地址
CALL(4h)	转移到第二地址指定的内存单元,执行子程序,断点保存在堆栈中
RET(5h)	由堆栈获得断点,返回
ADD(6h)	将第一地址中的字加上第二地址中的字,结果保留在第一地址中
SUB(7h)	将第一地址中的字减去第二地址中的字,结果保留在第一地址中
MUL (8h)	将第一地址中的字乘以第二地址中的字,结果保留在第一地址中
DIV(9h)	将第一地址中的字除以第二地址中的字,结果保留在第一地址中
CMP(Ah)	将第一地址中的字和第二地址中的字比较,由系统置位标志寄存器 标志寄存器FlagReg=−1,表示第一地址中的字小于第二地址中的字 标志寄存器FlagReg=1,表示第一地址中的字大于第二地址中的字 标志寄存器FlagReg=0,表示第一地址中的字等于第二地址中的字
JMP(Bh)	无条件转移到第二地址指定的内存单元
JMPNEG(Ch)	若标志寄存器FlagReg的值为−1,转移到第二地址指定的内存单元
JMPPOS(Dh)	若标志寄存器FlagReg的值为1,转移到第二地址指定的内存单元
JMPZERO(Eh)	若标志寄存器FlagReg的值为0,转移到第二地址指定的内存单元
HALT(Fh)	终止程序执行

上述计算机模型已用高级语言虚拟实现，执行文件名为 MachineByLR.exe。用机器语言编写的程序可在虚拟计算机上运行，机器语言程序约定存放在文件 par_r.txt 中。

例 7.1　计算两个长度为 10 的向量积，用伪代码描述如下：

```
for i←1 to 10
    input a_i
end for
for i←1 to 10
    input b_i
end for
p←0
for i←1 to 10
    t←a_i * b_i;p←p+t
end for
output p
```

使用虚拟机的机器语言编程，程序如下所示：

	符号语言程序	机器语言程序	注释
0	Load R0,5	2205	//子程序起始地址
1	Store R0,Mfe	30fe	//fe=254 为存放“子程序起始地址”的单元地址
2	Load R0,fe	22fe	
3	Call @R0	4110	//间址访问
4	Halt	f000	
5	Load R3, 0	2e00	//i 清 0
6	Read R0	0000	//从键盘输入数据
7	Store R0,11[R3]	3311	//保存 a_i (地址=11×256+i)
8	Add R3,1	6e01	//i 增 1
9	Cmp R3, 0a	ae0a	//i 是否小于 10
10	JmpNeg 6	c206	//若小于 10，则转第 6 句
11	Load R3, 0	2e00	//i 清 0
12	Read R0	0000	//从键盘输入数据
13	Store R0,12[R3]	3312	//保存 b_i (地址=12×256+i)
14	Add R3,1	6e01	//i 增 1
15	Cmp R3, 0a	ae0a	//i 是否小于 10
16	JmpNeg c	c20c	//若小于 10，则转第 12 句
17	Load R2, 0	2a00	//p←0
18	Load R3, 0	2e00	//i 清 0
19	Load R0,11[R3]	2311	//取 a_i
20	Load R1,12[R3]	2712	//取 b_i
21	Mul R0, R1	8101	//t← $a_i * b_i$
22	Add R2,R0	6900	//p←p+t
23	Add R3,1	6e01	//i 增 1
24	Cmp R3, a	ae0a	//i 是否小于 10
25	JmpNeg 13	c213	//若小于 10，则转第 19 句
26	Write R2	1800	//输出向量积 p

```
27 Ret          5000     //返回
```

程序在虚拟机 MachineByLR.exe 上运行结果如图 7.1 所示。

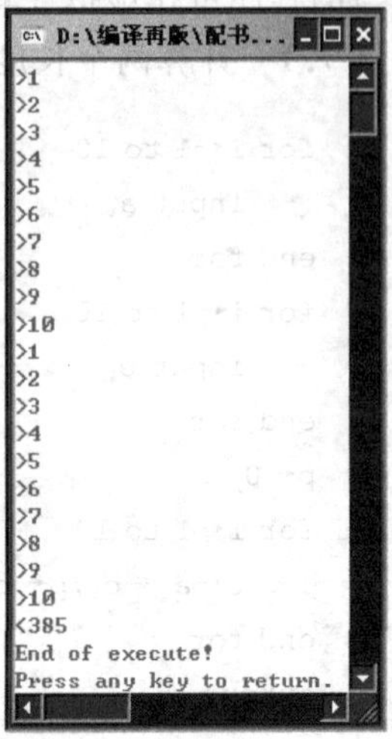

图 7.1

为了帮助读者理解机器语言程序，在机器语言程序的左侧列出了符号语言程序，所谓符号语言就是在 7.2 节要实现的汇编语言。M 表示直接地址寻址(大小写不区分)；由于 D 可能和第二地址的十六进制数相混淆，故表示立即寻址(直接数访问)的 D 省略；由于在变址寻址中约定使用 R3，在机器指令中无须再用二进制位表示变址寄存器，但在符号语言语句中需添加[R3]，这样能将立即寻址和变址寻址区分开来。同时，这样的书写方式对用户来说也有提示作用。例如，Load R1,2[R3]中的 2[R3]表示变址寻址，基址为 2×256=512，变址量存放在寄存器 R3 中，最终形成的地址为 512+(R3&0x00ff)；而 Load R1,2 表示将直接数 2 送入寄存器 R1 中。

7.2　语法制导翻译在汇编程序自动构造中的应用

汇编语言的构造远较高级语言简单，各种汇编语句的格式基本类似，语句和语句之间无关联，不存在语句嵌套现象。将 LR 分析法制导的语义分析用于自动构造汇编程序是绰绰有余的，以 7.1 节中的虚拟机为例，来说明自动构造方法。

7.2.1　汇编语言文法和分析表构造

根据指令的地址特征，可将机器指令分为 4 种类型。RET 和 HALT 为零地址指令；WRITE 和 READ 是使用第一地址的一地址指令；CALL、JMP、JMPNEG、JMPZERO 和 JMPPOS 是使用第二地址的一地址指令；而 LOAD、STORE、ADD、SUB、MUL、DIV 和 CMP 为二地址指令。虚拟机汇编语言和机器指令一一对应，虚拟机汇编语言的语法结构可用文法 G 描述如下：

0	＜程序＞→＜指令串＞	S'→P	
1	＜指令串＞→＜指令＞	P→I	
2	＜指令串＞→＜指令串＞＜指令＞	P→PI	
3	＜指令＞→操作码 0	I→w	//零地址指令
4	＜指令＞→操作码 1 寄存器	I→xr	//A 型一地址指令
5	＜指令＞→操作码 2 寄存器,＜第二地址＞	I→yr,S	//二地址指令
6	＜指令＞→操作码 3＜第二地址＞	I→zS	//B 型一地址指令
7	＜第二地址＞→m 十六进制数字	S→md	//直接地址寻址
8	＜第二地址＞→m 十六进制数字 十六进制数字	S→mdd	//直接地址寻址

9　＜第二地址＞→寄存器　　S→r　　//寄存器直接寻址
10　＜第二地址＞→@寄存器　　S→@r　　//寄存器间接寻址
11　＜第二地址＞→十六进制数字　　S→d　　//直接数访问
12　＜第二地址＞→十六进制数字 十六进制数字　　S→dd　　//直接数访问
13　＜第二地址＞→十六进制数字[寄存器]　　S→d[r]　　//变址寻址
14　＜第二地址＞→十六进制数字 十六进制数字[寄存器]　　S→dd[r]　　//变址寻址

在文法 G 中，零地址指令的操作码用 w 表示（例如 RET），使用第一地址的一地址指令的操作码用 x 表示（例如 READ），二地址指令的操作码用 y 表示（例如 LOAD），使用第二地址的一地址指令的操作码用 z 来表示（例如 CALL）。寄存器 R0、R1、R2 和 R3 用 r 表示，十六进制数字用 d 来表示。因变址寻址约定使用 R3，故产生式：

S→d[r]|dd [r]

中 r 的语义值无作用。在产生式尾部添加[r]，主要是为了在语法分析时能区别直接数访问和变址寻址。文法 G 不是 LR(0)文法，需构造 SLR(1)分析表，SLR(1)分析表如图 7.2 所示，分析表规模为 27×15。

SLR(1)分析表

关闭　测试　保存　帮助

	w	x	r	y	,	z	m	d	@	[	]	#	P	I	S
0	s3	s4		s5		s6							1	2	
1	s3	s4		s5		s6						Acc		7	
2	r1	r1		r1		r1						r1			
3	r3	r3		r3		r3						r3			
4			s8												
5			s9												
6			s12				s11	s14	s13						10
7	r2	r2		r2		r2						r2			
8	r4	r4		r4		r4						r4			
9					s15										
10	r6	r6		r6		r6						r6			
11								s16							
12	r9	r9		r9		r9						r9			
13			s17												
14	r11	r11		r11		r11		s18		s19		r11			
15			s12				s11	s14	s13						20
16	r7	r7		r7		r7		s21				r7			
17	r10	r10		r10		r10						r10			
18	r12	r12		r12		r12				s22		r12			
19			s23												
20	r5	r5		r5		r5						r5			
21	r8	r8		r8		r8						r8			
22			s24												
23											s25				
24											s26				
25	r13	r13		r13		r13						r13			
26	r14	r14		r14		r14						r14			

图　7.2

例如，汇编语句：

Add r0,1

的文法符号串为：

yr,d#

根据图 7.2 所示的分析表，可用手工计算出 yr,d# 是文法 G 的一个句子。计算过程如下所示：

step	状态栈	符号栈	输入串
0)	0	#	yr,d#

1)	05	＃y	r,d＃
2)	059	＃yr	,d＃
3)	05915	＃yr,	d＃
4)	0591514	＃yr,d	＃
5)	0591520	＃yr,S	＃
6)	02	＃I	＃
7)	01	＃P Acc	＃

7.2.2 单词编码表和词法分析

汇编语言源程序可以用大写字母书写,也可以用小写字母书写。每个汇编语句通常占一行,操作码和地址之间用空格分隔。单词之间可以有多余的空格、Tab和换行,允许用自由格式书写。

在进行词法分析时,首先将源程序从文件读入内存,在读入过程中将小写字母改为大写字母(或相反),便于后续处理。由于空格、Tab和换行具有界符作用,在读入过程中暂且保留,在以后的处理中将它们滤去。单词二元式编码如下所示,单词值用数值表示。若单词没有值,则将其置为－1。

1. 操作码

READ('x',0)、WRITE('x',1)、LOAD('y',2)、STORE('y',3)、CALL('z',4)、RET('w',5)、ADD('y',6)、SUB('y',7)、MUL('y',8)、DIV('y',9)、CMP('y',10)、JMP('z',11)、JMPNEG('z',12)、JMPPOS('z',13)、JMPZERO('z',14)、HALT('w',15)

2. 寄存器

R0('r',0)、R1('r',1)、R2('r',2)、R3('r',3)

3. 十六进制数字

0('d',0)、1('d',1)、2('d',2)、3('d',3)、4('d',4)、5('d',5)、6('d',6)、7('d',7)、8('d',8)、9('d',9)、A('d',10)、B('d',11)、C('d',12)、D ('d',13)、E('d',14)、F('d',15)

4. 其他

M('m',－1)、[('[',－1)、] (']',－1)、,(',',－1)、@('@',－1)、＃('＃',－1)

汇编语言的词法较简单,共有42个单词(包括单词"＃"),除操作码和寄存器外,其余均为单字符单词。扫描器的构造可采用手工方法,也可采用自动构造方法,这里不再详述。汇编语言词法分析器的执行文件名为Lexical.exe。

源程序约定存放在文件source.txt中,词法分析的结果约定存放在文件lex_r.txt中。接上例,计算两个长度为10的向量积的汇编语言源程序如图7.3所示。启动Lexical.exe,词法分析器从文件source.txt读入源程序进行词法分析,所产生的单词二元式存放于文件lex_r.txt中,如图7.4所示。

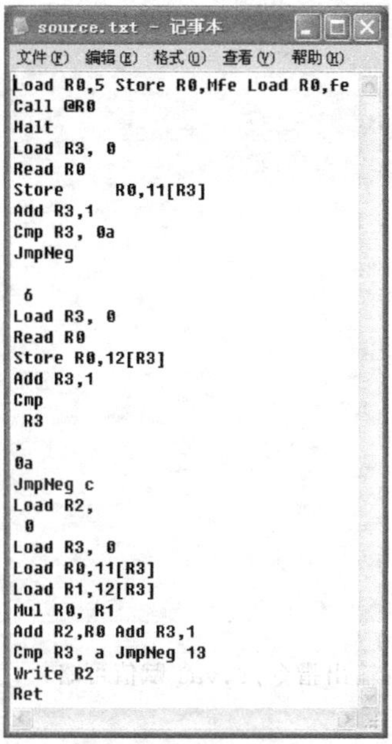


```
Load R0,5 Store R0,Mfe Load R0,fe
Call @R0
Halt
Load R3, 0
Read R0
Store      R0,11[R3]
Add R3,1
Cmp R3, 0a
JmpNeg

 6
Load R3, 0
Read R0
Store R0,12[R3]
Add R3,1
Cmp
 R3
,
0a
JmpNeg c
Load R2,
 0
Load R3, 0
Load R0,11[R3]
Load R1,12[R3]
Mul R0, R1
Add R2,R0 Add R3,1
Cmp R3, a JmpNeg 13
Write R2
Ret
```

图　7.3

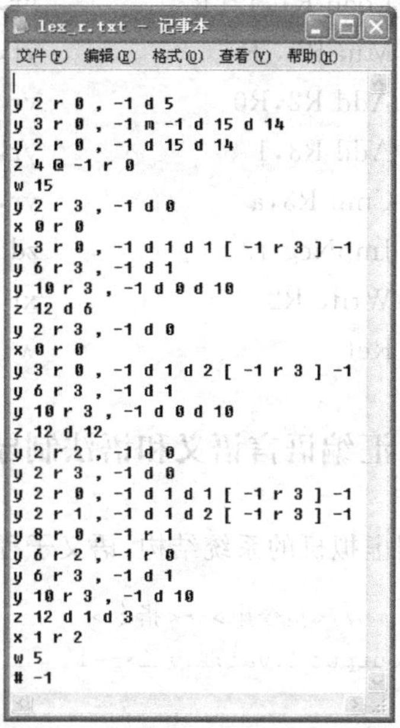


```
y 2 r 0 , -1 d 5
y 3 r 0 , -1 m -1 d 15 d 14
y 2 r 0 , -1 d 15 d 14
z 4 @ -1 r 0
w 15
y 2 r 3 , -1 d 0
x 0 r 0
y 3 r 0 , -1 d 1 d 1 [ -1 r 3 ] -1
y 6 r 3 , -1 d 1
y 10 r 3 , -1 d 0 d 10
z 12 d 6
y 2 r 3 , -1 d 0
x 0 r 0
y 3 r 0 , -1 d 1 d 2 [ -1 r 3 ] -1
y 6 r 3 , -1 d 1
y 10 r 3 , -1 d 0 d 10
z 12 d 12
y 2 r 2 , -1 d 0
y 2 r 3 , -1 d 0
y 2 r 0 , -1 d 1 d 1 [ -1 r 3 ] -1
y 2 r 1 , -1 d 1 d 2 [ -1 r 3 ] -1
y 8 r 0 , -1 r 1
y 6 r 2 , -1 r 0
y 6 r 3 , -1 d 1
y 10 r 3 , -1 d 10
z 12 d 1 d 3
x 1 r 2
w 5
# -1
```

图　7.4

为了便于理解，下面列出了汇编语句和它们相应的文法符号串：

	汇编语言程序	文法符号串
0	Load R0,5	yr,d
1	Store R0,Mfe	yr,mdd
2	Load R0,fe	yr,dd
3	Call @R0	z@r
4	Halt	w
5	Load R3,0	yr,d
6	Read R0	xr
7	Store R0,11[R3]	yr,dd[r]
8	Add R3,1	yr,d
9	Cmp R3,0a	yr,dd
10	JmpNeg 6	zd
11	Load R3,0	yr,d
12	Read R0	xr
13	Store R0,12[R3]	yr,dd[r]
14	Add R3,1	yr,d
15	Cmp R3,0a	yr,dd
16	JmpNeg c	zd
17	Load R2,0	yr,d
18	Load R3,0	yr,d
19	Load R0,11[R3]	yr,dd[r]

```
20  Load R1,12[R3]      yr,dd[r]
21  Mul R0, R1          yr,r
22  Add R2,R0           yr,r
23  Add R3,1            yr,d
24  Cmp R3,a            yr,d
25  JmpNeg 13           zdd
26  Write R2            xr
27  Ret                 w
```

7.2.3 汇编语言语义和语法制导翻译

根据虚拟机的系统结构,语义子程序设计如下:

```
P→I{  //<指令串>→<指令>
    output I.val;P.val←-1              //按十六进制输出指令,P.val 赋值可略
}
P→P^(1) I{  //<指令串>→<指令串><指令>
    output I.val;P.val←-1              //按十六进制输出指令,P.val 赋值可略
}
I→w{  //<指令>→操作码(例如 RET)
    I.val←pval*16*16*16                //pval 是指单词(操作码)的值
}
I→xr {  //<指令>→操作码 寄存器(例如 READ)
    I.val←pval*16*16*16                //pval 是指单词(操作码)的值
    t←rval*16*16*4                     //rval 是指单词(寄存器)的值
    I.val←I.val|t
}
I→yr,S{  //<指令>→操作码 寄存器,<第二地址>(例如 LOAD)
    I.val←pval*16*16*16                //pval 是指单词(操作码)的值
    t←rval*16*16*4                     //rval 是指单词(寄存器)的值
    I.val←I.val|t
    I.val←I.val|S.val
}
I→zS{  //<指令>→操作码<第二地址>(例如 CALL)
    I.val←pval*16*16*16                //pval 是指单词(操作码)的值
    I.val←I.val|S.val
}
S→md{  //<第二地址>→m 十六进制数字
    S.val←dval                         //dval 表示十六进制数字的值
    S.val←S.val|0x0000                 //0x0000 表示直接地址寻址,可略
}
S→md^1 d^0{//<第二地址>→m 十六进制数字 十六进制数字
    S.val←d^1 val*16+d^0               //dval 表示十六进制数字的值
    S.val←S.val|0x0000                 //0x0000 表示直接地址寻址,可略
```

```
    }
    S→r{  //<第二地址>→<寄存器>
        S.val←rval                          //rval 表示寄存器号
        S.val←S.val|0x0000                  //寄存器直接寻址,可略
        S.val←S.val|0x0100                  //寄存器寻址
    }
    S→@r{  //<第二地址>→@寄存器
        S.val←rval                          //rval 表示寄存器号
        S.val←S.val|0x0010                  //寄存器间接寻址
        S.val←S.val|0x0100                  //寄存器寻址
    }
    S→d{  //<第二地址>→十六进制数字
        S.val←dval                          //dval 表示十六进制数字的值
        S.val←S.val|0x0200                  //直接数访问
    }
    S→d¹d⁰{  //<第二地址>→十六进制数字 十六进制数字
        S.val←d¹val * 16+d⁰val              //dval 表示十六进制数字的值
        S.val←S.val|0x0200                  //直接数访问
    }
    S→d[r]{  //<第二地址>→十六进制数字[寄存器]
        S.val←dval                          //dval 表示十六进制数字的值
        S.val←S.val|0x0300                  //变址寻址
    }
    S→d¹d⁰[r]{ //<第二地址>→十六进制数字 十六进制数字[寄存器]
        S.val←d¹val * 16+d⁰val              //dval 表示十六进制数字的值
        S.val←S.val|0x0300                  //变址寻址
    }
```

机器码用十六进制数表示，由 4 个字节构成。为了便于阅读，机器码程序用文本文件存储。语法制导翻译的结果是数值，前导 0 被忽略，故在输出指令时(例如 READ)，应添加必要的前导字符“0”。

汇编语言的语法制导翻译器的文件名为 Parse. exe。源程序的单词二元式序列约定存放在文件 lex_r. txt 中，Parse. exe 从文件 lex_r. txt 读入单词二元式进行语法制导翻译，翻译结果存放在文件 par_r. txt 中。

接上例，计算两个长度为 10 的向量积源程序经 Parse. exe 加工，最终生成的目标程序如图 7.5 所示，目标程序可在虚拟机 MachineByLR. exe 上运行。

	汇编语句	机器码对照
0	Load R0,5	2205
1	Store R0,Mfe	30fe
2	Load R0,fe	22fe
3	Call @R0	4110
4	Halt	f000
5	Load R3, 0	2e00

```
6    Read R0              0000
7    Store R0,11[R3]      3311
8    Add R3,1             6e01
9    Cmp R3, 0a           ae0a
10   JmpNeg 6             c206
11   Load R3, 0           2e00
12   Read R0              0000
13   Store R0,12[R3]      3312
14   Add R3,1             6e01
15   Cmp R3, 0a           ae0a
16   JmpNeg c             c20c
17   Load R2, 0           2a00
18   Load R3, 0           2e00
19   Load R0,11[R3]       2311
20   Load R1,12[R3]       2712
21   Mul R0, R1           8101
22   Add R2,R0            6900
23   Add R3,1             6e01
24   Cmp R3, a            ae0a
25   JmpNeg 13            c213
26   Write R2             1800
27   Ret                  5000
```

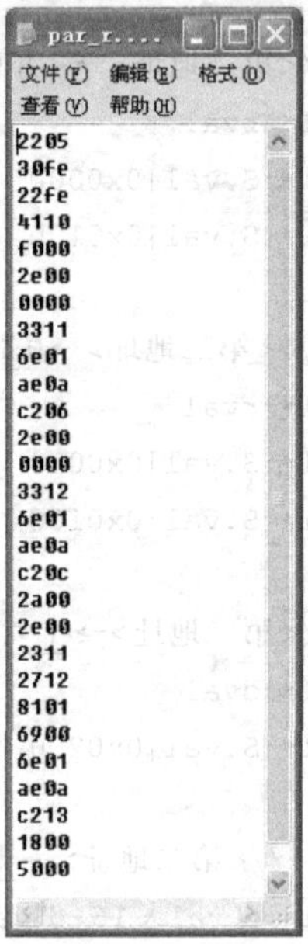

图　7.5

7.3　从四元式到汇编语言的翻译

在 7.2 节中实现了从汇编语言到机器语言的翻译，现在讨论从四元式到汇编语言的翻译。

四元式通常含有变量在符号表中的入口以及常数在常数表中的地址，所以先确定符号表和常数表在内存中的位置，然后再讨论四元式的翻译。虚拟机的内存示意如图 7.6 所示，可将内存分为 256 页，每页 256 个单元(512 个字节)。

常数表存放在内存的第 254 页中，实常数表起始地址为 254×256+255，表的使用向低地址区域延伸；整常数表的起始地址为 254×256+0，表的使用向高地址区域延伸。每个实数占用 2 个单元(4 字节)，每个整数占用 1 个单元(2 字节)。符号表和临时变量表使用内存的第 252 页和第 253 页，符号表的起始地址为 253×256+255，表的使用向低地址区域延伸；临时变量表的起始地址为 252×256+0，表的使用向高地址区域延伸。符号表和临时变量表中的每个变量的记录长度为 4 个单元(8 个字节)，换言之，四元式中最多允许出现 128 个不同的变量，包括临时变量在内。根据四元式中的地址，很容易区分它是符号表入口还是常数地址，从而采用不同的寻址方式。

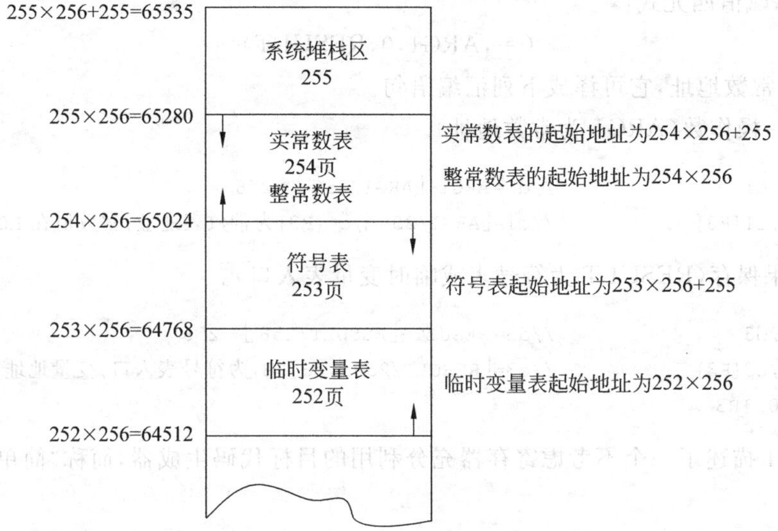

图 7.6

考虑下面四元式：

（+，ARG1，ARG2，RESULT）

的翻译。假定汇编语句的第一地址使用寄存器 R0，汇编语句的第二地址使用寄存器 R3。如果⌊ARG1/256⌋=253 或⌊ARG1/256⌋=252，说明 ARG1 是符号表入口或临时变量表入口；如果⌊ARG1/256⌋=254，说明 ARG1 是常数表地址；ARG2 的地址计算同 ARG1；RESULT 用于存放计算结果，RESULT 只能是符号表或临时变量表入口。

假设 ARG1 是符号表入口，ARG2 是常数表地址，上述四元式可译成下列汇编语句。

（1）第一操作数（ARG1 为符号表入口）

```
Load R3,d1              //d1=ARG1-⌊ARG1/256⌋* 256
Load R0,c1[R3]          //c1=⌊ARG1/256⌋,c1[R3]为符号表入口,变量地址在 R0 中
Load R0,@R0             //变量值在 R0 中
```

（2）第二操作数（ARG2 为常数表地址）

```
Load R3,d2              //d2=ARG2-⌊ARG2/256⌋* 256
```

（3）形成加法汇编语句（结果在 R0 中）

```
Add R0,c2[R3]           //c2=⌊ARG1/256⌋,c2[R3]为常数地址,计算结果在 R0 中
```

（4）结果保存（RESULT 为符号表或临时变量表入口）

```
Load R3,d3              //d3=RESULT-⌊RESULT/256⌋×256
Load R3,c3[R3]          //c3=⌊RESULT/256⌋,c3[R3]为符号表入口,变量地址在 R3 中
Store R0,@R3
```

我们需要间址变址寻址方式（@C[R3]），可惜虚拟机未提供这样的寻址方式。所以，获取或存储变量的值需 3 次寻址，而获取常数的值只需要两次寻址。在上述翻译中未使用寄存器 R1 和 R2，它们的充分利用将成为目标代码优化的一个课题。

又例如,赋值四元式:

$$(=,\text{ARG1},0,\text{RESULT})$$

设 ARG1 是常数地址,它可译成下列汇编语句。

(1) 第一操作数(ARG1 为常数地址)。

```
Load R3,d1              //d1=ARG1-⌊ARG1/256⌋*256
Load R0,c1[R3]          //c1=⌊ARG1/256⌋,c1[R3]为常数表地址,常数值在 R0 中
```

(2) 结果保存(RESULT 为符号表或临时变量表入口)。

```
Load R3,d3              //d3=RESULT-⌊RESULT/256⌋*256
Load R3,c3[R3]          //c3=⌊RESULT/256⌋,c3[R3]为符号表入口,变量地址在 R3 中
Store R0,@R3
```

算法 7.1 描述了一个不考虑寄存器充分利用的目标代码生成器,简称"简单目标代码生成器"。

算法 7.1　Code-generation

输入:文件 Quad.txt(四元式序列)。

输出:A[1..n](A[i]存放第 i 条汇编语句)。

```
i←0
(OP,ARG1,ARG2,RESULT)←文件 Quad.txt 第一个四元式
repeat
    c1←⌊ARG1/256⌋;d1←ARG1-⌊ARG1/256⌋*256
    c2←⌊ARG2/256⌋;d2←ARG2-⌊ARG2/256⌋*256
    c3←⌊RESULT/256⌋;d3←ARG2-⌊RESULT/256⌋*256
    i←i+1;A[i]←"Load R3,"                //R0 保存 ARG1 的值
    A[i]←A[i],d1                         //尾部添加 d1,构成"Load R3,d1"
    i←i+1;A[i]←"Load R0,"
    A[i]←A[i],c1                         //尾部添加 c1,构成"Load R0,c1"
    A[i]←A[i],"[R3]"                     //尾部添加"[R3]",构成"Load R0,c1[R3]"
    if (c1=252) or (c1=253) then         //ARG1 是符号表或临时变量表的入口
        i←i+1;A[i]←"Load R0,@R0"
    end if
    swtich OP do
    case '+':                            //处理 OP 和 ARG2,使用 R3
        if ARG2≠0 then                   //二元加
            i←i+1;A[i]←"Load R3,"
            A[i]←A[i],d2                 //尾部添加 d2,构成"Load R3,d2"
            if (c2=252) or (c2=253) then //ARG2 是符号表或临时变量表的入口
                i←i+1;A[i]←"Load R3,"
                A[i]←A[i],c2             //尾部添加 c2,构成"Load R3,c2"
                A[i]←A[i],"[R3]"         //尾部添加"[R3]",构成"Load R3,c2[R3]"
                i←i+1;A[i]←"Add R0,@R3"
            else                         //ARG2 是常数表入口
                i←i+1;A[i]←"Add R0 "
                A[i]←A[i],c2             //尾部添加 c2,构成"Add R0,c2"
```

```
                 A[i]←A[i],"[R3]"                  //尾部添加"[R3]",构成"Add R0,c2[R3]"
             end if
         else                                      //一元加
             无须任何处理
         end if
     case '-':
         if ARG2≠0 then                            //二元减
             伪代码基本同二元加,只需将 Add 改成 Sub 即可。
         else                                      //一元减
             i←i+1;A[i]←"Load R3,R0"
             i←i+1;A[i]←"Load R0,0"
             i←i+1;A[i]←"Sub R0,R3"
         end if
     case '=':
         无须任何处理
     case …:
     …
     end switch
     i←i+1;A[i]←"Load R3,"                         //将 R0 内容保存于 RESULT
     A[i]←A[i],d3                                  //尾部添加 d3,构成"Load R3,d3"
     i←i+1;A[i]←"Load R3,"
     A[i]←A[i],c3                                  //尾部添加 c3,构成"Load R3,c3"
     A[i]←A[i],"[R3]"                              //尾部添加"[R3]",构成"Load R3,c3[R3]"
     i←i+1;A[i]←"Store R0,@R3"
     (OP,ARG1,ARG2,RESULT)←文件 Quad.txt 下一个四元式
 until eof(Quad.txt)
```

根据算法 7.1,用 C/C++ 语言编程如下:

```
#include <stdlib.h>
#include <fstream.h>
#include <string.h>
const short StatementLen=20;
void binary_operator(char * [],unsigned short &,char * ,unsigned short);
void main()
{
    unsigned short i=-1;
    ifstream cinq("quad.txt",ios::in);              //四元式存放在文件 quad.txt 中
    char * A[256 * (256-7)],op;                     //7 个内存页面为系统使用
    unsigned short c1,c3,d1,d3,arg1,arg2,result;    //(op,arg1,arg2,result)
    while(cinq>>op>>arg1>>arg2>>result){            //从文件读入四元式
        c1=arg1/256,d1=arg1%256,c3=result/256,d3=result%256;
        tmp[StatementLen];
        A[++i]=new char[StatementLen];strcpy(A[i],"Load R3,");
        itoa(d1,tmp,10);strcat(A[i],tmp);           //Load R3,d1
        A[++i]=new char[StatementLen];strcpy(A[i],"Load R0,");
```

```
        itoa(c1,tmp,10);strcat(A[i],tmp);
        strcat(A[i],"[R3]");                          //Load R0,c1[R3]
        if(c1==252||c1==253){                         //ARG1 是变量
            A[++i]=new char[StatementLen];strcpy(A[i],"Load R0,@R0");
        }
        switch(op){
        case '+':
            if(arg2)                                  //二元加
                binary_operator(A,i,"Add",arg2);
            break;
        case '-':
            if(arg2)                                  //二元减
                binary_operator(A,i,"Sub",arg2);
            else{                                     //一元减
                A[++i]=new char[StatementLen];strcpy(A[i],"Load R3,R0");
                A[++i]=new char[StatementLen];strcpy(A[i],"Load R0,0");
                A[++i]=new char[StatementLen];strcpy(A[i],"Sub R0,R3");
            }
            break;
        case '=':
            break;
        }//end switch
        A[++i]=new char[StatementLen];strcpy(A[i],"Load R3,");
        itoa(d3,tmp,10);strcat(A[i],tmp);             //Load R3,d3
        A[++i]=new char[StatementLen];strcpy(A[i],"Load R3,");
        itoa(c3,tmp,10);strcat(A[i],tmp);
        strcat(A[i],"[R3]");                          //Load R3,c3[R3]
        A[++i]=new char[StatementLen];strcpy(A[i],"Store R0,@R3");
        A[++i]=new char[StatementLen];strcpy(A[i]," "); //空一行
    }//end while
    ofstream couta("asm.txt",ios::out);               //存放汇编语言目标程序
    for(unsigned short j=0;j<=i;j++){
        cout<<A[j]<<endl;                             //显示
        couta<<A[j]<<endl;
    }
}
void binary_operator(char * A[],unsigned short &i,char * op,unsigned short arg2)
{   //汇编语句程序,汇编语句序号,字符串形式二元运算符,ARG2
    char tmp[StatementLen];
    unsigned short c2,d2;
    c2=arg2/256,d2=arg2%256;
    A[++i]=new char[StatementLen];strcpy(A[i],"Load R3,");
    itoa(d2,tmp,10);strcat(A[i],tmp);                 //Load R3,d2
    if(c2==252||c2==253){                             //ARG2 是变量
        A[++i]=new char[StatementLen];strcpy(A[i],"Load R3,");
```

```
            itoa(c2,tmp,10);strcat(A[i],tmp);
            strcat(A[i],"[R3]");                     //Load R3,c2[R3]
            A[++i]=new char[StatementLen];strcpy(A[i],op);strcat(A[i]," R0,@R3");
        }                                            //op R0,@R3
        else{                                        //ARG2是常数
            A[++i]=new char[StatementLen];strcpy(A[i],op);strcat(A[i]," R0,");
            itoa(c2,tmp,10);strcat(A[i],tmp);
            strcat(A[i],"[R3]");                     //op R0,c2[R3]
        }
    }
```

设源程序为：

$$a=2+(+b+1)$$

对应的四元式序列为：

(1) (+,&b,0,&T1)

(2) (+,&T1,&1,&T2)

(3) (+,&2,&T2,&T3)

(4) (=,&T3,0,&a)

假设：

整数1在无符号整数表中的地址为65024(254×256+0)；

整数2在无符号整数表中的地址为65025(254×256+1)；

变量a的符号表入口为65023(253×256+255)；

变量b的符号表入口为65019(253×256+251)；

临时变量T1的临时变量表入口为64512(252×256+0)；

临时变量T2的临时变量表入口为64516(252×256+4)；

临时变量T3的临时变量表入口为64520(252×256+8)。

所以实际四元式代码应为：

```
(1) (+,65019,0,64512)
(2) (+,64512,65024,64516)
(3) (+,65025,64516,64520)
(4) (=,64520,0,65023)
```

设四元式序列存放在文件quad.txt中，如图7.7所示。经简单目标代码生成器加工，所生成的汇编语言目标程序存放在文件asm.txt中，如图7.8所示。

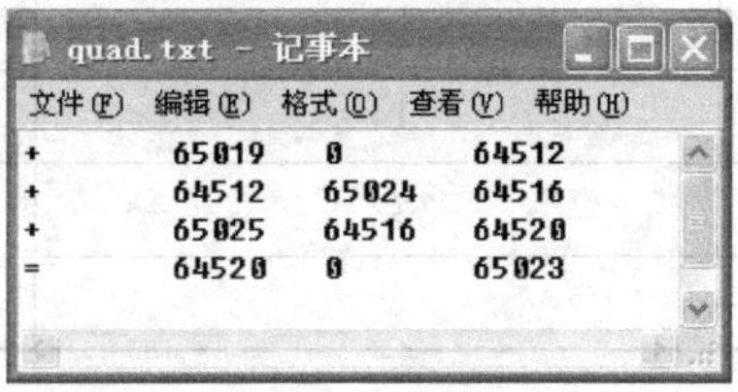

图 7.7

```
0   Load R3,251          //b
1   Load R0,253[R3]
2   Load R0,@R0          //R0←b
3   Load R3,0            //T1
4   Load R3,252[R3]
5   Store R0,@R3         //T1←R0
6   Load R3,0            //T1
7   Load R0,252[R3]
8   Load R0,@R0
9   Load R3,0            //1
10  Add R0,254[R3]       //R0←T1+1
11  Load R3,4            //T2
12  Load R3,252[R3]
13  Store R0,@R3         //T2←R0
14  Load R3,1            //2
15  Load R0,254[R3]
16  Load R3,4            //T2
17  Load R3,252[R3]
18  Add R0,@R3           //R0←2+T2
19  Load R3,8            //T3
20  Load R3,252[R3]
21  Store R0,@R3         //T3←R0
22  Load R3,8            //T3
23  Load R0,252[R3]
24  Load R0,@R0          //R0←T3
25  Load R3,255          //a
26  Load R3,253[R3]
27  Store R0,@R3         //a←R0
```

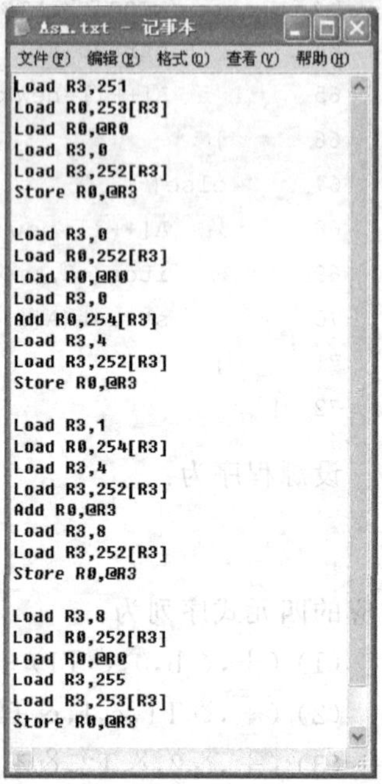

图　7.8

从上述翻译结果可知，一条四元式代码通常译成若干条汇编语句，这样给转移四元式的翻译带来麻烦。在翻译过程中，应建立一张对照表，记录一个四元式所对应的汇编语句条数和起始编号，供条件转移四元式和无条件转移四元式翻译使用。上述例子的对照表如表 7.2 所示。

表　7.2

四元式编号	汇编语句起始编号	汇编语句对应条数
1	0	6
2	6	8
3	14	8
4	22	6

我们终于实现了源程序到目标程序的翻译，唯一还没有所做的工作是：符号表和临时变量表中的变量尚未分配地址。可以采用静态内存分配法，在程序运行前，将各变量绑定于内存的某一单元地址。编译程序通常在内存设置数据存储区，用于存放变量运行时的值，例如可选择内存第 251 页为数据存储区。根据符号表和临时变量表，整型变量分配一个单元（2 字节），实型变量分配两个单元（4 字节），并且将它们的地址填入符号表和临时变量表中的 addr 处。

习　　题

7-1　从键盘输入两个正整数 x 和 y，若 x＞y，则输出 x，否则输出 y（要求使用虚拟机提供的机器语言编写）。

7-2　从键盘输入两个正整数 x 和 y，若 x＜y，则 x 和 y 互换，然后求 x 和 y 的最大公约数（要求使用虚拟机提供的机器语言编写）。

7-3　用手工将下列四元式译成汇编语句

(1) (j＞,&a,0,x)

(2) (jmp,0,0,y)

假设变量 a 的符号表入口为 65023，转移目标 x＝100、y＝258。

习题答案

7-1　解：

	符号语言程序	机器语言程序	
0	read r0	0000	//x
1	read r1	0400	//y
2	Cmp r0,r1	a101	
3	JmpNeg 6	c206	
4	write r0	1000	
5	halt	f000	
6	write r1	1400	
7	halt	f000	

7-2　解：

	符号语言程序	机器语言程序	
0	Read r0	0000	//x
1	Read r1	0400	//y
2	cmp r0,r1	a101	
3	JmpPos m7	d007	
4	store r0,r2	3102	//互换
5	load r0,r1	2101	

```
6   load r1,r2      2502
7   store r0,r2     3102              //求最大公约数
8   Div r0,r1       9101
9   mul r0,r1       8101
10  sub r2,r0       7900
11  cmp r2,0        aa00
12  JmpZero 10      e210              //若为 0,则转第 16 句
13  load r0,r1      2101
14  load r1,r2      2502
15  Jmp M7          b007
16  Write r1        1400
17  Halt            f000
```

7-3　解：

```
0  Load R3,255                        //a
1  Load R0,253[R3]
2  Load R0,@R0
3  Cmp R0,0
4  JmpPos 100
5  Load R3,2                          //258-⌊258/256⌋*256= 2
6  Jmp 1[R3]                          //⌊258/256⌋=1
```

附录A　虚拟机汇编程序使用说明

1. 使用说明

软件使用环境为 Windows XP 或 Windows 7。

(1) 启动 NotePad.exe，编辑源程序。源程序文件名约定为 source.txt，如图 A.1 所示。

(2) 启动 Lexical.exe，词法分析器从文件 source.txt 读入数据，进行词法分析，如图 A.2 所示。

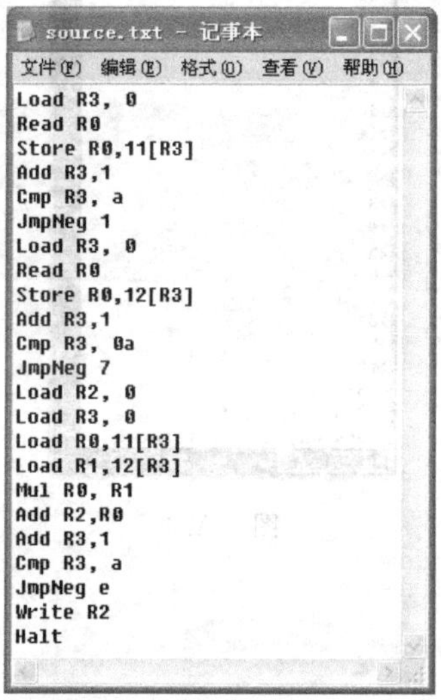

图　A.1

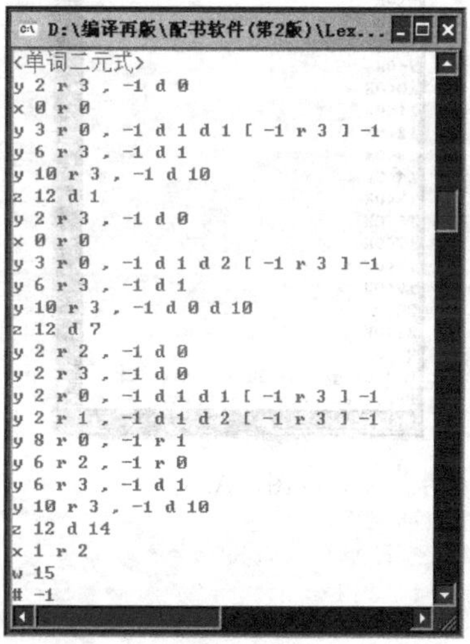

图　A.2

词法分析结果(单词二元式)存放在文件 lex_r.txt 中。

(3) 启动 Parse.exe，语法语义分析器从文件 lex_r.txt 读入数据，进行 LR 分析法制导的语义翻译，如图 A.3 所示。

目标代码存放在文件 par_r.txt 中。

(4) 启动 MachineByLR.exe，虚拟裸机从文件 par_r.txt 读入机器语言程序并执行，如图 A.4 所示。

运行结果显示在屏幕上。

2. 文件清单

(1) Notepad.exe	文本编辑器
(2) MachineByLR.exe	虚拟裸机
(3) LRtableM.txt	LR 分析表(MachineByLR.exe 使用)
(4) Lexical.exe	汇编程序词法分析器
(5) Code_val.txt	单词编码表(Lexical.exe 使用)
(6) lex_r.txt	中间结果文件(单词二元式)

(7) Parse. exe　　　　汇编程序语法语义分析器

(8) par_r. txt　　　　目标程序文件(虚拟裸机机器码)

(9) LRtableP. txt　　　　LR 分析表(Parse. exe 使用)

(10) source. txt　　　　源程序文件

(11) Sample1. txt~Sample7. txt　　　　源程序样例

注：MachineByLR. exe 允许用户使用第 0 页内存，机器语言程序从内存第 1 页开始存放并执行。用户编程仍为 0 地址空间，可利用直接地址寻址功能，使用内存第 0 页。

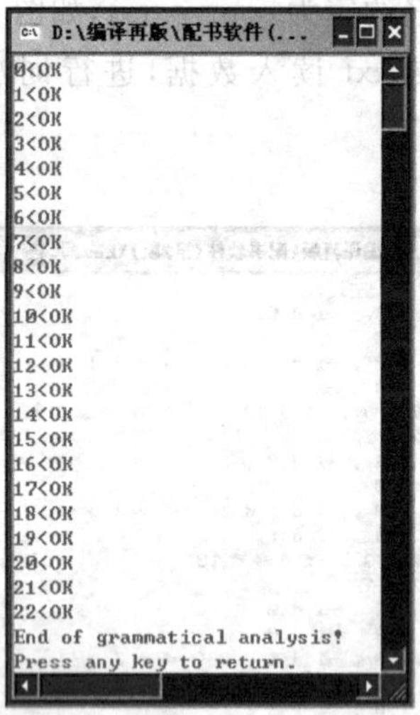

图　A.3

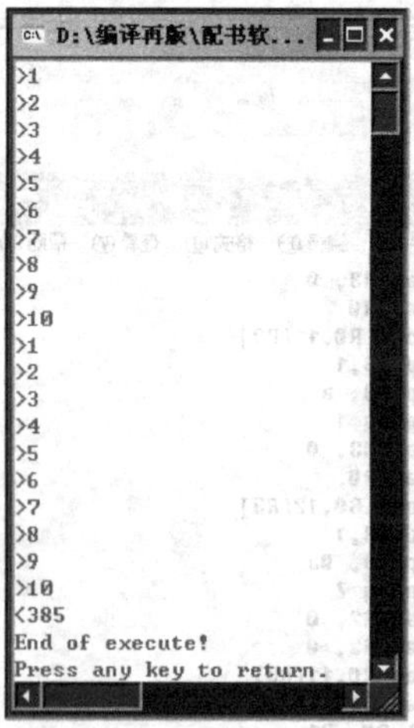

图　A.4

附录B　课程实习指导

1. 虚拟裸机使用

练习1.1　用手工将下列符号语言语句译成虚拟机可识别的机器语言，并将机器语言程序写入文件par_r.txt，通过机器语言程序运行来验证翻译的正确性。

```
0  Load R0,5
1  Store R0,Mfe
2  Load R0,fe
3  Call @R0
4  Halt
5  read r1
6  Load r2,r1
7  write r2
8  ret
```

提示：双击MachineByLR.exe，虚拟机自动读入par_r.txt文件内容并执行，详见附录A。

练习1.2　从键盘输入3个不同的数，在屏幕上显示不是最大也不是最小的那个数。要求使用虚拟机提供的机器语言编写，测试同上。

```
input a,b,c
if a>b then t←a;a←b;b←t
if b>c then t←b;b←c;c←t
if a<b then output b
else output a
end if
```

提示：可先用符号语言编写，然后用手工译成机器语言。在编写符号语言程序时，可利用Word的自动编号功能。

练习1.3　从键盘输入10个数，将最大的数和第1个数交换，其余数位置不变，并将10个数输出至屏幕。要求使用虚拟机提供的机器语言编写，测试同上。

```
for i←1 to 10
    input a_i
end for
max←a_1;k←1
for i←2 to 10
    if a_i>max then max←a_i;k←i
end for
t←a_1;a_1←max;a_k←t
for i←1 to 10
```

```
    output aᵢ
end for
```

2. 词法分析器设计与构造

1) 单词编码表

单词编码表如表 B.1 所示,共计 42 个单词。按理讲,指令操作符可归为同一类,因为单词值足以将它们区分。在表 B.1 中,将指令操作符分为 4 类。零地址指令操作符(例如 ret),单词种别用 w 标记;二地址指令操作符(例如 add),单词种别用 y 标记;一地址指令操作符(例如 read 和 call),单词种别分别用 x 和 z 来标记,理由详见"3. 语法分析器设计与构造"和"4. 语义分析器设计与构造"。

表 B.1

单词	种别	值	单词	种别	值
RET	w	5	5	d	5
HALT	w	15	6	d	6
READ	x	0	7	d	7
WRITE	x	1	8	d	8
LOAD	y	2	9	d	9
STORE	y	3	A	d	10
ADD	y	6	B	d	11
SUB	y	7	C	d	12
MUL	y	8	D	d	13
DIV	y	9	E	d	14
CMP	y	10	F	d	15
CALL	z	4	R0	r	0
JMP	z	11	R1	r	1
JMPNEG	z	12	R2	r	2
JMPPOS	z	13	R3	r	3
JMPZERO	z	14	M	m	−1
0	d	0	[	[	−1
1	d	1	]	]	−1
2	d	2	,	,	−1
3	d	3	@	@	−1
4	d	4	#	#	−1

练习 2.1 用手工将图 B.1 中的符号语言程序译成单词二元式序列。

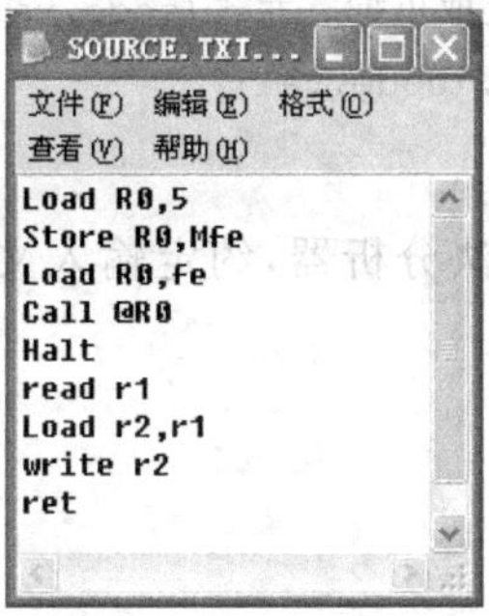

图 B.1

2）算法描述

输入：源程序文件 Source.txt。

输出：文件 Lex_r.txt(单词二元式序列)。

```
word[1..42],code[1..42],val[1..42]←单词编码表
建立空文件 Lex_r.txt
c←Source.txt 的第一个字符
i←1                                           //缓冲区指针
while not eof(Source.txt) do
    if (c≥'a') and (c≤'z') then c←c-32        //将小写字母转换为大写
    buf[i]←c;i←i+1
    c←Source.txt 的下一个字符
end while
buf[i]←'#';len←i
i←1
while i≤len do
    while (c=空格) or (c=Tab) or (c=换行) do  //去除前导界符
        i←i+1
    end while
    t←0                                       //识别单词(t 为 Token[]指示器)
    if (buf[i]≥'A') and (buf[i]≤'Z') then     //可能是多字符单词 READ~HALT、R0~R3
        while (buf[i]≥'A') and (buf[i]≤'Z') or (buf[i]≥'0') and (buf[i]≤'9') do
            t←t+1;Token[t]←buf[i];i←i+1
        end whlie
        if (Token[1]='M') and (Token[1..t]≠"MUL") then
            i←i-t+1;t←1                       //是 Md 或 Mdd,取 M
        end if
        if (Token[1]≥'A') and (Token[1]≤'F') and (t=2) then
            i←i-1;t←1                         //不是指令操作符,是 dd,取第 1 个 d
        end if
    else                                      //单字符单词
        t←1;Token[1]←buf[i];i←i+1
    end if
```

```
    根据 token[1..t]查表获取单词二元式(code,val)
    Lex_r.txt←Lex_r.txt,(code,val)          //将单词二元式添加到文件尾部
end while
```

练习 2.2　用高级语言实现词法分析器,约定输入文件为 source.txt,输出文件为 lex_r.txt。

参考程序(C/C++ 语言):

```
#include <stdlib.h>
#include <fstream.h>
#include <string.h>
#include <conio.h>
const int WordNum=42;                          //共有 42 个单词
const int WordLen=10;
int search(char str[],char * word[])           //查单词表
{
    for(int i=0;i<WordNum;i++)
        if(strcmp(word[i],str)==0)
            return i;
    cout<<str<<' '<<"Error 0"<<endl;
    getch();
    exit(0);
}
void main()
{
    ifstream cinw("code_val.txt",ios::in); //输入单词编码表
    char * word[WordNum];
    char code[WordNum];
    short val[WordNum];
    cout<<"<单词编码表>"<<endl;
    for(int i=0;i<WordNum;i++){
        word[i]=new char[WordLen+1];
        cinw>>word[i]>>code[i]>>val[i];
            cout<<word[i]<<'\t'<<code[i]<<'\t'<<val[i]<<endl;
    }
    ifstream cins("source.txt",ios::in);   //预处理
    char Buf[4048]={'\0'},c;
    i=0;
    while(cins.read(&c,sizeof(char))){
        if(c<='z'&&c>='a')
            c-=32;
        Buf[i++]=c;
    }
    Buf[i]='#';
```

```
    cout<<"<预处理结果>"<<endl;
    cout<<Buf<<endl;
    cout<<"<单词二元式>";                      //单词识别
    i=0;
    ofstream coutr("lex_r.txt",ios::out);
    while(Buf[i]){
        while(Buf[i]==' '||Buf[i]=='\t'||Buf[i]=='\n')  //滤去前导界符
            i++;
        char token[WordLen+1]={'\0'},t=0;
        if(Buf[i]<='Z' && Buf[i]>='A'){       //可能为 READ~HALT,R0~R3
            while(Buf[i]<='Z' && Buf[i]>='A'||Buf[i]<='9' && Buf[i]>='0')
                token[t++]=Buf[i++];
            if(token[0]=='M' && strcmp(token,"MUL")){
                i=i-strlen(token)+1;          //是 Md 或 M dd,取 M
                token[1]='\0';
            }
            if(strlen(token)==2 && token[0]<='F'&& token[0]>='A'){
                i--;                          //不是指令操作符,是 dd,取第 1 个 d
                token[1]='\0';
            }
        }
        else{                                 //单字符单词
            token[0]=Buf[i++];
        }
        int j=search(token,word);             //查表
        if(code[j]=='x'||code[j]=='y'||code[j]=='z'||code[j]=='w'||code[j]=='#'){
            cout<<endl;                       //一条汇编语句的单词二元式占一行
            coutr<<endl;
        }
        cout<<code[j]<<' '<<val[j]<<' ';
        coutr<<code[j]<<' '<<val[j]<<' ';
    }
    cout<<endl;
    coutr<<endl;
    cout<<"End of lexical analysis!"<<endl;
    cout<<"Press any key to return."<<endl;
    getch();
}
```

3. 语法分析器设计与构造

1）文法描述

根据机器指令中所含的地址数量，将机器指令划分为零地址指令、A 型一地址指令、B 型一地址指令和二地址指令 4 大类，相应操作码和文法符号如表 B.2 所示。

表 B.2

指令分类	指令操作码	文法符号
零地址指令	ret、halt	w
A型一地址指令	read、write	xr
B型一地址指令	call、jmp、jmpneg、jmpzero、jmppos	zS
二地址指令	load、store、add、sub、mul、div、cmp	yr,S

虚拟机汇编语言和机器指令一一对应,虚拟机汇编语言的语法结构可用文法描述如下:

0 S'→P
1 P→I
2 P→PI
3 I→w //零地址指令
4 I→xr //A型一地址指令
5 I→yr,S //二地址指令
6 I→zS //B型一地址指令
7 S→md //直接地址寻址
8 S→mdd //直接地址寻址
9 S→r //寄存器寻址
10 S→@r //寄存器间址寻址
11 S→d //直接数寻址
12 S→dd //直接数寻址
13 S→d[r] //变址寻址
14 S→dd[r] //变址寻址

文法这样设计对于构造语义子程序是相当方便的,例如将 w 归约为 I,便可生成指令15 * 16 * 16 * 16(halt)或 5 * 16 * 16 * 16(ret),其余类同。

练习 3.1 将下列符号语言语句用文法符号串表示。

0 Load R0,5
1 Store R0,Mfe
2 Load R0,fe
3 Call @R0
4 Halt
5 read r1
6 Load r2,r1
7 write r2
8 ret

2) 构造 LR(0)项目集规范族

练习 3.2 用手工构造 LR(0)项目集规范族,图 B.2~图 B.4 供参考。

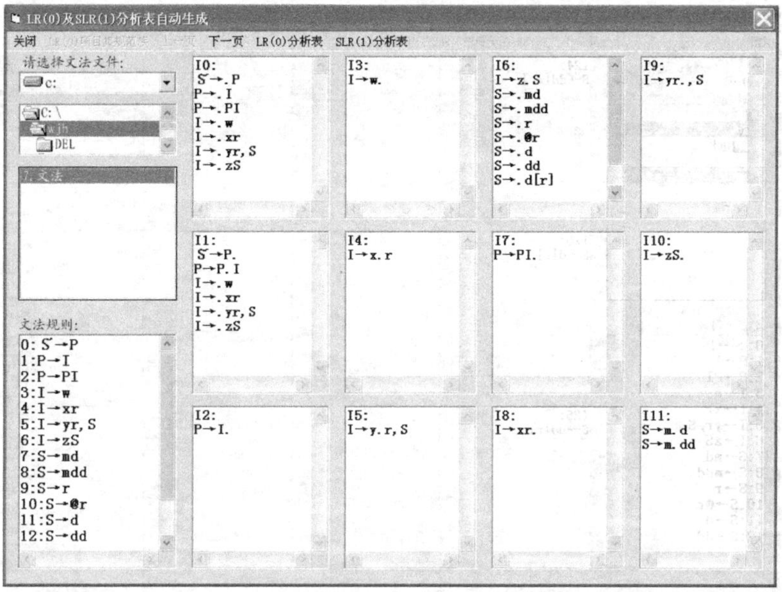

图 B.2

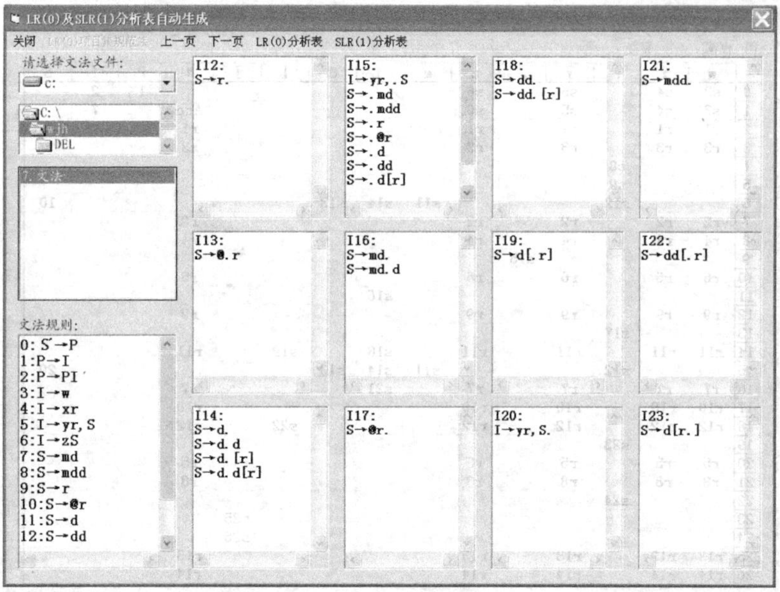

图 B.3

3) 构造 SLR(1)分析表

练习 3.3 用手工构造 SLR(1)分析表,图 B.5 供参考。

4) SLR(1)分析表数字化

将 SLR(1)分析表数字化,si 改用 i 表示;rj 改用 −j 表示;Acc 用一个比较大的正整数表示(例如 99),便于与 si 区别;空白用 0 表示。将数字化的 SLR(1)分析表写入文件 LRtableP.txt,供语法分析器使用。

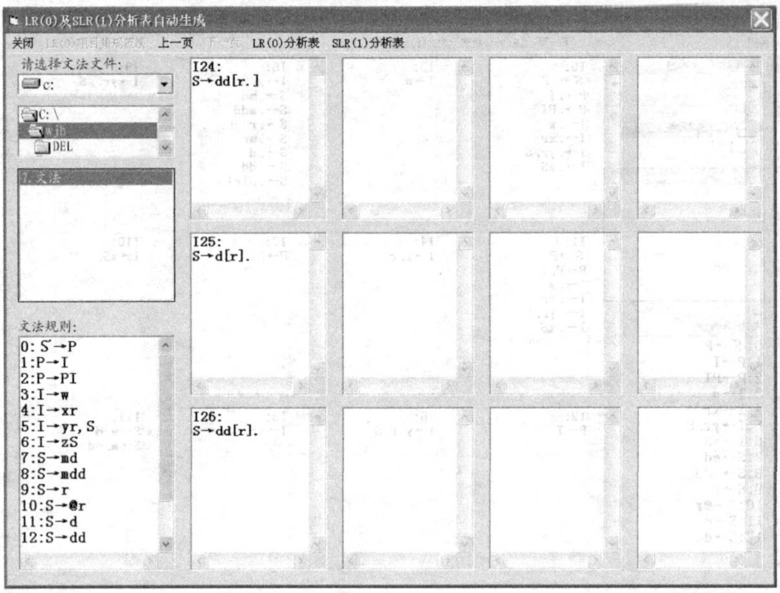

图 B.4

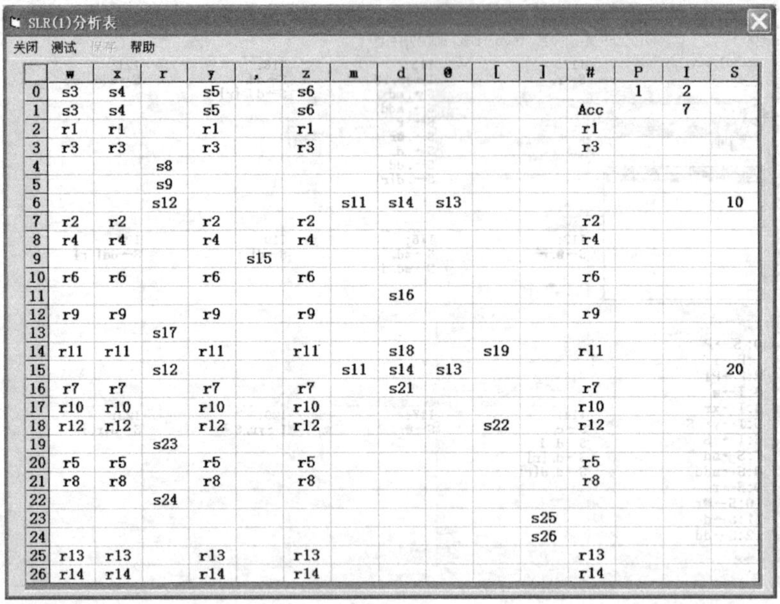

SLR(1)分析表

关闭　测试　保存　帮助

	w	x	r	y	,	z	m	d	@	[	]	#	P	I	S
0	s3	s4		s5		s6							1	2	
1	s3	s4		s5		s6						Acc		7	
2	r1	r1		r1		r1						r1			
3	r3	r3		r3		r3						r3			
4			s8												
5			s9												
6			s12				s11	s14	s13						10
7	r2	r2		r2		r2						r2			
8	r4	r4		r4		r4						r4			
9					s15										
10	r6	r6		r6		r6						r6			
11								s16							
12	r9	r9		r9		r9						r9			
13			s17												
14	r11	r11		r11		r11		s18		s19		r11			
15			s12				s11	s14	s13						20
16	r7	r7		r7		r7		s21				r7			
17	r10	r10		r10		r10						r10			
18	r12	r12		r12		r12				s22		r12			
19			s23												
20	r5	r5		r5		r5						r5			
21	r8	r8		r8		r8						r8			
22			s24												
23											s25				
24											s26				
25	r13	r13		r13		r13						r13			
26	r14	r14		r14		r14						r14			

图 B.5

5）语法分析器算法描述

输入：文件 Lex_r.txt(单词二元式序列)。

输出：语法正确或错误。

```
(code,val)←文件 Lex_r.txt 第一个单词二元式
M[0..26,0..14]←SLR(1)分析表;done←false
push(状态栈,0)
```

```
repeat
    action←M[S,code]                    //S 表示状态栈栈顶
    if action=sj then                   //移进
        push(状态栈,j)
        (code,val)←文件 Lex_r.txt 下一个单词二元式
    end if
    if action=rk then                   //归约,设第 k 个产生式为 A→β
        for i←1 to |β|                  //|β|表示 β 中所含文法符号的个数
          pop(状态栈)
        end for
        j←M[S,A]                        //S 表示状态栈栈顶,A 为左部符号
        push(状态栈,j)
    end if
    if action=Acc then                  //接受
        done←true;output "Acc"
    end if
    if action=空白 then
        output "语法错误";exit
    end if
until done
```

练习 3.4 用高级语言实现语法分析器,约定输入文件为 Lex_r.txt。

提示:(1) 左部符号

const char LS[15+1]="_PPIIIISSSSSSSS";

用一维数组 LS 存放左部符号,数组长度增 1,增加单元是用于存放字符串结束符'\0'。程序不使用第 0 个产生式的左部符号,故字符串首字符可为任何字符,但不能少,否则和产生式的编号不一致。

(2) 右部符号串长度

const int LEN[15]={1,1,2,1,2,4,2,2,3,1,2,1,2,4,5};

用一维数组 LEN 存放右部符号串长度,因为数值,数组长度无须增 1。当然也可以存放产生式,根据产生式计算出左部符号和右部符号串长度,具体可参考本书 5.7 节。

(3) SLR(1)分析表

int M[27][15];

用二维数组 M 存放分析表,表内容可从文件读入。

(4) 状态栈和语义栈

int State[StackLen],Val[StackLen];

用两个一维数组存放状态和语义值,符号栈略去。Val[i]用于存放一条机器指令二进制值的部分或全部,和正在识别的汇编语句对应。因为单词值为数值,所以 Val[i]可用于存放单词值,没有必要另外设置单词值栈。

(5) 单词二元式输入

若使用 C 语言编程,字符读入格式符如下所示:

fscanf(fp," %c%d",&code,&val);

格式符串中的"%c"前面应有空格，空格作用为：滤去文件中的空格，直到读入一个表示种别的字符为止，即非界符(空格、Tab和换行)。

4. 语义分析器设计与构造

1) 语义子程序设计

根据虚拟机的系统结构，语义子程序(部分)设计如下。

```
P→I{       //1  <指令串>→<指令>
   output I.val;P.val←-1          //按十六进制输出指令,P.val赋值可略
}
P→PI{      //2  <指令串>→<指令串><指令>
   output I.val;P.val←-1          //按十六进制输出指令,P.val赋值可略
}
I→w{       //3  <指令>→操作码 0
   I.val←pval*16*16*16            //pval是指单词(操作码)的值
}
I→xr{      //4  <指令>→操作码 1 寄存器
   I.val←pval*16*16*16            //pval是指单词(操作码)的值
   t←rval*16*16*4                 //rval是指单词(寄存器)的值
   I.val←I.val|t
}
I→yr,S{    //5  <指令>→操作码 2 寄存器,<第二地址>
   I.val←pval*16*16*16            //pval是指单词(操作码)的值
   t←rval*16*16*4                 //rval是指单词(寄存器)的值
   I.val←I.val|t
   I.val←I.val|S.val
}
I→zS{      //6  <指令>→操作码 3<第二地址>
   …
}
S→md{      //7  <第二地址>→m十六进制数字
   …
}
S→md¹d⁰{   //8  <第二地址>→m十六进制数字 十六进制数字
   …
}
S→r  {     //9  <第二地址>→<寄存器>
   …
}
S→@r{      //10  <第二地址>→@寄存器
   …
}
S→d{       //11  <第二地址>→十六进制数字
   …
}
S→d¹d⁰{    //12  <第二地址>→十六进制数字 十六进制数字
```

```
        S.val←d1 val * 16+d0 val                //dval 表示十六进制数字的值
        S.val←S.val|0x0200                      //直接数访问
    }
    S→d[r]{    //13  <第二地址>→十六进制数字[寄存器]
        …
    }
    S→d1 d0 [r]{//14  <第二地址>→十六进制数字 十六进制数字[寄存器]
        …
    }
```

2）手工计算

文法的 SLR(1)分析表详见“3. 语法分析器设计与构造”，源程序、单词二元式和机器码如图 B.6～图 B.8 所示，用手工计算方法验证图 B.8 中机器码的正确性。

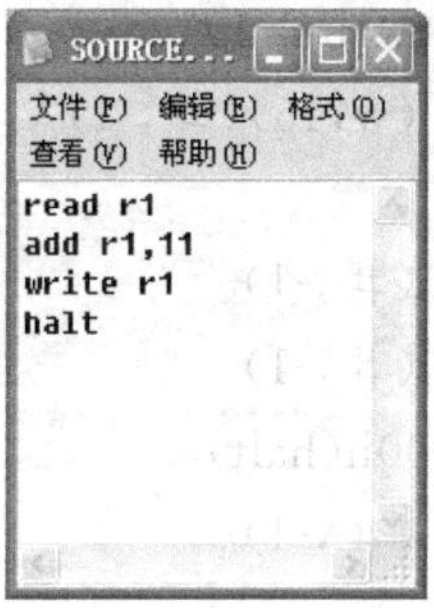

图　B.6

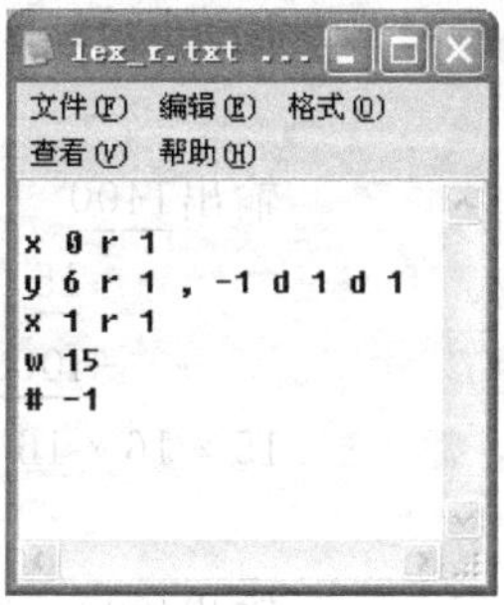

图　B.7

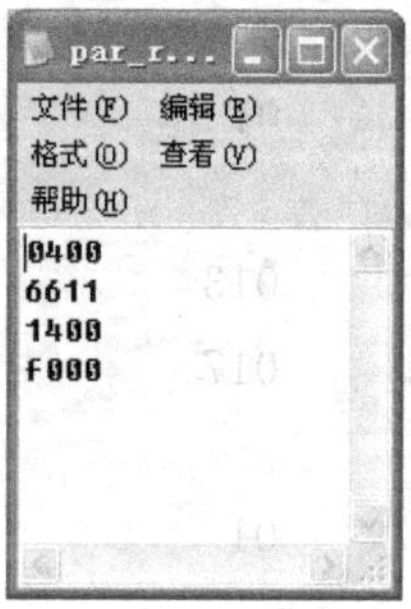

图　B.8

语法制导翻译过程如下所示（语义值－1 用“-”表示）。

step	状态栈	符号栈	Val 栈	输入串
0)	0	#	-	(x,0)(r,1)…
1)	04	#x	-0	(r,1)(y,6)…
2)	048	#xr	-01	(y,6)(r,1)…
3)	02	#I	-0400	(y,6)(r,1)…
			0 * 16 * 16 * 16＝0h(read 第 15～12 位)	
			1 * 4 * 16 * 16＝400h(寄存号 第 11,10 位)	
			0h|400h＝400h(read r1)	
4)	01	#P	--	(y,6)(r,1)…
			输出0400	
5)	015	#Py	--6	(r,1)(,,-1)…
6)	0159	#Pyr	--61	(,,-1)(d,1)…
7)	015915	#Pyr,	--61-	(d,1)(d,1)…
8)	01591514	#Pyr,d	--61-1	(d,1)(x,1)…
9)	0159151418	#Pyr,dd	--61-11	(x,1)(r,1)…
10)	01591520	#Pyr,S	--61-211	(x,1)(r,1)…
			1 * 16＋1＝17＝11h(直接数 11h)	
			11h|0200h＝211h(直接数寻址 第 9,8 位)	

11)	017	＃PI	--6611	(x,1)(r,1)…
			6＊16＊16＊16=6000h(add 指令 第15～12位)	
			1＊16＊16＊4=400h(寄存号 第11,10位)	
			6000h|400h|211h=6611h(add r1,11)	
12)	01	＃P	--	(x,1)(r,1)…
			输出6611	
13)	014	＃Px	--1	(r,1)(w,15)…
14)	0148	＃Pxr	--11	(w,15)(＃,-1)
15)	017	＃PI	--1400	(w,15)(＃,-1)
			1＊16＊16＊16=1000h(write 第15～12位)	
			1＊4＊16＊16=400h(寄存号第11,10位)	
			1000h|400h=1400h(write r1)	
16)	01	＃P	--	(w,15)(＃,-1)
			输出1400	
17)	013	＃Pw	--15	(＃,-1)
18)	017	＃PI	--f000	(＃,-1)
			15＊16＊16＊16=f000h(halt)	
19)	01	＃P	--	(＃,-1)
			输出f000	

Acc

练习 4.1 设源程序为：

```
0 read r1
1 read r2
2 mul r1,r2
3 write r1
4 halt
```

先将源程序译成单词二元式，然后用手工重复上述计算过程，输出机器码。

3）语义分析器程序框架

输入：文件 Lex_r.txt(单词二元式序列)。
输出：文件 Par_r.txt(机器语言程序)。

```
(code,val)←文件 Lex_r.txt 第一个单词二元式
M[0..26,0..14]←SLR(1)分析表;done←false
    push(状态栈,0)
    repeat
        action←M[S,code]                    //S表示状态栈栈顶
        if action=sj then                   //移进
            push(状态栈,j)
            (code,val)←文件 Lex_r.txt 下一个单词二元式
        end if
        if action=rk then                   //归约,设第k个产生式为A→β
```

```
            for i←1 to |β|                     //|β|表示β中所含文法符号的个数
                pop(状态栈)
        end for
        j←M[S,A]                               //S 表示状态栈栈顶,A 为左部符号
        push(状态栈,j)
        switch k do
        case 1: {规则 P→I 的语义子程序}
        case 2: {规则 P→PI 的语义子程序}
        case 3: {规则 I→w 的语义子程序}
        case 4: {规则 I→xr 的语义子程序}
        case 5: {规则 I→yr,S 的语义子程序}
        case 6: {规则 I→zS 的语义子程序}
        case 7: {规则 S→md 的语义子程序}
        case 8: {规则 S→mdd 的语义子程序}
        case 9: {规则 S→r 的语义子程序}
        case 10: {规则 S→@r 的语义子程序}
        case 11: {规则 S→d 的语义子程序}
        case 12: {规则 S→dd 的语义子程序}
        case 13: {规则 S→d[r]的语义子程序}
        case 14: {规则 S→dd[r]的语义子程序}
        default: {出错处理程序}
        end switch
    end if
    if action=Acc then                         //接受
      done←true;output "Acc"
    end if
    if action=空白 then
        output "语法错误";exit
    end if
until done
```

练习 4.2 用高级语言实现语法语义分析器,约定输入文件为 lex_r.txt,输出文件为 par_r.txt。

参考程序(C/C++ 语言):

```
#include <fstream.h>
#include <iomanip.h>
#include <stdlib.h>
#include <conio.h>
int col(char c)                                //列字符转换为列号
{
    const char s[15+1]="wxry,zmd@[]#PIS"; //+1 考虑存放'\0'
    for(int i=0;s[i];i++)
        if(s[i]==c)
          return i;
     cout<<c<<"<Error Char"<<endl;
```

```
    getch();
    exit(0);
}
const int StackLen=50;
void main()
{
    ifstream cin2("LRtableP.txt",ios::in);          //输入分析表
    int M[27][15],i,j;
    for(i=0;i<27;i++)
        for(j=0;j<15;j++)
            cin2>>M[i][j];
    const char LS[15+1]="_PPIIIISSSSSSSS";          //左部符号(+1考虑存放'\0')
    const int LEN[15]={1,1,2,1,2,4,2,2,3,1,2,1,2,4,5};//右部符号串长度
    int State[StackLen]={0},Val[StackLen]={-1},top=0;
    ifstream cin1("lex_r.txt");                     //单词二元式输入
    ofstream cout1("par_r.txt");                    //机器语言输出
    struct word{
        char code;
        int val;
    }t;
    cin1>>t.code>>t.val;
    i=0;                                            //汇编语句计数
    while(1){
        int action=M[State[top]][col(t.code)];
        if(action>0 && action<99){                  //移进
            State[++top]=action;
            Val[top]=t.val;
            cin1>>t.code>>t.val;
        }
        else if(action==99){                        //Acc
            cout<<"End of grammatical analysis!"<<endl;
            cout<<"Press any key to return."<<flush;
            getch();
            break;
        }
        else if(action<0){                          //归约
            top=top-LEN[-action];
            State[top+1]=M[State[top]][col(LS[-action])];
            top++;
            switch(-action){
            case 1:                                 //P→I
                cout1<<hex<<setfill('0')<<setw(4)<<Val[top]<<endl;
                cout<<dec<<i++<<"<OK"<<endl;
                break;
            case 2:                                 //P→PI
```

```
            cout1<<hex<<setfill('0')<<setw(4)<<Val[top+1]<<endl;
            cout<<dec<<i++<<"<OK"<<endl;
            break;
        case 3:                                     //I→w
            Val[top]*=16*16*16;
            break;
        case 4:                                     //I→xr
            Val[top]*=16*16*16;
            Val[top]|=Val[top+1]*16*16*4;
            break;
        case 5:                                     //I→yr,S
            Val[top]*=16*16*16;
            Val[top]|=Val[top+1]*16*16*4;
            Val[top]|=Val[top+3];
            break;
        case 6:                                     //I→zS
            Val[top]*=16*16*16;
            Val[top]|=Val[top+1];
            break;
        case 7:                                     //S→md
            Val[top]=Val[top+1];
            break;
        case 8:                                     //S→mdd
            Val[top]=Val[top+1]*16+Val[top+2];
            break;
        case 9:                                     //S→r
            Val[top]|=0x0100;
            break;
        case 10:                                    //S→@r
            Val[top]=Val[top+1];
            Val[top]|=0x0110;
            break;
        case 11:                                    //S→d
            Val[top]|=0x0200;
            break;
        case 12:                                    //S→dd
            Val[top]=Val[top]*16+Val[top+1];
            Val[top]|=0x0200;
            break;
        case 13:                                    //S→d[r]
            Val[top]|=0x0300;
            break;
        case 14:                                    //S→dd[r]
            Val[top]=Val[top]*16+Val[top+1];
            Val[top]|=0x0300;
```

```
                break;
            default:
                cout<<action<<"<Error1";
                getch();
            }
        }
        else{
            cout<<State[top]<<'\t'<<Val[top]<<endl;
            cout<<action<<"<Error0"<<endl;
            getch();
            break;
        }
    }
}
```

参 考 文 献

[1] 陈火旺，钱家骅，孙永强. 程序设计语言编译原理[M]. 北京：国防工业出版社，1980.

[2] 蒋国南译. PASCAL 程序设计[M]. 北京：清华大学出版社，1981.

[3] 高仲仪，蒋立源. 编译技术[M]. 陕西：西北工业大学出版社，1985.

[4] 赵雄芳，等. 编译原理例解析疑[M]. 长沙：湖南科学技术出版社，1986.

[5] Michael Halvorson. Visual Basic 6[M]. 北京：机械工业出版社，1999.

[6] 何炎祥. 编译原理[M]. 武汉：华中理工大学出版社，2000.

[7] 陈火旺，刘春林，等. 程序设计语言编译原理(第 3 版)[M]. 北京：国防工业出版社，2000.

[8] Harvey M. Deitel，Paul James Deitel. C++ 大学教程[M]. 北京：电子工业出版社，2001.

[9] 温敬和. LR 分析法在词法分析器自动构造中的应用[J]. 上海：计算机工程，2001(7)：188-190.

[10] 李建中，姜守旭译. 编译原理[M]. 北京：机械工业出版社，2003.

[11] 温敬和. 语法制导翻译在汇编程序自动构造中的应用[J]. 上海：计算机工程，2005(12)：75-77.

[12] 温敬和. "编译原理"课程教学研究和教材编写[J]. 北京：计算机教育，2006(5)：77-79.

[13] 温敬和，庞艳霞，王娜. 使用 LR 分析表的词法分析器与分析表最小化[J]. 上海：上海第二工业大学学报，2007(3)：201-209.

[14] 温敬和，吴秀梅. 可定义标号和变量的汇编程序自动构造[J]. 北京：计算机工程与设计，2009(11)：2626-2630.